大学物理实验

秦艳芬 编著

清华大学出版社

北京

内 容 简 介

本书根据教育部高等学校物理实验基础课程教学指导分委员会制定的"非物理类理工学科大学物理实验课程教学基本要求"编写。

全书系统地介绍了与大学物理实验有关的实验误差和数据处理知识；以及各类实验的基本知识和常用仪器设备的原理和使用方法；并按不同层次编排了 20 个基本实验，涵盖 5 类包括"力、热、声、光、电"的实验；编排了 26 个综合性设计性实验（含近现代物理实验）。

本书可作为高等理工科院校理工科各专业大学物理实验课程的基本教材和相关实验技术人员的教学参考书。

图书在版编目（CIP）数据

大学物理实验/秦艳芬编著. --北京：清华大学出版社，2012.8（2019.1重印）
ISBN 978-7-302-29598-3

Ⅰ．①大…　Ⅱ．①秦…　Ⅲ．①物理学－实验－高等学校－教材　Ⅳ．①O4-33

中国版本图书馆 CIP 数据核字（2012）第 179841 号

责任编辑：邹开颜　赵从棉
封面设计：常雪影
责任校对：刘玉霞
责任印制：董　瑾

出版发行：清华大学出版社
　　　网　　　址：http://www.tup.com.cn，http://www.wqbook.com
　　　地　　　址：北京清华大学学研大厦 A 座　　　　　邮　　编：100084
　　　社　总　机：010-62770175　　　　　　　　　　　邮　　购：010-62786544
　　　投稿与读者服务：010-62776969，c-service@tup.tsinghua.edu.cn
　　　质量反馈：010-62772015，zhiliang@tup.tsinghua.edu.cn
印　装　者：三河市铭诚印务有限公司
经　　　销：全国新华书店
开　　　本：185mm×260mm　　印　　张：14.5　　　　字　　数：338 千字
版　　　次：2012 年 8 月第 1 版　　　　　　　　　　印　　次：2019 年 1 月第10次印刷
定　　　价：29.80 元

产品编号：043297-04

序　言

　　物理学一词（φυσικη）最早是源于希腊文（υσιξ），意为自然。其现代内涵是指研究物质运动最一般规律及物质基本结构的科学。物理学是实验科学，凡物理学的概念、规律及公式等都是以客观实验为基础的。物理学的基本理论渗透在自然科学的各个领域，应用于生产技术的各个方面，是其他自然科学和工程技术的基础。

　　物理实验课是高等学校的一门基础课，是本科学生进入大学以后接受系统实验方法和实验技能训练的开端。其任务是培养学生的基本科学实验技能，提高学生的科学实验基本素质，使学生初步掌握实验科学的思想和方法。

　　实验科学的思想和方法是伽利略创立的对物理现象进行实验研究并把实验的方法与数学方法、逻辑论证相结合的科学研究方法。科学实验是探索的过程，是可能成功也可能失败的，结果可能符合预期也可能否定预期，当然还可能有意外收获，而得到未曾预期的成功。

　　物理实验课不同于科学实验，物理实验课是以教学为目的，重在对学生的训练，其目标不在于探索，是以传授知识培养人才为目的。物理实验课中每个实验题目都经过精心设计、安排，是一定能成功的。尽管如此，物理实验课可使同学获得基本的实验知识，在实验方法和实验技能诸方面得到较为系统、严格的训练，是大学里从事科学实验的入门向导，同时在培养科学工作者的良好素质及科学世界观方面，物理实验课程也起着潜移默化的作用。

秦艳芬

2012 年 5 月

前　言

前　言

　　本书共分5章。第1章和第2章重点论述了贯穿整个实验课所必要的"实验误差与不确定度评定"以及"数据处理的基本方法"基本知识。学生对于这些知识必须熟练掌握,并用以指导和贯彻到以后的所有实验中去。第3章实验预备知识,重点对力、热、光、电等各类实验的基本知识和常用仪器进行了介绍,其中基本知识是进行该类实验所需要的预备知识,在预习该类实验之前,必须先学习并掌握这一节的基本知识内容。第4章基本实验,选择了20个实验项目,分述力、热、声、光、电这五类实验的基本物理量的测量、基本实验仪器的使用、基本实验技能和基本测量方法的实验内容,以达到通过这一层次的学习使学生学会如何预习、如何做实验;掌握基本实验仪器的使用、基本实验技能和基本测量方法;掌握处理数据的一般方法;学会对实验结果进行不确定度评价;学习对实验数据和实验现象的分析;学会正确撰写实验报告。第5章综合设计性实验(含近代物理实验),选择了26个实验。目的是巩固学生在基础性实验阶段的学习成果、开阔学生的眼界和思路,提高学生对实验方法和实验技术的综合运用能力。使学生了解科学实验的全过程、逐步掌握科学思想和科学方法,学习独立实验和运用所学知识解决给定的问题。

　　为了培养学生借助教材和仪器说明书在老师指导下正确使用仪器,本书对每个实验均编写了"仪器设备"内容,介绍仪器的结构、使用方法、技术指标,同学们要认真阅读,理解实验的设计思想,并进行正确的测试。

　　原始数据和数据处理用的表格设计是实验设计方案的一部分,是科学研究工作的重要内容之一。为了鼓励学生自己设计表格,本书实验编写中未提供可参考的数据表格,而编写了"实验数据"部分,对原始数据和数据处理内容提出了要求。学生可以按"实验数据"内容的要求合理地设计表格,避免繁杂的数式重复罗列。

　　安全是实验顺利进行的保障,实验安全包含两个方面,一是学生的人身安全,二是仪器设备的安全。本书在每个实验中都编写了"注意事项",同学们要认真阅读,并贯彻在实验中。

　　本教材始于2005年由秦艳芬老师编写,在宁波工程学院已使用数届。近几年在准备出版过程中有许多老师参与修订工作,其中尉国栋、金丹青老师参与光学实验部分修订;胡国琦、章国荣老师参与电磁学实验部分修订;胡国琦老师参与近代实验部分修订;金淑华老师参与力学实验部分修订;贺梅英老师参与热学实验部分修订;季丰民老师编写了DS1000数字存储示波器操作面板介绍;汪金芝、王怀军、孙仁斌等老师也提出过修订建议。在此深表谢意。

　　读者在学习中如对教材的编写和实验的扩展有建议和想法,欢迎与编者交流、讨论。

编　者

2012年5月

目　　录

绪论　怎样做好物理实验

0.1　物理实验课的性质

根据国家教育部颁发的《高等工业学校物理实验课程教学基本要求》的规定,物理实验是对高等学校理工科类专业学生进行科学实验基本训练的一门独立的必修基础课程,是理工科学生进入大学以后接受系统实验方法和实验技能训练的开端。

物理实验课覆盖面广,具有丰富的实验思想、方法和手段,同时能提供综合性很强的基本实验技能训练,是培养学生科学实验能力、提高科学素质的重要基础。它在培养学生严谨的治学态度、活跃的创新意识、理论联系实际和适应科技发展的综合应用能力等方面具有不可替代的作用。

物理实验在人类文明的发展中一直扮演着重要的角色,许多物理实验在历史发展中具有里程碑的作用。可以毫不夸张地讲,没有物理实验就没有当今的人类文明。愿我们共同努力学好物理实验;愿有志于攀登科学高峰的学子,钻研、探索、创新,为物理实验的发展做出贡献。

0.2　物理实验课的任务

本课程将在中学物理实验的基础上,按照循序渐进的原则,学习物理实验知识、方法和技能,了解科学实验的主要过程与基本方法,为今后学习和工作奠定良好的实验基础。其具体任务如下:

(1)培养和提高学生的物理实验技能。通过物理现象的观察、分析和对物理量的测量,学习物理思想、原理及方法,加深对物理实验设计创新思维的理解。

(2)培养和提高学生的科学实验基本素质。其中包括:

① 能够通过阅读实验教材或资料,正确理解原理及方法,为进行实验做好准备。

② 能够借助教材和仪器说明书,在老师指导下正确使用仪器,尤其是对实验设计思想的理解,并进行正确的测试。

③ 能够正确地运用物理理论对实验现象进行初步分析和判断,逐步学会提出问题、分析问题和解决问题的方法。

④ 能够正确地记录和处理实验数据,绘制曲线,分析实验结果,撰写合格的实验报告。

⑤ 能够完成符合规范要求的设计性内容的实验。

⑥ 在老师指导下,能够查阅有关方面的科技书籍,采用其实验原理、方法进行简单的具

有研究性和创意性内容的实验。

（3）培养与提高学生的科学实验素养,培养学生理论联系实际和实事求是的科学作风,认真严谨的科学态度,积极主动的探索精神,遵守纪律、团结协作和爱护公共财产的优良品德。

为完成以上任务,下面结合实验课的程序提出一些意见和规定,要求学生参照执行。

0.3　物理实验的三个环节

做好物理实验要抓好实验预习、实验过程和实验报告三个环节。

1. 实验预习

实验预习是实验的基础,是实验顺利进行和提高实验质量的保障。为确保预习质量,在预习中要结合实验仪器设备进行。预习首先要明确本次实验的目的,以此为出发点明确实验原理,实验的方法、特点,应测量的内容及注意事项。重点是实验的具体任务"做什么,怎么做",哪些是直接测量量,各用什么仪器和方法来测量;哪些是间接测量量,各用什么方法来测量;结果的不确定度如何估算等。从而能够制定合理的实验规划,能在课堂实验过程中有的放矢,有目的、有指导地进行操作和观察,及时发现和解决问题,独立完成各项任务,实现各个目标。在此基础上写出实验预习报告。

2. 实验过程

（1）认真检查并熟悉测量仪器,记下主要测量仪器的型号和主要技术参数(测量范围和仪器误差)。

（2）根据仪器使用说明,正确安装和调整仪器,经检查无误后,按实验程序进行实验。

（3）严肃认真,胆大心细,独立操作,有条不紊。一般每个物理量至少测 6 次。

（4）实事求是,正确记录实验数据和实验现象。

（5）实验中和实验完毕要及时分析和整理数据,如有问题,应该重测或补测。原始数据送教师签字后,将电源关掉,将仪器归整好,填写学生实验记录和仪器设备损坏记录。经教师检查同意后离开实验室。

实验中强调规范操作,注意操作的安全性;逐渐学会边实验、边检查、边分析,避免实验结束时才发现实验做错了的现象发生。树立误差观念,时刻注意避免产生失误和注意减小误差。实验中出现故障时应立即控制现场(如断电、降温等),主动报告老师,分析原因,排除故障,总结教训,切不可有意回避,推卸责任,或擅自调换别组的仪器。仪器如有损坏,凡属学生责任事故者,将酌情赔偿。

教师的指导和规则的约束是实验顺利进行的保障,但绝不意味着束缚学生的主观能动性。学生既要勇于发问,又要有所见地;既要吃透规则,又要有所创新。要有意识地培养独立工作的能力。

3. 实验报告

实验报告是实验者的成果报道,这就决定了报告是给人阅读的,阅读者要从报告中了解实验者做了些什么,根据什么去做的,取得了那些观测资料和通过分析得到什么实验结果;并取得了什么成果或结论。实验者要表明的是自己所做的工作和成果,而不是一份学生作业。实验报告应能反映实验者对所做实验的完整思路,其中特别应注意实验目的、实验原理、实验结论的和谐一致。即:实验中的结论应该是在原理的指导下取得的结果,来说明对实验目的的实现程度。

写实验报告字体要端正,文字要简练,数据要齐全,图表要规范,计算要正确,分析要充分、具体、定量。要按时交实验报告,过时无故不交者无分。如发现有抄袭报告或修改原始数据现象,将严肃处理。

0.4　关于实验报告

为了阶段性学习的需要,我们将实验报告分为预习报告、课上记录和课后报告三部分。

实验课前必须做书面预习报告,实验课上请老师审阅。无预习报告或预习报告不合格者不准上实验课。

1. 预习报告内容

(1) 实验名称。

(2) 实验目的。

(3) 实验原理:主要原理公式及简要说明(主要是公式适用条件,以及如何在实验过程中得以保证)(不得抄书);画好必要的原理图、电路图或光路图。

(4) 实验仪器:实验主要仪器的名称、型号及主要技术参数(测量范围和仪器误差)。

(5) 预习思考题回答。

(6) 实验数据记录表格。

2. 课上记录内容

(1) 实验中的现象和处理。

(2) 数据记录(表格化记录、不得用铅笔、经教师签字)。

3. 课后报告内容

(1) 数据处理

① 测量的原始数据和多次重复性简单计算的数据尽量一起列成表格,并注意数据的有效数字位数。

② 单次测量的数据要同时标出不确定度;多次测量的数据求出平均值后,同时求出不确定度,并标在平均值后面。

③ 较复杂的间接测量的计算要有计算过程,计算过程包括依据的公式、列出数式和得出结果。并同步计算不确定度。

④ 正确写出最后的实验结果。

⑤ 数据和不确定度都要有单位,且单位要统一(原始数据的单位用仪器读数的单位,计算时统一换成通用的国际单位)。

(2) 结果的分析讨论

包括:①实验结论是什么,结论是否正确、合理,不合理问题在哪里;②误差分析,分析影响实验的主要误差、系统误差修正等,尽可能具体、定量或半定量,切忌空谈;③实验中现象处理的分析;④实验方法讨论,主要是方法的优劣、实验的改进、提高,新的创见等。

课后报告与预习报告、课上记录构成一份完整实验报告。

0.5　物理实验的观察与分析

实验报告中误差分析和结果的分析讨论常常是学生感到比较困难的,我们在物理实验的观察与分析中编写了实验误差分析和结果分析等内容以供参考。

实验需要测量,更需要观察和分析,因为只有通过对实验现象的观察分析,才能对所要研究的对象及其规律作出合乎客观事实的正确判断,为实验成功奠定基础;同样,也只有通过对测量过程和结果的分析才能从所得的数据中发现其物理本质,并给予某种恰当的评价。

观察和分析是科学实验素质和能力的重要内容。实验者要认识自身的价值与地位,即使所做的实验已被许多前人研究过,也要认真而严肃地用清晰准确的文字向他人说明自己对这个问题的理解和取得的实验成果。

0.5.1　实验观察的方法

观察是收集科学事实、形成科学认识的基础,是检验假设的重要标准。实验者可以通过自身的观察实践逐步形成自己的方法。下面介绍的几种方法,作为引导。

1. 作好预习,明确观察对象

作好预习的标志就是实验者具有明确的实验目的,对实验的对象和根据有充分的了解,以及对实验如何进行已有初步的设想方案(其中包括观察设计)。在预习过程中,预习笔记是不可缺少的,它是实验者为自己准备的一份计划书。它应包含以下内容。

(1) 对"实验目的"的理解。"实验目的"规定了实验和观察的目的、对象和任务。

(2) 对"实验原理"的理论分析。"实验原理"包括:实验原理的条件、适用范围,物理量的表现形式、物理量之间的关系,原理所预期的现象及其现象出现与转化的条件等,通过这些分析将有助于指导实验的观察和测量。

(3) 观察设计。要使"实验原理"分析在实验中实施,应从实验原理理论回到实践中去形象思维,设计具体做法。观察设计应有步骤性,明确先观察什么,后观察什么,一步步地逼近实验的最终目的。由于此时的设计并未接触到实验的实际,难免有片面性,甚至错误,这是完全正常的,实验者正是通过对这些错误设想的反面教训才逐步学会如何正确地思考的。

2. 粗测观察

通过预习,对目的、原理已有了初步的了解,对实验如何进行也有了设想,那么在实验开始时按预习设想将整个实验粗略地实施一遍,对实验的全貌有一整体认识,这就是粗测观察。

这种观察为发现问题和提出问题创造了条件,理论分析和实验现象之间的任何不一致都可能是值得进一步探索的问题。

3. 变动性观察

如果仅仅观察研究对象的静态表现(许多测量量就是只对静态进行的),认识的范围和深度就会受到局限,若要扩大认识的范围,就必须进行变动性观察,即有意识地改变某些物理量的大小,改变某个实验条件或实验状态,观察它们对研究对象的影响。

0.5.2　实验的分析

要反映观察取得的信息的本质,就必须通过思维分析。实际上,观察和分析并不能严格地分开讨论,分析的实施就需要进行观察,而观察的判断就是分析的结果,所以在实际过程中它们往往是交替进行的。下面介绍几种实验中涉及的分析。

1. 现象分析

在实验过程中,应边实验观察,边检查分析做出判断。运用物理的和数学的知识以取得较为确切的科学结论。这是理论联系实际的一种很好的学习方式,有利于提高分析能力。这里要注意对有意义的现象做分析,还要抓住那些具有本质意义的现象,对其产生的原因、形成的条件、表现的形态及其规律性等作出较为仔细的理论分析。

2. 误差分析

这部分是对实验的主要误差来源进行分析。这些分析主要是对实验中的系统误差(已定系统误差和未定系统误差)产生的原因和影响的大小进行定量或半定量的分析。在实验结果出现不一致时,这种分析尤为重要,它可以帮助实验者找到结果不一致的原因。

3. 结果分析

这种分析属于对实验结果评价的一种综合分析。具体内容为:

(1)从实验结果看该实验的目的、要求是否达到?

(2)假若这是一个验证性实验,那么实验结果是否符合已知定律或标准值?

(3)假若是探索性实验,那么实验取得了怎样的规律或结果? 对此规律应作何种解释?

第 1 章

实验误差与不确定度评定

在科学实验中,总要进行大量的测量工作。要测量就会有误差,而误差的存在与大小将直接影响测量效果;测量效果的好坏即测量的质量由不确定度评定。因此,研究实验误差与不确定度是从事任何科学实验所必不可少的。

1.1 测量和误差

1.1.1 测量的基本概念

1. 测量定义和测量分类

(1)测量的定义

测量就是用一定的工具或仪器,通过一定的方法,直接或间接地与被测对象进行比较。

(2)测量的分类

测量的分类很多,这里只介绍一种按测量值获取方法进行的分类:直接测量和间接测量。

直接测量是把待测物理量直接与认定为标准的物理量相比较,例如用直尺测量长度和用天平测物体的质量。

间接测量是指按一定的函数关系,由一个或多个直接测量量计算出另一个物理量,例如测物体密度时,先测出该物体的体积和质量,再用公式($\rho = m/V$)算出物体的密度。在物理实验中进行的测量,有许多属于间接测量。

2. 测量数据

数据不同于数值,它是由数值和单位两部分组成的。一个数值有了单位,才具有特定的物理意义,这时它才可以称为一个物理量。因此测量所得是数据,数据应包括数值(大小)和单位,两者缺一不可。通常直接测量量的单位同测量时所用的仪器单位;间接测量量用国际单位。

1.1.2 测量误差的基本知识

1. 真值与误差

(1)真值:任何物理量在某一状态下都必然具有某一客观反映事物本身特性的真实数据,称为真值。真值是我们想要获得的。

(2)误差:实验测量的结果和客观的真值之间总存在着一定的差值,将其称为测量量的测量误差,简称"误差"。误差的大小反映了测量的准确程度,即测量接近于客观真实的程度。误差的大小可以用绝对误差表示,也可用相对误差表示。

（3）绝对误差与相对误差

绝对误差＝测量值－真值,即

$$\Delta_x = x - x_0 \tag{1-1}$$

相对误差＝$\dfrac{绝对误差}{真值}$,即

$$E_r = \frac{\Delta_x}{x_0} \cdot 100\% \tag{1-2}$$

绝对误差和相对误差的关系是

$$\Delta_x = \frac{\Delta_x}{x_0} \cdot x_0 = E_r \cdot x_0 \tag{1-3}$$

一般表示测定值的误差用绝对误差,评价测量的精确程度则需用相对误差。误差可正、可负;$\Delta_x > 0$ 时称为正误差,$\Delta_x < 0$ 时称为负误差。

由于真值不能确切地知道,测量误差实际上也不能确切地知道,只能对它进行合理的估算。

2. 误差的分类

误差按其性质和产生原因的不同,可分为"系统误差"和"随机误差"两大类。不同性质的误差,其处理的方法也不相同,所以,我们处理误差时必须首先分清误差的性质。测量结果的总误差应是这两类误差的总合。

（1）系统误差

在相同的条件下,多次测量同一物理量时,如果误差的大小和正负号总保持不变或按一定的规律变化,则这种误差称为系统误差。系统误差的来源主要有以下几种。

① 理论公式的近似性。例如单摆的周期公式 $T = 2\pi \sqrt{\dfrac{l}{g}}$ 成立的条件之一是摆角趋于零,而在实验中,摆角趋于零是不现实的。

② 测量方法的因素。如伏安法测电阻时没有考虑电表内阻的影响。

③ 仪器因素。如天平的两臂不等长,千分尺的零点不准等。

④ 环境的因素。如测磁体磁场时受到地磁场的影响,在 30℃ 时使用 20℃ 时标定的标准电池等。

⑤ 观测者的因素。如有人读数时有偏大（或偏小）的痼癖,有人按秒表时总是滞后等。

系统误差有些是定值的,如千分尺的零点不准;有些是积累性的,如用受热膨胀的钢卷尺进行测量时,其测量值就小于真值,误差随测量长度成比例地增加;还有些是周期性变化的,如停表指针的转动中心与表面刻度的几何中心不重合,造成偏心差,其读数误差就是一种周期性的系统误差。

系统误差是测量误差的重要组成部分,发现、估计和消除系统误差,对一切测量工作都非常重要。这种误差的特征是误差的确定性,不能通过多次测量来发现、表征和消除。但它有其一定的内在规律性,消除的方法是找出它的影响规律,对测量值进行修正,这正是实验科学的基本任务。为了找出系统误差的影响规律,往往要做一系列的补充实验。

（2）随机误差

在相同的条件下，多次测量同一物理量时，如果误差的符号时正时负，其绝对值时大时小，没有确定的规律，则这种误差称为随机误差。

随机误差的产生取决于测量过程中一系列随机因素的影响。其主要来源有：环境的因素，如温度、湿度、气压的微小变化等；观测者的因素，如瞄准、读数的不稳定等；测量装置的因素，如零件配合的不稳定性，零件间的摩擦等。

随机误差的特征是误差的随机性。如果我们对某一物理量只进行一次测量，它的随机误差是没有规律可循的；但如果在相同的宏观条件下对一个量进行足够多次的测量，就会发现随机误差是按一定的统计规律变化的，即它们服从某种概率分布。

增加测量次数可以减小随机误差，但不能完全消除，因此在实验中常常要进行多次测量。一般大学物理实验中对物理量的测量为 6 次。对测量中随机误差的估算，可以利用统计理论处理，这是误差理论的任务。

3. 与误差相关的几个概念

（1）精密度：用同一测量工具与方法在同一条件下多次测量，如果测量值随机误差小，即每次测量结果离散性小，说明测量重复性好，称为测量精密度好也称稳定度好，因此，测量随机误差的大小反映了测量的精密度。

（2）准确度：在不计随机误差时，而获得的测量结果与真值偏离程度称为测量准确度，其从根本上取决于系统误差的大小，因而系统误差大小反映了测量可能达到的准确程度。

（3）精确度：是测量的准确度与精密度的总称，在实际测量中，影响精确度的可能主要是系统误差，也可能主要是随机误差，当然也可能两者对测量精确度影响都不可忽略。在某些测量仪器中，常用精度这一概念，实际上包括了系统误差与随机误差两个方面，例如常用的仪表就常以精度划分仪表等级。

精确度和误差可以说是孪生兄弟，因为有误差的存在，才有精确度这个概念。

（4）等精度测量：是指系统和环境都不变的测量。

4. 测量误差的客观性和普遍性

（1）误差存在于一切测量中，而且贯穿测量过程的始终。因此，在每次测量的过程中都要注意分析各种可能的误差影响因素，注意观察测量过程产生的各种物理现象，分析它们对测量结果的影响。

这也包括理论计算的结果。一方面理论本身有局限性（有其适用条件和范围）；其次，计算的参量本身也是测量量，是有测量误差的，由此计算出来的因变量自然也是有误差的。

（2）误差可以通过各种途径不断减小，但无法绝对避免。为此，我们要对众多的影响因素至少进行半定量的估计，以便找出主要误差影响因素，采取措施重点予以减小。

（3）误差无法确知，但可进行合理的估算。

1.1.3 系统误差的处理

在许多情况下，系统误差是影响测量结果精确度的主要因素，然而它又不可能通过多次测量被发现，容易被遗漏，从而给实验结果带来严重影响。因此，发现系统误差，估算出它对结果的影响，设法修正它或消除它的影响是误差处理一项重要而困难的内容。

1. 系统误差的修正

系统误差中有一部分是可以找出它们的影响规律的,因此可以直接对测得值进行修正,经修正后,这一系统误差就得到消除。

不计随机误差,系统误差 Δ_x^* 定义为测量值 x 与真值 x_0 之差,即

$$\Delta_x^* = x - x_0 \tag{1-4}$$

当测量值大于真值时,规定系统误差是正的;当测量值小于真值时,规定系统误差是负的。

对测量结果进行修正,即测量结果要加上修正值 δ:

$$x_0 = x + \delta \tag{1-5}$$

而

$$\delta = -\Delta_x^* \tag{1-6}$$

2. 估计上限的系统误差

在物理实验中,大多数情况下,很多系统误差的影响规律无法确知,自然也无法对它们进行修正,从而无法消除,而这些系统误差往往构成实验中的主要误差部分而不可略去。如果我们可以估计其上限,在此上限内,这些误差的存在又尚在我们的实验要求容许范围内,则我们不必把它们的影响规律研究得十分清楚,也不必对此进行系统误差修正,而是把它们视为形同随机误差,作类似处理。这种误差被称为估计上限的系统误差,仪器误差大多数属于此类。

1.1.4　随机误差的估算

1. 测量结果的最佳估计值

对某一物理量进行直接多次测量,测量值分别为 $x_1, x_2, \cdots, x_n$,由于随机误差的存在,那么用什么值才能合理地代表测量结果呢? 由随机误差的性质可以证明,多次测量值的算术平均值最接近真值,作为真值的最佳估计值,作为测量结果的最佳值。算术平均值

$$\bar{x} = \frac{\sum\limits_{i=1}^{n} x_i}{n} \tag{1-7}$$

其中 n 为测量次数, x_i 为第 i 次测量值。可以证明,当 $n \to \infty$ 时, $\bar{x} \to x_0$ (真值)。

2. 随机误差的估算

由随机误差的定义知,其大小、方向是不确定的,因此无法计算其值。但可对其进行估算,测量中是用其对测量值的离散性来说明随机误差的大小。由误差理论知,测量值的标准偏差 S_x 反映测量值的离散性。把测量值的标准偏差 S_x 作为测量中随机误差的估算。标准偏差 S_x 的数学表达式如式(1-8),此式称为贝塞尔公式。

$$S_x = \sqrt{\frac{\sum\limits_{i=1}^{n} (x_i - \bar{x})^2}{n-1}} \tag{1-8}$$

1.1.5　常见的随机误差分布

随机误差中服从概率分布的形式较多,这里只介绍几种常见的概率分布。概率分布形

式由其性质决定,概率分布的性质用概率密度函数 $f(x)$ 来描述,其中 x 代表测量误差,是一种随机变量。在实际问题中,$f(x)$ 一般难以确定,而我们关心的往往也不是 $f(x)$ 本身,而是它的几个数字特征:期望 $E(x)$ 和方差 $D(x)$,还有置信概率 p。

期望 $E(x)$ 描述测量误差平均值的大小。

方差 $D(x)$ 描述测量误差的离散性。

置信概率是表示变量 x 在 (x_1, x_2) 区间出现的概率,定义为 $p = \int_{x_1}^{x_2} f(x) \mathrm{d}x$。

1. 正态分布

通过概率统计的检验假设可以证明,只要一个随机变量是由大量的、相互独立的、微弱的因素所构成,这个随机变量就近似地服从正态分布。因此,由不能控制的大量的偶然因素造成的测量的随机误差,也近似服从正态分布。正态分布是最常见的一种连续型概率分布。正态分布的概率密度函数为

$$f(x) = \frac{1}{\sigma \sqrt{2\pi}} \exp\left(-\frac{1}{2}\left(\frac{x-\mu}{\sigma}\right)^2\right), \quad -\infty < x < \infty \tag{1-9}$$

正态分布曲线见图 1-1,这一图形表示,在没有系统误差的条件下,当测量次数 $n \to \infty$ 时,绝对值小的误差比绝对值大的误差出现的次数较多(**单峰性**),绝对值相等的正误差和负误差出现的次数大体相等(**对称性**)。

误差 x 的期望 $E(x) = 0$,表示误差的平均值为零(**抵偿性**)。这也可用另一种形式表示,即

$$\lim_{n \to \infty} \frac{1}{n} \sum_{i=1}^{n} (x_i - x_0) = 0 \tag{1-10}$$

其中 n 为测量次数,x_i 为第 i 次测量值,x_0 为待测真值。它表示 $n \to \infty$ 时,所得测量值的算术平均值就等于真值。

误差 x 的方差 $D(x) = \sigma^2(x)$,$\sigma(x) = \sqrt{D(x)}$。σ 称为标准差,σ 的大小反映测量值的离散性。σ 大,曲线低而宽,表示 x 的离散性显著,测量可重复性差;σ 小,曲线高而窄,表示 x 的离散性不显著,测量可重复性好,如图 1-2 所示。

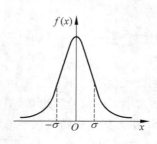

图 1-1 正态分布曲线

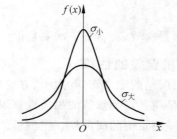

图 1-2 σ 的大小与曲线的宽窄关系

标准差 σ 是无法实际得到的($n \to \infty$ 达不到),而从测量值 $x_1, x_2, \cdots, x_n$,则可以得到测量值的标准偏差 $S_x = \sqrt{\dfrac{\sum\limits_{i=1}^{n} (x_i - \bar{x})^2}{n-1}}$。$S_x$ 反映测量值 x_i 对 $\bar{x}$ 的离散程度。

由于算术平均值不是测量的结果,但最接近真值,因此我们更希望知道 $\bar{x}$ 对真值的离散

程度。误差理论可以证明 $\bar{x}$ 的标准偏差为

$$S_{\bar{x}} = \frac{S_x}{\sqrt{n}} = \sqrt{\frac{\sum_{i=1}^{n}(x_i - \bar{x})^2}{n(n-1)}} \tag{1-11}$$

$S_{\bar{x}}$ 的大小反映 $\bar{x}$ 对真值的离散程度。

2. t 分布

在实际中,测量多为有限次。若对一个物理量在同一条件下进行的测量次数 $n < 10$ 次,则随机误差遵循 t 分布。

t 分布的概率密度函数为

$$f(t, \nu) = \frac{\Gamma\left(\frac{\nu+1}{2}\right)}{\Gamma(\nu\pi)\Gamma\left(\frac{\nu}{2}\right)} \cdot \left(1 + \frac{t^2}{\nu}\right)^{-\frac{\nu+1}{2}}, \quad -\infty < t < \infty \tag{1-12}$$

式中 ν 是正整数,称为自由度($\nu = n-1$,n 为测量次数),而 Γ 函数 $\Gamma(\mu) = \int_0^{\infty} x^{\mu-1}\mathrm{e}^{-x}\mathrm{d}x$ 的性质和运算规则可以由数学用表查得。

从 $f(t, \nu)$ 的表达式可以看出,它只与测量次数 n 有关。知道了 $n(\nu = n-1)$,$f(t, \nu)$ 就完全可以确定了。$f(t, \nu)$ 对于 $t = 0$ 是对称的,它的图形见图 1-3。这一图形表示,在没有系统误差的条件下,当测量次数 $n \to \infty$ 时,绝对值小的误差比绝对值大的误差出现的次数较多(单峰性),绝对值相等的正误差和负误差出现的次数大体相等(对称性)。

误差 t 的期望 $E(t) = 0$,表示误差的平均值为零(抵偿性)。这也表示算术平均值 $\bar{x} = \dfrac{\sum_{i=1}^{n} x_i}{n}$ 最接近真值。误差 t 方差 $D(t) = \dfrac{\nu}{\nu-2}(\nu > 2)$,当 $\nu \to \infty$ 时,t 分布趋于标准正态分布。

3. t 分布与正态分布的比较

从图 1-4 可以看到,t 分布的峰值低于正态分布,离散程度也比正态分布稍大。因此,为了达到同样的置信水平,即曲线下的面积相同,$t_p S_{\bar{x}}$ 要大于正态分布的 σ,也可以这样理解:测量次数少了,数据的离散程度就大,也即测量误差就大。为了达到同样的置信水平,就要把测量误差的范围扩大些。

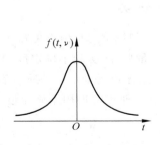

图 1-3　$t = 0$ 时,t 分布曲线

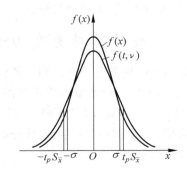

图 1-4　t 分布的峰值低于正态分布

其中 t_p 称为置信系数,p 为置信概率,t_p 与 p 之间的对应关系可以查表。表 1-1 列出了不同自由度 ν 下几种常用的置信概率 p 的 t_p 数值。

表 1-1   常用的不同自由度 ν 下的 t_p 数值表

t_p ＼ ν	1	2	3	4	5	6	7	8	9	10	20	∞
$t_{0.683}$	1.84	1.32	1.20	1.14	1.11	1.09	1.08	1.07	1.06	1.05	1.03	1.00
$t_{0.90}$	6.31	2.92	2.35	2.13	2.02	1.94	1.90	1.86	1.83	1.81	1.73	1.65
$t_{0.95}$	12.71	4.30	3.18	2.78	2.57	2.45	2.36	2.31	2.26	2.23	2.09	1.96
$t_{0.99}$	63.66	9.93	5.84	4.60	4.03	3.71	3.50	3.36	3.25	3.17	2.84	2.58

从表中可以看出,当 $n\to\infty$ 时,t 分布趋于正态分布。

4. 均匀分布

只要一个随机变量 x 在某一区间 $[a,b]$ 内任意点出现的概率相同(见图 1-5),即概率密度函数

$$f(x)=\begin{cases}\dfrac{1}{b-a}, & a\leqslant x\leqslant b \\ 0, & 其他\end{cases} \tag{1-13}$$

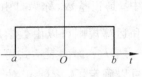

图 1-5   均匀分布

则称此分布为均匀分布。在测量实践中均匀分布是最常见的,如:数字仪表显示数字的最后一位;在一定范围内读数不能分辨引入的误差;数据在结尾舍入时引入的误差都可以认为服从均匀分布。均匀分布的重要性还在于:对于实验中遇到的未定系统误差,在一般情况下,由于信息的缺乏,根据等概率假设,也可以认为它们服从均匀分布。例如,有些仪器的误差在允差范围内可以认为服从均匀分布。

1.2   测量的不确定度评定和测量结果的表示

由于测量误差的存在,测量结果中不可避免地含有误差,含有不确定的成分。实际上,这种不确定程度可以用一种科学合理的方法来表征,这就是"不确定度"的评定。在测量方法正确的情况下,不确定度愈小,表示测量结果愈可靠;反之,不确定度愈大,测量质量愈低,它的可靠性愈差,使用价值就愈低。

1.2.1   关于不确定度的一些概念和分类

过去基本上是用误差来评价测量的质量。但由于一般测量量的真值不可知从而误差不可知,导致用误差来评价测量的质量有诸多不适。国际计量局在《实验不确定度的规定:建议书 INC-1(1980)》中建议用"不确定度"一词取代"误差"来评定测量结果的质量后,世界各国已普遍采纳。我国从 1992 年 10 月开始实施,以后大学物理实验也用不确定度取代误差来评定测量结果的质量。

1. 不确定度的概念

不确定度表示由于测量误差的存在而对测量结果不能肯定的误差范围,反映测量的离

散性。不确定度是标准不确定度的简称。标准不确定度是指以"标准偏差"表示的测量不确定度估计值,常记为 u。

2. 不确定度的分类

由于误差来源众多,测量结果的不确定度一般包含几个分量。为了估算方便,按估计其数值的不同方法,可以分为 A、B 两类分量。

A 类分量是能用统计方法计算出的标准偏差;

B 类分量是能用非统计方法估计出来的等价标准偏差。

1.2.2　不确定度 A 类分量(u_A)的评定

不确定度 A 类分量是通过多次重复测量用统计方法计算而得的分量。在大学物理实验中,对一个物理量在同一条件下进行的测量次数多为 $n < 10$ 次,属有限次测量,随机误差遵循 t 分布,t 分布中 $t_p S_{\bar{x}}$ 反映误差的离散程度,因此将它作为不确定度 A 类分量的评定。通过查表(表 1-1)可以计算 $t_p S_{\bar{x}}$,但这样用起来不便。

在实用中,常常要求作高置信概率的报道。我国有关技术规范要求报道的置信概率取为 95%,并规定,当 $p = 95\%$ 时,可将 p 值略去不写;当 $p \neq 95\%$,则必须注明 p 值。

鉴于此,在大学物理实验中,我们建议置信概率采用 0.95。$t_{0.95}$ 和 $t_{0.95}/\sqrt{n}$ 的值见表 1-2。

表 1-2　$t_{0.95}$ 和 $t_{0.95}/\sqrt{n}$ 的值

n	3	4	5	6	7	8	9	10	15	20	$\geqslant 100$
$t_{0.95}$	4.30	3.18	2.78	2.57	2.45	2.36	2.31	2.26	2.14	2.09	$\leqslant 1.97$
$\dfrac{t_{0.95}}{\sqrt{n}}$	2.48	1.59	1.24	1.05	0.926	0.834	0.770	0.715	0.553	0.467	$\leqslant 1.39$

从表中可以看出,当 $6 \leqslant n < 10$ 时,有 $t_{0.95}/\sqrt{n} \approx 1$,$t_{0.95}/\sqrt{n} = S_x$,即在置信概率为 0.95 的前提下,A 类不确定度 u_A 可用测量值的标准偏差 S_x 估算。记为

$$u_A = S_x = \sqrt{\dfrac{\sum_{i=1}^{n}(x_i - \bar{x})^2}{n-1}} \tag{1-14}$$

1.2.3　不确定度 B 类分量(u_B)的评定

1. 仪器误差

任何仪器都存在误差,我们把在规定的使用条件下,正确使用仪器时,仪器的示值和被测量的真值之间可能出现的最大误差称为仪器误差,以 $\Delta_{仪}$ 表示。

仪器误差包括随机误差和估计上限的系统误差两部分。对于大学物理实验室中多数仪表、器具来说,对同一物理量在相同条件下作多次直接测量时,测量的随机误差分量一般比系统误差小很多;而对另一些仪表、器具,在实际使用中很难保证在相同条件下或规定的正常条件下进行测量,测量误差除估计上限的系统误差外,还包括变差等其他分量。

2. B 类分量与仪器误差

我们约定,在大学物理实验中,大多数情况下把仪器误差 $\Delta_仪$ 简化地直接作为用非统计方法估计的分量 u_B,而写成

$$u_B = \frac{\Delta_仪}{C} \tag{1-15}$$

其中 C 为修正因子,是根据仪器误差各种不同误差分布的特性,为了折算成近似的等价标准偏差而作的适当修正。表 1-3 介绍了几种常见仪器误差分布的修正因子。一般我们认为仪器误差的误差分布呈均匀分布,折算成 95% 的置信概率,都近似地取 $C=1.05$,简化为 $C=1$。因而得

$$u_B = \Delta_仪 \tag{1-16}$$

表 1-3　几种常见的仪器误差分布函数及其修正因子 C 值

分布类型	均　匀　分　布	反　正　弦　分　布	两　点　分　布
图形			
修正因子 C	1.05	1.003	1
适用条件	量化误差(数字式仪表、游标尺、秒表等);投影误差(安装调整不垂直、不水平、不对准等);回程差,频率误差;数值凑整误差等	偏心引起的测角误差,振动,正弦噪声,失真等	电流正反向流动,换向器测定误差,只知道误差绝对值

3. 常用实验仪器的仪器误差

仪器误差一般由生产厂家在仪器铭牌或说明书中给出;对于未说明仪器误差的仪器,可取仪器的最小分度或最小分度的一半作为仪器误差。表 1-4 示出某些常用实验仪器的仪器误差。

表 1-4　某些常用实验仪器的仪器误差

仪器名称	量　　程	最小分度值	仪器误差
钢板尺	150 mm	1 mm	±0.10 mm
	500 mm	1 mm	±0.15 mm
	1000 mm	1 mm	±0.20 mm
钢卷尺	1 m	1 mm	±0.8 mm
	2 m	1 mm	±1.2 mm
游标卡尺	125 mm	0.02 mm	±0.02 mm
		0.05 mm	±0.05 mm
螺旋测径器(千分尺)	0～25 mm	0.01 mm	±0.004 mm
七级天平(物理天平)	500 g	0.05 g	0.08 g(接近满量程)
			0.06 g(1/2 量程附近)
			0.04 g(1/3 量程附近)

续表

仪器名称	量　程	最小分度值	仪器误差
三级天平(分析天平)	200 g	0.1 mg	1.3 mg(接近满量程) 1.0 mg(1/2 量程附近) 0.7 mg(1/3 量程附近)
普通温度计(水银或有机溶剂)，	0~100℃	1℃	±1℃
精密温度计(水银)	0~100℃	0.1℃	±0.2℃
电表(0.5 级) 电表(0.1 级)			0.5%×量程 0.1%×量程
数字万用电表			$\alpha\% \cdot U_x + \beta\% \cdot U_m$(其中 U_x 表示测量值即读数，U_m 表示满度值即量程，α、β 对不同的测量功能有不同的数值。通常将 $\beta\% \cdot U_m$ 用字数表示，如"2 个字"等)

1.2.4　不确定度的合成和测量结果的表示

1. 不确定度 u 的合成

不确定度 u 由 A 类不确定度 u_A 和 B 类不确定度 u_B 采用方和根合成方式得到：

$$u = \sqrt{u_A^2 + u_B^2} \tag{1-17}$$

即

$$u = \sqrt{S_x^2 + \Delta_{仪}^2}, \quad S_x = \sqrt{\frac{\sum_{i=1}^{n}(x_i - \bar{x})^2}{n-1}}$$

若 A 类分量有 n 个，B 类分量有 m 个，那么合成不确定度为

$$u = \sqrt{\sum_{i=1}^{n} u_{A_i}^2 + \sum_{i=1}^{m} u_{B_i}^2} \tag{1-18}$$

2. 测量结果的表示

若用不确定度表征测量结果的可靠程度，则测量结果写成下列标准形式：

$$\begin{cases} x = (\bar{x} \pm u)单位 \\ u_r = \dfrac{u}{\bar{x}} \times 100\% \end{cases} \tag{1-19}$$

式中 $\bar{x}$ 为多次测量的平均值，u 为合成不确定度，u_r 为相对不确定度。与 u_r 对应，u 也称为绝对不确定度。

　　测量结果表达式 $x = \bar{x} \pm u$ 的含义是：测量结果是一个范围，它表示待测物理量的真值有一定的概率落在 $(\bar{x}-u, \bar{x}+u)$ 范围内；误差以一定的概率落在 $(-u, u)$ 范围内；一定的概率就是置信概率。

1.2.5 直接测量不确定度的计算

1. 单次测量时的情况

（1）仪器精度较低，随机误差很小，多次测量读数相同，不必进行多次测量；

（2）对测量的准确程度要求不高，只测一次就够了；

（3）因测量条件的限制，不可能多次重复测量。

单次测量的结果也应以上式表示。这时 u 常用极限误差 Δ 表示。Δ 的取法一般有两种：一种是仪器标定的最大允差 $\Delta_仪$；另一种是根据不同仪器、测量对象、环境条件、灵敏阈等估计一个极限误差。两者中取数值较大的作为 Δ 值。

2. 多次测量时不确定度的计算

（1）求测量数据的算术平均值：$\bar{x} = \dfrac{\sum x_i}{n}$；

（2）修正已知的系统误差，得到测量值（如螺旋测微器必须消除零误差）；

（3）用贝塞尔公式计算标准偏差：$S_x = \sqrt{\dfrac{\sum\limits_{i=1}^{n}(x_i - \bar{x})^2}{n-1}}$；

（4）标准偏差乘以一置信参数 $t_{0.95}/\sqrt{n}$，测量次数 $6 \leqslant n < 10$，取 $t_{0.95}/\sqrt{n} = 1$，则 $u_A = S_x$；

（5）根据仪器标定的最大允差 $\Delta_仪$ 确定 $u_B = \Delta_仪$；

（6）由 u_A、u_B 合成不确定度：$u = \sqrt{u_A^2 + u_B^2}$；

（7）计算相对不确定度：$u_r = \dfrac{u}{x} \times 100\%$；

（8）给出测量结果：$\begin{cases} x = (\bar{x} \pm u)单位 \\ u_r = \dfrac{u}{x} \times 100\% \end{cases}$。

例 1-1：在室温 23 ℃下，用 0～25 mm 的螺旋测微器测量钢丝的直径 d，数据见表 1-5，试用不确定度表示测量结果。

表 1-5　用 0～25 mm 的螺旋测微器测量钢丝直径 d 的数据

N	1	2	3	4	5	6
d/mm	0.602	0.608	0.603	0.605	0.606	0.605

解：钢丝直径 d 的平均值为

$$\bar{d} = \frac{1}{6}\sum_{i=1}^{6} d_i = 0.605(\mathrm{mm})$$

任意一次直径测量值的标准偏差为

$$S_d = \sqrt{\frac{\sum_{1}^{6}(\bar{d} - d_i)^2}{6-1}} \approx 0.0023(\mathrm{mm})$$

螺旋测微器的仪器误差为 0.004 mm，即

$$\Delta_{仪} = 0.004 \text{ mm}$$

直径 d 不确定度的 A 类分量为

$$u_{\mathrm{A}} = S_d = 0.003 \text{ mm}$$

B 类分量为

$$u_{\mathrm{B}} = \Delta_{仪} = 0.004 \text{ mm}$$

于是,直径的合成不确定度为

$$u_d = \sqrt{u_{\mathrm{A}}^2 + u_{\mathrm{B}}^2} = \sqrt{(0.0023)^2 + (0.004)^2} \approx 0.005 (\text{mm})$$

相对不确定度为

$$u_{rd} = \frac{u}{d} \times 100\% = 0.9\%$$

测量结果表达为

$$\begin{cases} d = (0.605 \pm 0.005)\text{mm} \\ u_{rd} = 0.9\% \end{cases}$$

1.2.6　间接测量不确定度的计算

间接测量量是由直接测量量根据一定的数学公式计算出来的。这样一来,直接测量量的不确定度就必然影响到间接测量量,这种影响的大小也可以由相应的数学公式计算出来。

1. 间接测量不确定度的计算式

设间接测量所用的数学公式可以表为如下的函数形式:

$$N = F(x, y, z, \cdots) \tag{1-20}$$

式中,N 是间接测量量;$x, y, z, \cdots$ 是直接测量量,它们是互相独立的量。设 $x, y, z, \cdots$ 的不确定度分别为 $u_x, u_y, u_z, \cdots$。它们必然影响间接测量量,使 N 值也有相应的不确定度 u。由于不确定度都是微小的量,相当于数学中的"增量",因此间接测量的不确定度的计算式与数学中的全微分公式基本相同。不同之处是:①要用不确定度 u_x 等替代微分 $\mathrm{d}x$ 等;②要考虑到不确定度合成的统计性质,一般是用"方、和、根"的方式进行合成。于是,在大学物理实验中用以下两式来简化地计算不确定度:

$$u = \sqrt{\left(\frac{\partial F}{\partial x}\right)^2 (u_x)^2 + \left(\frac{\partial F}{\partial y}\right)^2 (u_y)^2 + \left(\frac{\partial F}{\partial z}\right)^2 (u_z)^2 + \cdots} \tag{1-21}$$

$$u_{\mathrm{r}} = \frac{u_N}{N} = \sqrt{\left(\frac{\partial \ln F}{\partial x}\right)^2 (u_x)^2 + \left(\frac{\partial \ln F}{\partial y}\right)^2 (u_y)^2 + \left(\frac{\partial \ln F}{\partial z}\right)^2 (u_z)^2 + \cdots} \tag{1-22}$$

2. 用间接测量不确定度表示结果的计算过程

(1) 先写出(或求出)各直接测量量的不确定度。

(2) 依据 $N = F(x, y, z, \cdots)$ 的关系求出 $\frac{\partial F}{\partial x}, \frac{\partial F}{\partial y}, \cdots$,或 $\frac{\partial \ln F}{\partial x}, \frac{\partial \ln F}{\partial y}, \cdots$。

(3) N 是和差形式函数,用式(1-21)

$$u = \sqrt{\left(\frac{\partial F}{\partial x}\right)^2 (u_x)^2 + \left(\frac{\partial F}{\partial y}\right)^2 (u_y)^2 + \cdots}$$

先求解 u。N 是积商形式的函数,用式(1-22)

$$u_r = \frac{u_N}{N} = \sqrt{\left(\frac{\partial \ln F}{\partial x}\right)^2 (u_x)^2 + \left(\frac{\partial \ln F}{\partial y}\right)^2 (u_y)^2 + \cdots}$$

先求解 u_r，然后由式 $u_r = \frac{u_N}{N}$ 求出 u 和 u_r。

（4）亦可根据传递公式直接用各直接测量量不确定度进行计算（见表 1-6）。

（5）给出实验结果：

$$\begin{cases} N = (\overline{N} \pm u) \text{ 单位} \\ u_r = \dfrac{u}{N} \times 100\% \end{cases}, \quad \overline{N} = f(\overline{x}, \overline{y}, \overline{z}, \cdots)$$

3. 常用函数的不确定度传递公式

表 1-6 给出了常用函数的不确定度传递公式，对简单函数关系直接应用该传递公式较为方便。

表 1-6　常用函数的不确定度传递公式

测 量 关 系	不确定度传递公式
$N = x + y$	$u = \sqrt{u_x^2 + u_y^2}$
$N = x - y$	$u = \sqrt{u_x^2 + u_y^2}$
$N = kx$	$u = ku_x, u_r = \dfrac{u}{x}$
$N = \sqrt[k]{x}$	$u_r = \dfrac{1}{k} \cdot \dfrac{u}{x}$
$N = xy$	$u_r = \sqrt{u_{rx}^2 + u_{ry}^2}$
$N = x/y$	$u_r = \sqrt{u_{rx}^2 + u_{ry}^2}$
$N = \dfrac{x^k \cdot y^m}{z^n}$	$u_r = \sqrt{(ku_{rx})^2 + (mu_{ry})^2 + (nu_{rz})^2}$
$N = \sin x$	$u = |\cos x| u_x$
$N = \ln x$	$u = u_{rx}$

例 1-2：已知金属环的内径 $D_1 = (2.880 \pm 0.004)\text{cm}$，外径 $D_2 = (3.600 \pm 0.004)\text{cm}$，高度 $H = (2.575 \pm 0.004)\text{cm}$，求金属环的体积，并用不确定度表示实验结果。

解：金属的体积

$$\overline{V} = \frac{\pi}{4}(D_2^2 - D_1^2)H = \frac{\pi}{4} \times (3.600^2 - 2.880^2) \times 2.575 = 9.436(\text{cm}^3)$$

求偏导：

$$\frac{\partial \ln V}{\partial D_2} = \frac{2D_2}{D_2^2 - D_1^2}, \quad \frac{\partial \ln V}{\partial D_1} = \frac{-2D_1}{D_2^2 - D_1^2}, \quad \frac{\partial \ln V}{\partial H} = \frac{1}{H}$$

$$u_{rV} = \frac{u_V}{\overline{V}} = \sqrt{\left(\frac{2D_2 u_{D_2}}{D_2^2 - D_1^2}\right)^2 + \left(\frac{-2D_1 u_{D_1}}{D_2^2 - D_1^2}\right)^2 + \left(\frac{u_H}{H}\right)^2}$$

$$= \sqrt{\left(\frac{2 \times 3.600 \times 0.004}{3.600^2 - 2.880^2}\right)^2 + \left(\frac{-2 \times 2.880 \times 0.004}{3.600^2 - 2.880^2}\right)^2 + \left(\frac{0.004}{2.575}\right)^2}$$

$$= 0.008 = 0.8\%$$

则

$$u_V = \overline{V} u_{rV} = 9.436 \times 0.008 \approx 0.08(\mathrm{cm}^3)$$

实验结果为

$$\begin{cases} V = (9.44 \pm 0.08)\mathrm{cm}^3 \\ u_{rV} = 0.8\% \end{cases}$$

1.3　有效数字及其运算规则

1. 有效数字的定义

任何一个物理量,其测量的结果总存在着误差,也就是说,表示该测量值的数值不应随意取位,而要采用一定意义的表示法。同时,数据计算都有一定的近似性,因此,计算的准确性既不应超过测量时应有的准确性,也不能使测量的准确性受到损失,即计算的准确性必须与测量的准确性相适应。

例如我们用米尺测量一个物体的长度,读出物体的长度为 34.51 cm,这个读数的前三位 34.5 cm 是直接从尺上读出,称为可靠数字,而最末一位 0.01 cm 则是从尺上最小刻度之间估计来的,称为可疑数字。可靠数字和可疑数字合起来,称为有效数字。有效数字的最后一位虽然是估计的,但它在一定程度上反映客观实际,因此也是有效的,而在它以后的各位数字的估计就没有必要了;反之,如果取少了有效数字位数,将会引入人为的计算误差,所以对此必须予以充分的重视。

有效数字的位数由误差决定,误差由不确定度表示,一般取一位有效数字,它所在位以前的数字(包括这一位)都是有效数字,所以计算测量结果时,必须同步计算不确定度。

2. 确定测量结果有效数字的方法

(1) 不确定度的有效数字在一般情况下只取一位(只在第一位数值为 1 或 2 时一般取二位),如有尾数则进位。

例:0.0142 进位成 0.015;0.003 15 进位成 0.004。

(2) 测量值的最后一位应与不确定度的最后一位对齐,在此以前的测量值数字都是有效数字(用以表示小数点位数的 0 不能算作有效数字,但数字之间和数字后面的 0 都是有效数字,故数字后面不能随便加 0)。

(3) 测量值在不确定度所在位以后的数字,小于 50 则舍,大于 50 则入,等于 50 时则把末位数凑成偶数。

按此舍入规则,将下列值取 4 位有效数字,得到:

4.327 49→4.327

4.328 51→4.329

4.327 50→4.328

4.328 50→4.328

(4) 数字常数的有效数字有无限多位,可根据计算中需要决定取多少位为宜。如 $1 + 2.8 \times 10^{-3} = 1.0028$,$\pi$ 可根据需要取 3.14,3.142,3.1416,…。

（5）在计算过程中，可比有效数字位数多保留一位数字，到运算结束，最后再去掉这些多保留的位数。

（6）直接测量仪器读数的有效数字，要读到估计位（一般为最小刻度的 1/5～1/10）为止，如为整数读数，则必须补 0。

3. 有效数字和科学记数法表示

测量结果必须表示为 $x=(\bar{x}\pm u)$ 单位。在测量数值甚大或甚小时，或为了避免有效数字位数的误解，常采用科学表达式来表示测量结果，例如：

① $13\,500\pm400$ 　　　　　　　　→$(1.35\pm0.04)\times10^{4}$

② $0.000\,013\,5\pm0.000\,000\,4$ →$(1.35\pm0.04)\times10^{-5}$

③ $1.3500\times10^{4}\pm4.00\times10^{2}$ →$(1.35\pm0.04)\times10^{4}$

注意：在科学记数法表示式中，测量值和不确定度必须用相同的单位。数值表示的形式是用 10 的方幂来表示其数量级。前面的数字是测量结果的有效数字，并只保留一位数在小数点的前面。

4. 间接测量的有效数字

间接测量结果的有效数字，原则上要先根据不确定度传递公式算出间接测量结果的不确定度值，再按上述方法确定。也可按如下方法进行估计。

（1）加减时：直接测量值加减时，由于其结果的绝对不确定度主要决定于参与运算数据中绝对不确定度最大的一个，而该数据的最后位置最靠前，因此，其结果的有效数字的末位位置应与该数据的末位位置对齐。例如：

① $9875.4-1.3562=9874.0$

② $107.5028-2.5=105.0$

③ $2547.2-2546.3=0.9$

（2）乘除时：直接测量值乘除时，由于其结果的相对不确定度主要决定于参与运算数据中相对不确定度最大的一个，而该数据的位数最少，因此，其结果的有效数字的位数应与该数据的位数相同。例如：

① $111\times0.100=11.1$

② $237.5\div0.10=2.4\times10^{3}$

③ $\dfrac{76.000}{40.00-2.0}=\dfrac{76.000}{38.0}=2.00$

④ $\dfrac{50.00\times(18.30-16.3)}{(103-3.0)\times(1.00-0.001)}=\dfrac{50.00\times2.0}{100\times1.00}=1.0$

⑤ $1.426\,458\times(1+0.006)=1.426\,458\times1.006=1.435$ 　（其中 1 为数学常数）

（3）乘方和开方：有效数字位数与原底数的有效数字位数相同。例如：

① $12.5^{2}=156$

② $\sqrt{43.2}=6.57$

（4）对数函数：运算后的尾数位数与真数位数相同。例如：

① $\lg1.938=0.2973$

② $\lg1938=3+\lg1.938=3.2973$

（5）指数函数：运算后的有效数字的位数与指数的小数点后的位数相同（包括紧接小数点后的零）。例如：

① $10^{6.25} = 1.8 \times 10^6$

② $10^{0.0035} = 1.008$

（6）三角函数：取位随角度有效数字而定。例如：

① $\sin 30°00' = 0.5000$

② $\cos 20°16' = 0.9381$

第 2 章

数据处理的基本方法

由实验测得的数据,必须经过科学的分析和处理,才能揭示出各物理量之间的关系。我们把从获得原始数据起到得出结论为止的加工过程称为数据处理。物理实验中常用的数据处理方法有列表法、作图法、逐差法和最小二乘法等。

2.1 列 表 法

在记录和处理实验数据时常将实验数据列成表,这样可以清楚地反映出有关物理量之间的一一对应关系,既有助于及时发现和检查实验中存在的问题,判断测量结果的合理性;又有助于分析实验结果,找出有关物理量之间存在的规律性。一个好的数据表可以提高数据处理的效率,减少或避免错误,所以一定要养成列表记录和处理数据的习惯。

在将数据列表处理时,应遵循以下原则。

(1) 表格力求简单明了,便于分析各物理量之间的关系。

(2) 列表前,应先明确实验中要测哪些物理量,哪些是直接测量量、哪些是间接测量量;一般先列先测,后列后测。

(3) 表格中应标明所记录的物理量的名称及单位,单位要写在标题栏中,一般应按国家标准(GB 3100—3102)的规定表示物理量的符号。若用自定符号(尽量避免)则需加以说明。

(4) 表中数据要正确反映测量结果的有效数字。

(5) 为了清楚说明表的意义,要加上表名。

例如,用自搭式惠斯通电桥测电阻实验,测 5 个待测电阻,电阻阻值和电桥灵敏度测量数据列于表 2-1。

表 2-1　电阻阻值和电桥灵敏度测量数据

i	粗测值/Ω	R_1/Ω	R_2/Ω	R_3/Ω	ΔR_3/Ω	n/格	S/格
1	50	50	500	498.5	0.3	7.2	11 964
2	500	500	500	499.6	1	12	5995
3	1k	1k	1k	999.4	3	9	299

说明:①表中 R_1、R_2 是比例臂,R_3 是比较臂;②所用电阻箱为 0.1 级。

2.2　作　图　法

利用实验数据将实验中物理量之间的函数关系用几何图线表示出来,这种方法称为作图法。作图法是一种被广泛用来处理实验数据的方法,它不仅能简明、直观、形象地显示物理量之间的关系,而且有助于我们研究物理量之间的变化规律,找出定量的函数关系或得到所求的参量。同时,所作的图线对测量数据起到取平均的作用,从而减小随机误差的影响。此外,还可以作出仪器的校正曲线,帮助发现实验中的某些测量错误等。因此,作图法不仅是一种数据处理方法,而且是实验方法中不可分割的部分。

1. 作图规则

作图不是画出示意图,而是要用图来表达从实验中得到的物理量之间的定量关系,同时还要反映出测量的精确程度,因而作图时必须遵循一定的程序和规则。

(1) 作图必须选用坐标纸。最常用的是直角坐标纸(方格纸),根据需要也可选用双对数坐标纸、单对数坐标纸、极坐标纸等。

(2) 坐标纸的大小及坐标轴的比例,应根据所测数据的有效数字和结果的需要来确定,原则上数据中的可靠数字在图中是可靠的,数据中可疑数字的一位在图中亦是估计的。

(3) 适当地选取 x 轴和 y 轴的比例和坐标的起点,使图线比较适中地呈现在图纸上,不偏于一角或一边,并能明显地反映图线的变化特点和趋势,作图区域应占图纸的一半以上(70%～80%)。横轴和纵轴的标度可以不同,坐标轴的起点也不一定都从零值开始,可以取比数据最小值再小一些的整数开始标值。坐标分度应便于读数,通常每格代表 1、2、5 而不选用 3、6、7、9。

(4) 坐标轴上应标明所代表的物理量、单位和标度(标度也要注意有效数字位数)。

(5) 数据点要用端正的"＋"、"×"或"⊙"等符号来表示(不可标成"·")。数据点应在符号的中心,符号的大小应相当于不确定度的大小;但为简单起见,也可统一取 2～3mm。在一张图纸上作几条曲线时,每条曲线的数据点要用不同的符号标记,并在图中适当位置说明不同符号的不同意义。求斜率时取点的符号应采用有别于这些数据点的符号如"△",并在其旁标以坐标(坐标值应正确写出有效数字)。

用计算机软件作图也要有实验数据点的表示。

(6) 连接线段时,要用透明直尺或曲线板进行,根据数据点分布的变化趋势,作出穿过数据点分布区域的平滑曲线。由于测量存在误差,曲线不一定要通过所有的数据点,而是让数据点大致均匀分布在所画曲线的两侧,并且尽量靠近曲线(较多地照顾不确定度小的点)。如欲将曲线延伸到测量数据的范围之外,则应依其趋势用虚线来表示。作校正曲线时,相邻数据点一律用直线连接,成为一个折线图,不能连成光滑曲线。

(7) 要用铅笔作图,以便作必要的修改,有关的计算不要写在图纸上。要保持图面的整洁、清晰、美观。

(8) 在图的下面空隙处写上图名、姓名、日期。图上的中、英文字及数字均需书写端正,一般应用仿宋体。

(9) 作出的图应贴附在实验报告中的适当位置,并说明由图可得出什么结论,或求出哪些常数,如斜率、截距等。

2. 图解求直线斜率和截距

在利用所作直线求斜率时,选点的间距要大一些,以减小计算的误差。不在线上的实验点不能作为求斜率的依据。在实验数据范围内,在尽量靠近直线的两端处任取两点 $P_1(x_1,y_1)$ 和 $P_2(x_2,y_2)$,其 x 的坐标最好为整数,并注意不要取原始实验数据点。用与实验数据点不同的符号将它们标示出来,并在旁边注明其坐标读数,如图 2-1 所示。

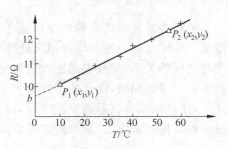

图 2-1　直线图线的图解

若图线类型为直线,其直线方程为

$$y = kx + b$$

将 P_1、P_2 两点的坐标代入上式,有 $y_1 = kx_1 + b$, $y_2 = kx_2 + b$,从而可求得

$$k = \frac{y_2 - y_1}{x_2 - x_1} \tag{2-1}$$

$$b = \frac{x_2 y_1 - x_1 y_2}{x_2 - x_1} \tag{2-2}$$

从上面两式,即可求出直线的斜率 k 和截距 b 的值。

例如:用伏安法测线性电阻,数据如表 2-2 所示,试用作图法求电阻。

表 2-2　伏安法测线性电阻数据记录

U/V	0.00	1.00	2.00	3.00	4.00	5.00	6.00	7.00	8.00	9.00	10.00
I/mA	0.00	2.00	4.01	6.05	7.85	9.7	11.83	13.78	16.02	17.86	19.94

按表 2-2 数据作出电阻的伏安特性图如图 2-2 所示。在图上取两点 A、B,两点尽量远,利用点 A、B 求直线斜率:

$$k = \frac{I_B - I_A}{U_B - U_A}$$

$$= \frac{20.00 - 5.00}{10.20 - 2.20} = \frac{15.00(\text{mA})}{8.00(\text{V})}$$

$$R = \frac{1}{k} = \frac{8.00}{15.00 \times 10^{-3}} = 533(\Omega)$$

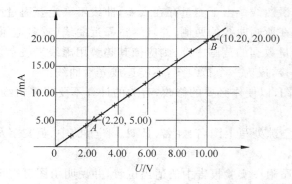

图 2-2　电阻的伏安特性

3. 曲线改直

由于直线比较容易精确地绘制,因此当实验图线不是直线时,可以通过坐标变换,设法将某些曲线图形变为直线图形,这种把曲线变换成直线来处理的方法称为曲线改直。下面举几个例子来加以说明。

(1) $y = ax^b$,式中 a 和 b 均为常数。

将上式两边取常用对数,可得

$$\lg y = b \lg x + \lg a \tag{2-3}$$

如果以 $\lg x$ 为横坐标、$\lg y$ 为纵坐标作图,即可得一直线,其中斜率为 b,截距为 $\lg a$。

(2) $y = \dfrac{x}{a + bx}$,式中 a 和 b 均为常数。

将上式两边取倒数,可得

$$\frac{1}{y} = \frac{a}{x} + b \tag{2-4}$$

以 $1/x$ 为横坐标,$1/y$ 为纵坐标作图,即可得一直线,其中斜率为 a,截距为 b。

4. Origin 7.5 作图和拟合过程介绍

(1) 整体介绍如图 2-3 所示。

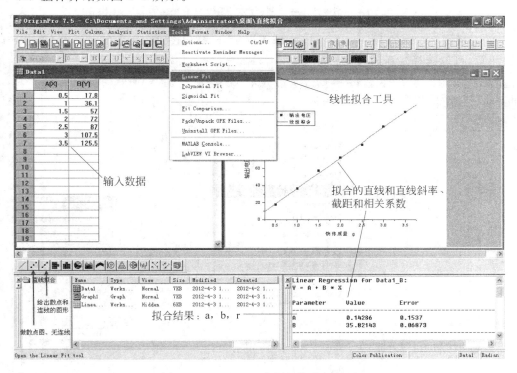

图 2-3　Origin 7.5 作图整体介绍界面

(2) 作图过程

① 输入数据(A(X)和 B(Y)分别是 x 轴和 y 轴变量,别输入错了)。

② 选中被作图的数据。

③ 选择图 2-4 中被方框包围的图标,得到图 2-5。

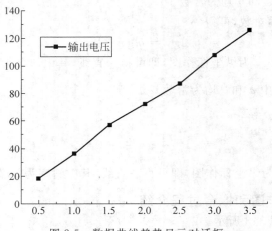

图 2-4　图形类型选择对话框

图 2-5　数据曲线趋势显示对话框

④ 选择图 2-6 中的 Linear Fit 选项,即线性拟合,弹出图 2-7 所示的对话框,单击 Fit 按钮。注意,可以选择是否通过坐标原点。

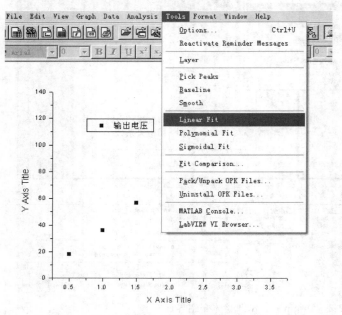

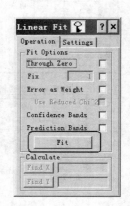

图 2-6　线性拟合选择对话框

图 2-7　直线通过原点与否选择对话框

⑤ 拟合结果如图 2-8 所示。

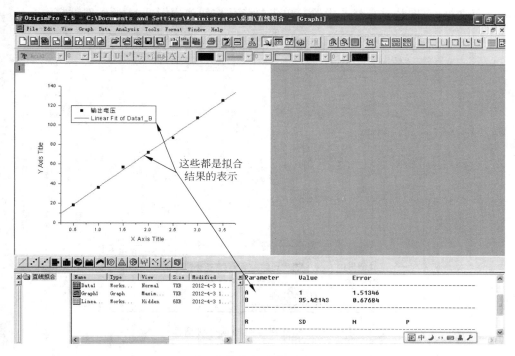

图 2-8　线性拟合结果对话框

⑥ 注意此时图片还需要进一步美化,包括文字修改、坐标轴美化、坐标轴刻度、字体修改等,这里就不详述了。

⑦ 图片输出

(a) 导出图片法,即最安全的方法。这种方法也不用担心字体不支持的问题,使用方法见图 2-9。单击 Export Page 命令后出现图 2-10。

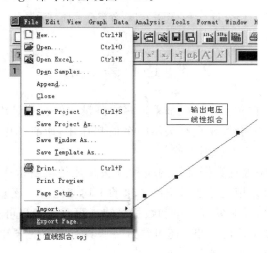

图 2-9　图片导出选择对话框

（b）在图 2-10 中，选择图片格式（.tif、.gif、.jpg、.bmp 等），并选中 Show Export Options 复选框（对图片进行格式设置），单击"保存"按钮弹出图 2-11 所示对话框。

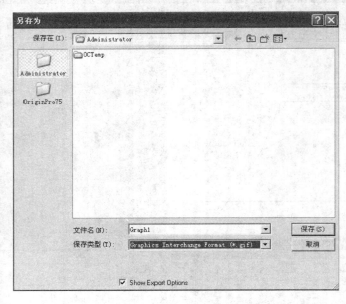

图 2-10　图片保存类型选择对话框

（c）在图 2-11 中选择分辨率和彩色深度，单击 OK 按钮得到图片。

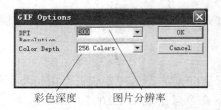

彩色深度　　　图片分辨率

图 2-11　保存图片深度、分辨率选择对话框

2.3　逐　差　法

为了减少随机误差，在实验中一般都采取多次测量。但在等量线性变化测量中，若仍用一般的求平均值的方法，就会发现只有头尾两个值起作用，所有的中间测量值全部抵消，无法反映多次测量的优点。逐差法则不然。

逐差法是物理实验中处理数据常用的一种方法。凡是自变量作等量变化，而引起因变量也作等量变化时，便可采用逐差法求出因变量的平均变化值。逐差法计算简便，特别是在检查数据时，可随测随检，及时发现差错和数据规律。更重要的是可充分地利用已测到的所有数据，并具有对数据取平均的效果；还可绕过一些具有定值的未知量，而求出所需要的实验结果，可减小系统误差和扩大测量范围。

逐差法的数据计算过程：将测得的偶数个数据按次序分为数目相等的前后两组（两组

次序应相同),将后一组的第 1 项与前一组的第 1 项相减,后一组的第 2 项与前一组的第 2 项相减,……再利用各相减项的差值求出被测量的平均值。

例如:在弹性限度内,钢丝的伸长量 x 与所受的载荷(拉力)F 满足线性关系 $F=kx$。实验时等差地改变载荷,测得一组实验数据如表 2-3 所示。求每增加 $1kg$ 砝码钢丝的平均伸长量 Δx。

表 2-3　钢丝的伸长量 x 与所受的载荷的数据记录

砝码质量 m/kg	1.000	2.000	3.000	4.000	5.000	6.000	7.000	8.000
弹簧伸长位置 x_i/cm	x_1 2.04	x_2 2.55	x_3 3.07	x_4 3.54	x_5 4.04	x_6 4.53	x_7 5.04	x_8 5.49

解:将上述数据分成前后两组,前一组为 x_1、x_2、x_3、x_4,后一组为 x_5、x_6、x_7、x_8,然后对应项相减求平均,即得

$$\Delta x = \frac{1}{4\times 4}\big[(x_5-x_1)+(x_6-x_2)+(x_7-x_3)+(x_8-x_4)\big]$$

$$= \frac{1}{4\times 4}\big[(4.04-2.04)+(4.53-2.55)+(5.04-3.07)+(5.49-3.54)\big]$$

$$= 0.494(\text{cm})$$

同学们若进行逐项相减,看看会是什么结果? 用逐差法得到的实验结果,比作图法精确,而劣于最小二乘法。

2.4　最小二乘法

把实验的结果画成图表固然可以表示出物理规律,但是图表的表示往往会引起附加误差,不如用函数表示来得明确,所以我们希望从实验的数据求经验方程,也称为方程的回归问题,变量之间的相关函数关系称为回归方程。

方程的回归,首先要确定函数的形式。最简单的关系是一元线性关系。下面我们仅讨论一元线性回归问题(或称直线拟合问题)。某些曲线的函数可以通过数学变换改写为直线,例如 $y=ax^b$,式中 a 和 b 均为常数。将上式两边取常用对数,可得 $\lg y=b\lg x+\lg a$,这样 $\lg y$ 与 x 的关系就变成了线性关系,因此,一元线性回归也适用于某些类型的曲线。

函数形式的确定一般是根据理论的推断或者从实验数据变化的趋势而推测出来。例如推断物理量 y 和 x 之间的关系是线性关系,则把函数的形式写成

$$y = a + bx \tag{2-5}$$

式中 a 和 b 均为常数,所以回归的问题可以认为是用实验的数据来确定上列方程中的待定常数。

由一组实验数据找出一条最佳的拟合直线(或曲线),常用的方法是最小二乘法。最小二乘法的原理是:若能找到一条最佳的拟合直线(如图 2-12 所示),那么这条拟合直线上各相应点的值与测量值之差的平方和在所有拟合直线中应是最小的。

假设所研究两个变量 x 与 y 之间存在线性相关关

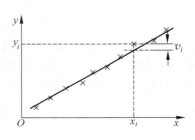

图 2-12　最小二乘法求拟合直线

系,回归方程的形式为式(2-5)所示的一条直线。测得一组数据 x_i、$y_i (i=1,2,\cdots,n)$,现在要解决的问题是:怎样根据这组数据来确定式(2-5)中的系数 a 和 b。

我们讨论最简单的情况,即每个测量值都是等精度的,而且假定 x_i、y_i 中只有 y_i 是有明显的测量随机误差,如果 x_i、y_i 均有误差,只要将相对而言误差较小的变量作为 x 即可。

由于存在误差,实验点是不可能完全落在由式(2-5)拟合的直线上的。对于和某一个 x_i 相对应的 y_i 与直线在 y 方向上的偏差为

$$v_i = y_i - (a + bx_i) \tag{2-6}$$

如图 2-12 所示。求偏差平方和:

$$S = \sum_{i=1}^{n} v_i^2 = \sum_{i=1}^{n} [y_i - (a + bx_i)]^2 \tag{2-7}$$

根据最小二乘法原理,偏差平方和为最小,即

$$\sum_{i=1}^{n} [y_i - (a + bx_i)]^2 = \min \tag{2-8}$$

在上式中,(y_i, x_i) 是已经测定的数据点,它们不是变量。要使方程达到最小,变动的量是 b 和 a。现在根据求极值的条件,即上式对 a 的偏导数为零,对 b 的偏导数也为零,于是得到两个方程:

$$\begin{cases} -2 \sum_{i=1}^{n} (y_i - a - bx_i) = 0 \\ -2 \sum_{i=1}^{n} (y_i - a - bx_i) x_i = 0 \end{cases} \tag{2-9}$$

整理后写成

$$\begin{cases} \bar{x}b + a = \bar{y} \\ \overline{x^2}b + \bar{x}a = \overline{xy} \end{cases} \tag{2-10}$$

式中

$$\bar{x} = \frac{1}{n} \sum_{i=1}^{n} x_i, \quad \bar{y} = \frac{1}{n} \sum_{i=1}^{n} y_i$$

$$\overline{x^2} = \frac{1}{n} \sum_{i=1}^{n} x_i^2, \quad \overline{xy} = \frac{1}{n} \sum_{i=1}^{n} x_i y_i \tag{2-11}$$

联合求解 a 和 b,得

$$a = \frac{\overline{x^2} \cdot \bar{y} - \overline{xy} \cdot \bar{x}}{\overline{x^2} - \bar{x}^2} \tag{2-12}$$

$$b = \frac{\overline{xy} - \bar{x} \cdot \bar{y}}{\overline{x^2} - \bar{x}^2} \tag{2-13}$$

如果实验是通过 x_i、y_i 的测量值来寻找经验公式,则还应判断上述一元线性拟合所找出的线性回归方程是否合理,以及两变量之间的函数关系与线性的符合程度,这可用相关系数来判别。一元线性回归的相关系数 r 定义为

$$r = \frac{\overline{xy} - \bar{x} \cdot \bar{y}}{\sqrt{(\overline{x^2} - \bar{x}^2)(\overline{y^2} - \bar{y}^2)}} \tag{2-14}$$

可以证明,r 的值在 $[-1,1]$ 区间内,在物理实验中,一般 $0.9 \leqslant |r| \rightarrow 1$ 时,则认为 x 与 y 之

间存在较密切的线性关系,用一元线性回归合理;相反,则认为 x 与 y 之间不存在较密切的线性关系。$|r| \to 0$ 时,x、y 间无线性关系,拟合无意义。表 2-4 是推荐的最小二乘法数据处理表。

表 2-4　最小二乘法拟合直线数据处理表

i	x_i	y_i	$x_i y_i$	x_i^2	y_i^2
1					
2					
3					
⋮					
n					
$\sum$					

习　　题

1. 指出下列情况属于随机误差还是系统误差:

(1) 视差;

(2) 天平零点漂移;

(3) 千分尺零点不准;

(4) 照相底版收缩;

(5) 水银温度计毛细管不均匀;

(6) 电表的接入误差。

2. 说明以下因素的系统误差将使测量结果偏大还是偏小:

(1) 米尺因低温而收缩;

(2) 千分尺零点为正值;

(3) 测密度铁块内有砂眼;

(4) 单摆公式测重力加速度,没考虑 $\theta \neq 0°$;

(5) 安培表的分流电阻因温度升高而变大。

3. 用物理天平($\Delta_{仪} = 0.020 \text{g}$)称一物体的质量 m,共称 6 次,结果分别为 36.123 g、36.127 g、36.122 g、36.121 g、36.120 g 和 36.125 g。试求该物体质量 m 的最佳值,并用不确定度表示该物体质量 m 的测量结果。

4. 一个铅圆柱体,测得其直径 $d = (2.04 \pm 0.01) \text{cm}$,高度 $h = (4.12 \pm 0.01) \text{cm}$,质量 $m = (149.18 \pm 0.05) \text{g}$:

(1) 计算铅的密度 ρ;

(2) 用不确定度表示铅密度 ρ 的测量结果。

5. 判断下列表达式是否正确,并将错误的改正:

(1) $N = (10.8000 \pm 0.2) \text{cm}$;

(2) 28 cm = 280 mm;

(3) $L = (28\,000 \pm 8000) \text{mm}$;

(4) $0.0221 \times 0.0221 = 0.000\ 488\ 41$；

(5) $\dfrac{400 \times 1500}{12.60 - 11.6} = 600\ 000$。

6. 写成科学表达式：

(1) $R = (17\ 000 \pm 1000)\text{km}$；

(2) $c = 0.001\ 730 \pm 0.000\ 005$；

(3) $m = (1.750 \pm 0.001)\text{kg}$，写成以 g、mg、t(吨)为单位；

(4) $h = (8.54 \pm 0.02)\text{cm}$，写成以 μm、mm、m、km 为单位。

7. 写出下列函数的不确定度表达式，绝对不确定度或相对不确定度只写出一种：

(1) $N = X + Y - 2Z$；

(2) $Q = \dfrac{k}{2}(A^2 + B^2)$，$k$ 为常量；

(3) $\rho = \dfrac{m}{m_3 - m_2}\rho_0$；

(4) $k = \dfrac{mg}{\Delta x}$，不考虑 g 的误差；

(5) $c = \displaystyle\sum_{i=1}^{n} m_i c_i$，其中 c_i 都为常量。

8. 试利用有效数字运算规则计算下列各式：

(1) $258.1 + 1.413$；

(2) $27.85 - 27.1$；

(3) 728×0.10；

(4) $\dfrac{36.00}{2000 - 2 \times 10^2}$；

(5) $\dfrac{80.00 \times (7.58 - 5.078)}{(4.7 + 15.281) \times 0.001\ 00}$。

9. 计算下列结果并用不确定度表示。

(1) $N = A + B - \dfrac{1}{3}C$

$$A = (0.5768 \pm 0.0002)\text{cm}, \quad B = (85.07 \pm 0.02)\text{cm}$$
$$C = (3.247 \pm 0.002)\text{cm}$$

(2) $N = A - B$

$$A = (101.0 \pm 0.1)\text{cm}, \quad B = (100.0 \pm 0.1)\text{cm}$$

(3) $V = (1000 \pm 1)\text{cm}^3$，求 $\dfrac{1}{V}$。

(4) $R = \dfrac{a}{b}x$

$$a = (13.65 \pm 0.02)\text{cm}, \quad b = (10.871 \pm 0.005)\text{cm}$$
$$x = (67.0 \pm 0.8)\Omega$$

(5) $N = \dfrac{h_1}{h_1 - h_2}$

$$h_1 = (45.51 \pm 0.02)\text{cm}, \quad h_2 = (12.20 \pm 0.02)\text{cm}$$

10. 力敏传感器的灵敏度 K 与传感器所受外力 F 以及传感器的输出电压 ΔU 的关系为 $\Delta U = KF$。实验得到力敏传感器灵敏度的测量数据如表 2-5 所示。

表 2-5　力敏传感器灵敏度的测量数据

外力/9.8×10^{-3}N	0.0	0.5	1.0	1.5	2.0	2.5	3.0	3.5
输出电压/mV	0.0	15.0	30.0	45.0	59.0	74.7	89.6	104.6

试用作图法、逐差法以及最小二乘法（Origin 7.5 处理数据）求解力敏传感器的灵敏度 K 值。

第 3 章

实验预备知识

3.1　力学实验的预备知识和常用仪器

3.1.1　力学实验的基本内容

　　长度、质量和时间是基本力学量,其他的一些力学量如速度、动量、转动惯量等的测量都可转化为基本力学量进行测量,所以基本力学量的测量方法在物理实验中有普遍意义。力学实验是通过一些力学量特别是基本力学量在不同量程、不同精度的测量方法,熟悉一些基本测量器具的性能、参数和使用方法,学习误差分析与仪器选择。熟悉实验的基本过程,注意观察和记录实验中的异常现象。重视原始数据的记录,注意有效数字;学会写实验报告,学习对实验结果进行数据分析和误差分析的讨论。

3.1.2　长度测量器具

　　长度是力学中一个基本的物理量。历史上曾经用铂铱合金米原器作为 1 m 的标准。1983 年国际计量大会上重新定义光在真空中 1/299 792 458 s 时间间隔内所经路径的长度为 1 m。大学物理实验中经常进行的长度测量范围在 $10^{-6} \sim 10$ m 之间。在准确度要求不高的情况下可以用米尺(钢卷尺、钢板尺等)测量长度。在准确度要求稍高时可采用卡尺和千分尺(螺旋测微计)测量长度。当长度在 10^{-3} cm 以下时,需用读数显微镜或利用光的干涉或衍射来测量;测长度的微小变化量还可采用光杠杆法。

1.　米尺

　　常用米尺量程大多为 $0 \sim 200$ cm,分度值为 1 mm 或 1 cm,可估计到 0.1 mm 或 1 mm,其仪器误差见第 1 章表 1-4。测量时起点一般不选用零刻度线,以避免由于米尺端边磨损引入的误差。由于米尺有一定的厚度,紧贴、对准和正视是测量的要领,以避免视差。

2.　游标尺

　　游标尺也称卡尺,可用以测量物体的长度、内外径以及高度和深度,其测量量程一般为 $100 \sim 300$ mm,准确度可达 0.1(10 分度)~ 0.02 mm(50 分度),其仪器误差为其分度值。

　　游标尺的外形如图 3-1 所示。主尺 D 是一根钢制的毫米分度尺,主尺头上有钳口 A 和刀口 A′。卡尺上套有一个滑框,其上装有钳口 B、刀口 B′ 和尾尺 C。滑框上刻有游标 E,当钳口 A 与 B 靠拢时,游标的零线刚好与主尺上的零线对齐,这时的读数是"0"。

　　测量物体的外部尺寸时,可将物体放在 A、B 之间,用 A、B 钳口(也叫外卡)轻轻夹住物

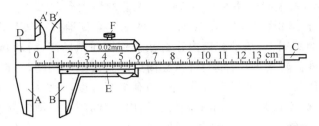

图 3-1　游标卡尺外形

体,这时游标零线在主尺上的指标数值就是被测物体的长度。同理,测物体的内直径时,可以用 A′、B′刀口(也叫内卡);测物体内部尺寸和小孔的深度时,可以利用尾尺 C。

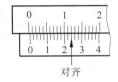

图 3-2　游标尺的读数

利用游标可以把主尺上的估读数准确地测量出来,从而提高了测量的精确度。以 50 分度游标为例,主尺的最小分度为 1 mm,游标上 50 个小的等分刻度的总长度为 49 mm,因此游标上的每一小分度比主尺的最小分度相差 0.02 mm。当游标对在主尺上某一位置时(见图 3-2),毫米以上的整数部分 x 可以从游标"0"线所对主尺的位置直接读出,而毫米以下的小数部分 Δx,应细心寻找游标上哪一根线与主尺上的刻线对得最齐,例如图 3-2 中是第 12 根线对得最齐,则

$$\Delta x = 12 - (12 \times 0.98) = 12 \times 0.02 = 0.24 (\text{mm})$$

当第 k 根线对得最齐时,$\Delta x = k \times 0.02$ mm。

对于一般情况,如果用 a 表示主尺上最小分度的长度,用 n 表示游标的分度数,并且取 n 个游标分度与主尺($n-1$)个最小分度的总长相等,则每一个游标分度的长度

$$b = \frac{(n-1)a}{n} \tag{3-1}$$

这样,主尺最小分度与游标分度的长度差值为

$$a - b = a - \frac{n-1}{n}a = \frac{a}{n} \tag{3-2}$$

这个差数刚好就是游标分度数除主尺的最小分度的长度。在测量时,如果游标第 k 条刻线与主尺上的刻线对齐,那么游标零线与主尺上左边的相邻刻线的距离就是

$$\Delta x = ka - kb = k(a - b) = k\frac{a}{n} \tag{3-3}$$

实际上 Δx 可直接从游标的刻度标值上读出。

游标尺是最常用的精密量具,使用时应注意维护。推动游标时不要用力过大;刀口要卡正物体,松紧适当;当需要将待测物体取下读数时,应先将紧固螺钉旋紧。应特别注意保护刀口不被磨损,不允许用游标尺测量粗糙物体,更不允许被夹紧的物体在刀口内挪动。测内、外直径时要在最大处进行测量。

3. 螺旋测微器

螺旋测微器也称千分尺,它是比游标尺更精密的长度测量量具,常用于测量较小的长度,如小球和金属丝的直径、薄板的厚度等,常用的量程为 25 mm,最小分度值为 0.01 mm,

可估计到 0.001 mm,其仪器误差为 0.004 mm(仪器的最大允差)。

螺旋测微器的外形如图 3-3 所示,刻有主尺的固定套筒通过弓架与测量砧台连为一体。副尺刻在活动套筒的圆周上,活动套筒内连有精密螺杆和测量杆,活动套筒通过内部精密螺杆套在主尺圆筒之外。转动副尺活动套筒,套筒边沿主尺刻度移动,并带动测量杆移动。在主尺上有一条直线作为准线,准线上方(或下方)有毫米分度,下方(或上方)刻出半毫米的分度线,因而主尺最小分度值是 0.5 mm;副尺套筒周边刻有 50 个均匀分度,旋转副尺套筒一周,测量杆将推进一个螺距(0.5 mm),故副尺套筒每转动周边上一个分度,测量杆将进或退0.5/50 mm,即螺旋测微器的最小分度值为 0.01 mm。

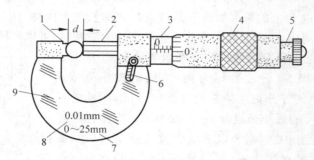

图 3-3 螺旋测微器外形

1—砧台;2—测量杆;3—固定套筒;4—活动套筒;5—棘轮;

6—锁紧手柄;7—量程;8—分度值;9—弓架

测量物体前,先要检查零点读数。旋进活动套筒,使测量砧和测量杆的两测量面轻轻吻合,此时,副尺套筒的边缘应与主尺的"0"刻线重合,而圆周上的"0"刻线也应与准线重合。若不重合,必须记下零读数,以便测量结束后对测量结果进行零点修正,即从测量结果中减去零读数,得出最后结果。在确定零读数时必须注意它的正负,如图 3-4(a)所示的零读数为$+0.006$ mm,图 3-4(b)所示的零读数为-0.005 mm。

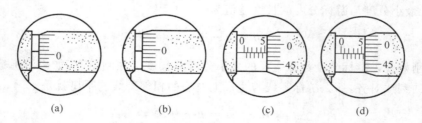

图 3-4 螺旋测微器读数

正式测量时,左手握住弓架,用右手转副尺套筒,使待测物体能夹在测量杆和测量砧之间。当测量杆的测量面与待测物体之间还有很小距离时,再旋转棘轮带动副尺套筒一起旋转,当待测物体被夹住后,再旋转棘轮就不能带动副尺套筒一起旋转,而发出"嗒嗒"响声,当听到两三下"嗒嗒"的响声时,表示夹紧待测物体的力足够了,可以进行读数。读数时,从主尺上读取 0.5 mm 以上的部分,从副尺上读取与准线最接近的分度数,并估计到 0.001 mm,然后两者相加。如图 3-4(c)所示的读数为 $5+0.478=5.478$ mm,图 3-4(d)所示的读数为$5+0.976=5.976$ mm。读数时应正确判断副尺套筒的边缘是否超过主尺上最近的某一刻线。

　　螺旋测微器是精密仪器,使用时必须注意下列各点。

　　(1) 因为螺旋是力的放大装置,不论是读取零读数或夹紧测量物测量时,都不准直接旋转套筒使测量杆与测量砧或待测物接触,而应最后旋转棘轮,否则不仅会因用力不均匀而测量不准,还会夹坏待测物或损坏螺旋测微器的精密螺旋。

　　(2) 螺旋测微器用毕,测量杆和测量砧之间要松开一段距离后放于盒中,以免气候变化受热膨胀使两测量面间过分压紧而损坏螺旋。

3.1.3　质量测量及常用器具

　　质量是力学中的一个基本物理量。常用 m(或 M)表示,国际单位制中质量的单位是 kg。现在 1 kg 的国际标准依然是 1889 年国际计量大会所确定的由铂铱合金所做成的国际千克原器。

　　物理实验室常用的质量测量器具是电子天平。它是使用各种压力传感器将压力变化转变为电信号输出,或放大后再通过 A/D 转换直接用数字显示出来。电子天平使用方便,操作简单。现在市售电子精密天平的分度值为 1 mg,电子分析天平的分度值可达到 0.1 mg。

3.1.4　时间测量及器具

　　时间是力学中的一个基本物理量。常用 t(或 T)表示,国际单位制中时间的单位是秒(s)。

1. 时间的单位秒(s)的概念

　　国际单位制中时间的单位是秒。1967 年国际计量大会确定 Cs 原子基态的两个超精细能级间跃迁所对应的辐射的 9 192 631 770 个周期的持续时间为 1s,这就是 Cs 原子钟标准,其相对不确定度达到 $10^{-12} \sim 10^{-13}$。

2. 时间测量

　　时间测量可分为时段测量和时刻测量。秒表是典型的时段测量仪器,钟表是测量时刻的仪器。在物理实验中,常用的计时仪器为电子秒表。进行短的时段测量(如速度测量)要使用数字毫秒仪等。

　　电子秒表是一种较精密的电子计时器,其连续累计时间为 59 分 59.99 秒,最小可读到 0.01 秒,平均日差为 ± 0.5 s(6×10^{-6})。短时间测量的主要误差是按表误差,其值约为 0.2 s,为减小按表误差,在作周期测量时(三线摆等),可连续测多个周期求平均。

　　数字毫秒仪通常用高精度的石英晶体振荡器产生的方波作为时基信号,因而其计时准确度高,可测量的最大时间间隔为 99.99 s,最小时间间隔为 0.1 ms。数字毫秒仪的测量范围很广。

　　实验室常用的计时仪器是秒表(或称停表)。秒表有机械秒表和电子秒表两种。前者的最小计时单位为 0.1 s,后者常为 0.01 s。秒表是由人手动来操作计时的起止,这样会引起误差,该误差因人而异,低的在 0.1 s 以内。

3. 电子秒表

　　电子秒表一般都利用石英振荡器的振荡频率作为时间基准,采用 6 位液晶数字显示时间。电子秒表不仅能显示分、秒,还能显示时、日、月及星期。电子秒表功耗小,工作电流一般小于 6 μA,用容量为 100 mA·h 的氧化银电池供电。

图 3-5　电子秒表

本书只介绍 J9-2Ⅱ金雀牌电子秒表(见图 3-5)使用方法。

(1) 按钮作用

S1—起动、停止、调整;S2—功能转换;S3—选择;S4—分段、设置、复零。

(2) 基本秒表功能

按 S2 置于秒表功能状态。

按 S1 秒表开始计时;再按 S1,停止计时,按 S4 复零。

按 S1 秒表开始计时;再按 S1 停止计时。

再按 S1,累加;再按 S1 停止计时;如此往复,实现累加计时。按 S4,复零。

(3) 技术指标

走时精度:−0.5∼+0.5 s/d

分辨率:1/100 s

4. MUJ-5B 计时、计数、测速仪

(1) 其面板各部分的布置如图 3-6 所示,各按键的作用如下。

① 功能键:如按下功能键前光电门遮过光,则清零,功能复位;如光电门没遮过光,按功能键,仪器将顺序向下选择新的功能。

② 取数键:在计时 1(S1)、计时 2(S2)、周期(T)功能时,仪器可自动存入前 20 个测量值。按下取数键,可显示存入值。当显示"EX",提示将

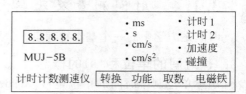

图 3-6　计时计数测速仪面板图

显示存入的第 X 值。在显示存入值过程中,按下功能键,会清除已存入的数值。

③ 转换键:在计时、加速度、碰撞功能时,按下转换键小于 1 s,测量值在时间或速度之间转换;按下转换键大于 1 s,可重新选择所用的挡光片宽度为 1.0 cm、3.0 cm、5.0 cm 和 10.0 cm。

(2) 计时功能的使用方法

① 计时 1(S1):用于测量任一光电门的挡光时间,即挡光时开始计时,挡光结束计时停止。可连续测量,自动存入前 20 个数据,按下取数键可查看。

② 计时 2(S2):测量光电门两次挡光的间隔时间,即第一次挡光开始计时,第二次挡光计时结束。可连续测量,自动存入前 20 个数据,按下取数键可查看。

3.2　热学实验的预备知识和常用仪器

3.2.1　热学实验的基本内容及热平衡

1. 热学实验的基本内容

(1) 通过温度、比热容比、表面张力系数、比汽化热等基本热学量的测量方法,学习传感器测量温度的特点和使用方法;加深热学实验系统的热平衡态观念。

（2）在做热学实验时，受外界因素的影响较大，对测量结果一般都要进行补偿和修正，通过实验加深系统误差的观念，分清它和随机误差之间的区别和联系。

2．热平衡

（1）热平衡是温度定义的依据，是热学实验的基础。

（2）测温时必须使系统温度达到稳定而且均匀，即要用温度计的指示值代表系统温度，必须使系统与温度计之间达到热平衡。为此：

① 需要一定的弛豫时间；

② 必须不断地搅拌。

3.2.2　保持孤立系统

在热学实验中，为使系统和外界的热交换尽量小，以减小实验误差，热学实验的基本实验条件是保持孤立系统。

1．保持孤立系统的注意事项

（1）不应直接用手把握量热器的任何部分；

（2）不应在阳光直射或空气流动太快（如通风过道、风扇旁等）的地方进行实验，冬天要避免接近取暖器或暖气；

（3）尽可能使系统与外界温差小（最好与外界温度时刻相同）；

（4）尽量使实验过程进行迅速。

2．量热器

量热器是通过测定物体间传递的热量来求出物质的比热、潜热及化学反应热的仪器，是热学实验常用的仪器之一，其结构如图 3-7 所示。它基本上是一个和外界绝热的系统。将一个金属筒放入另一有盖的大筒中，并插入带有绝缘柄的搅拌器和温度计，内筒放置在绝热架上，两筒互不接触，夹层中间充满不传热的物质（一般为空气），这样就构成了量热器。量热器外筒用绝缘盖盖住，使内筒上部的空气不与外界发生对流。

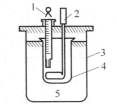

图 3-7　量热器的结构
1—温度计；2—搅拌器；
3—金属外筒；4—金属内筒；
5—绝热层

一般，常将内筒外壁和外筒内壁镀亮，以减小热辐射影响。这样内筒与外筒及环境之间不易进行热交换，我们就可以通过测定量热器内筒中待测物体和已知热容量诸物体之间交换的热量，来计算待测物的比热或潜热等。

3.2.3　温度测量仪器

温度测量是热学的基本测量之一。测温仪器有很多种，它们均利用物质的某种物理特性随本身热状态的改变而变化的性质制造而成。各种测温仪器都有相应的测量范围和误差，表 3-1 列出几种测温仪器的测温范围和特点。实验室常用的测温仪器有水银温度计和热电偶等。

表 3-1　几种测温仪器的特性

测温仪器	测温参量	测温范围/℃	仪器特点
水银温度计	液柱长度	−30～300	价廉,使用简单,基本线性;但热惰性大,测量范围有限
热电偶温度计	热电动势	−200～1600	测温范围广,一定范围内线性或接近线性,热惰性小,性能稳定;但只能测 mV 级电动势(特别测低温时)
金属电阻温度计	电阻	铂:−183～630 铜:−50～150	测温精度高,基本线性,测量范围宽,能远距离测量;但只能测电阻
热敏电阻温度计	电阻	−50～150	灵敏度高,热惰性小,性能稳定;但非线性,测温范围有限
半导体温度计	电流	−50～150	线性好,热惰性小,性能稳定,使用方便;但要将小电流放大,测温范围有限
辐射高温计	辐射强度	700～2000 1200～3200	测高温,远距离测量,但测量精度低

1. 玻璃水银温度计

（1）玻璃液体温度计的测温原理

玻璃液体温度计利用液体的热胀冷缩性质来测温。由于水银具有不润湿玻璃、随温度上升均匀膨胀、热传导体性能良好、容易纯净、在 1 个大气压下可在−38.87～356.58℃较广的温度范围内保持液态等优点,因此较精密的玻璃液体温度计多为水银温度计。

实验室用的水银温度计,分度值为 0.1℃ 或 0.2℃,仪器误差为 0.05℃;标准温度计的最小分度值可做到 0.01℃。

（2）使用水银温度计的注意事项

① 被测物质的容量须超过温度计储液泡液体容量几百倍以上。

② 温度计浸入被测介质的深度应等于温度计本身所标明的深度。在温度计上没有标志时,一般应把温度计浸至被测读数的分度线。

如果有一部分水银柱露在外面,需进行修正——加上修正值 ΔT:

$$\Delta T = \gamma(T - T_1)n \tag{3-4}$$

其中对水银 $\gamma=0.000\,161/℃$;T 为主温度计读数;T_1 为水银柱露出部分的平均温度,通常用一辅助温度计读得;n 为外露段度数。

③ 读数时手握温度计上部,视线垂直于刻度。

④ 储液泡的壁很薄,使用时不要碰破,且不使温度计经受剧烈的温度变化。

⑤ 由于玻璃永久应力的存在会引起温度计的变形,需经常检查和校正温度计的零点。

⑥ 有时需要计算水银温度计的比热容,由于玻璃的比热容为 0.19 cal/(g·℃),密度约为 2.5 g/cm³,水银的比热容为 0.033 cal/(g·℃),密度为 13.6 g/cm³,因而 1 cm³ 玻璃的水当量等于

$$0.19 \times 2.5 = 0.47(\text{cal}/℃)$$

1 cm³ 水银的水当量等于

$$0.033 \times 13.6 = 0.45(\text{cal}/℃)$$

故通常计算水银温度计的水当量只需求得浸入液体部分的体积 V,然后乘以 0.46,即

$$\delta m = 0.46\,V\,\text{cal}/℃ \tag{3-5}$$

2．热电偶温度计

（1）热电偶的测温原理

热电偶的测温原理是根据温差电现象。热电偶由两种不同成分的金属丝 A、B 构成，其端点彼此紧密接触（如用焊接方法），如图 3-8 所示。当两个接点处于不同的温度 T 和 T_0 时，在回路中产生直流电动势。它的大小只与组成热电偶的两根金属丝的材料、热端温度和冷端温度这三个因素有关。一般来说

$$\varepsilon = c(T - T_0) + d(T - T_0)^2 \tag{3-6}$$

它的一级近似（一般 $d \ll c$）

$$\varepsilon = c(T - T_0) \tag{3-7}$$

式中，c 称温差系数，或称热电偶常数，它代表温差 1 ℃时的电动势，其大小决定于组成热电偶的材料。

测温时，使电偶的冷端温度保持恒定（通常保持在冰点），将热端置于待测温度处，即可测得相应的温差电动势，再根据事先校正好的曲线或数据表格来求出温度 T。它的优点是热容量小，测温范围广，灵敏度高。若配以精密的直流电位差计，则测量精确度较高。

基准铂铑-铂热电偶，测温范围 600～1300 ℃，仪器误差为 0.1 ℃；标准铂铑-铂热电偶，测温范围内仪器误差 0.4 ℃；工作铂铑-铂热电偶，测温范围内仪器误差为 0.3%。对于铜-康铜、铜-考铜一类的热电偶来说，由于其中有一根金属丝和引线一样也是铜，实际上在整个电路中只有两个接点，如图 3-9 所示。对于铜-康铜热电偶，在 0～300℃温度范围内，温差电动势 ε 与温差 $T - T_0$ 基本上是线性关系。

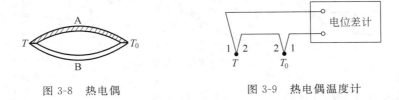

图 3-8　热电偶　　　　　　　图 3-9　热电偶温度计

（2）使用注意事项

① 热电偶的定标是在冷端保持 0 ℃的条件下进行的，若冷端温度难以保持恒定不变，一般应采取冷端温度补偿措施来消除由于冷端实际温度与定标时冷端温度 0 ℃有差异引起的误差。

② 热电偶丝不能拉伸和扭曲，否则热电偶容易断裂，并有可能产生寄生温差电动势，影响热电偶的测温正确性。

3.3　光学实验的预备知识和常用仪器

3.3.1　基本光学量和光学仪器的使用

1．基本光学量

（1）波长是描述光的波动特性的主要参数之一，常用希腊字母 λ 来表示，单位为 nm。波长指在某一固定的频率里，沿着波的传播方向、在波的图形中，离平衡位置的"位移"与"时

间"皆相同的两个质点之间的最短距离。波长反映了波在空间上的周期性。

（2）光强是光学中另一重要参数，常用英文字母 I 来表示。光强是描述点光源发光强弱的一个基本度量，以点光源在指定方向上的立体角元内所发出的光通量来度量。国际单位是 candela（坎德拉）简写 cd。1 cd 即 1000 mcd 是指单色光源（频率 540×10^{12} Hz，波长 $0.550~\mu m$）的光，在给定方向上（该方向上的辐射强度为 1/683 W/球面度））的单位立体角内发出的发光强度。

2．光学仪器的使用和维护规则

光学仪器是根据光学原理做成的精密仪器，仪器调节一般都比较复杂，使用时除了需要熟悉仪器结构和调节方法，认真细心进行调节外，对实验中的各种现象、操作中的许多步骤都需要经过理论指导，如不经周密思考，只能事倍功半。

此外，光学仪器的核心部件——光学元件极易损坏（破损、磨损、污损、发霉、腐蚀等），在使用和维护时必须遵守一定的规则。

（1）必须在了解仪器的使用方法和操作要求后才能调整和使用仪器。

（2）仪器应轻拿、轻放，勿受震动，不许私自拆卸。

（3）仪器的机械部分要按操作规程操作，动作要轻，精神要贯注。

（4）不能用手触摸仪器的光学表面，只能接触非光学表面部分，如磨砂面、边缘等（见图 3-10）。

图 3-10　手持光学元件的方法

（5）不要对着光学元件说话、打哈欠、咳嗽、打喷嚏。

（6）光学表面若有轻微的污痕或指印，可用镜头纸或清洁的麂皮轻轻地拂去（不能加压擦拭）；若有严重污痕，要用乙醚、丙酮或酒精等清洗（镀膜面不宜清洗）。

（7）除实验规定外，不允许任何溶液接触光学表面。

（8）仪器用毕，应放回箱内或加罩，箱内应放置干燥剂，以防仪器受潮和玻璃表面发霉。

3.3.2　光学实验的基本方法

1．导轨（或光具座）上各元件的共轴调节

在光具座进行的光学实验，必须满足近轴光线条件，应使各光学元件的主光轴重合，而且使该光轴与光具座导轨平行，这一调节称为共轴调节。调节方法如下。

（1）粗调：把光源、物屏、透镜和像屏等用光具夹夹好后，先将它们靠拢，调节高低、左右，使各光学元件的中心大致在一条与导轨平行的直线上，并使物屏、透镜、像屏等的平面互相平行，且与导轨垂直。这些都靠目视来判断。

（2）细调：靠其他仪器或成像规律来判断。

① 利用自准法调整：在物屏上看见像后，细心调节透镜的上下或左右位置，使物、像中

心重合。

② 利用共轭法调整：使物屏与像屏间距 $D>4f$，缓缓地将凸透镜从物屏移向像屏，在此移动过程中，像屏上将先后获得一次大的和一次小的清晰像。若两次成像的中心重合，则表明此光学系统已达到等高共轴的要求；若大像中心在小像中心的下方，说明透镜位置偏低，应将其调高；反之，则应将透镜调低。调节时应注意用"大像追小像"。

③ 当有两个透镜或两个以上透镜（如测 $f_凹$ 时），必须逐个进行上列调整。先将一个透镜（凸透镜）调节好，记下像中心在屏上的位置；然后加上另一透镜（凹透镜），再次观察成像的情况，对后一透镜的位置作上下、左右的调整，直至像的中心仍保持在第一次成像时记下的中心位置上。

2. 成像清晰位置的判断

能够正确判断成像的清晰位置是一些光学实验获得准确结果的关键。为了准确地找到像的最清晰位置，可采用左右逼近法读数。先使透镜自左向右移动，到成像清晰为止，记下透镜位置；再自右向左移动透镜，到像清晰再记录透镜的位置，取其平均作为最清晰的像位。

3. 消除视差

在光学仪器中，如果像和十字叉丝不在一个平面上，观测者的眼睛从不同角度看去，就会感觉它们的相对位置有变动，这就是视差。为了避免因观测角度的不同对测量产生的影响，必须把像与叉丝调到同一个平面上。如果把自己左右手的食指伸直一前一后平放在视平线上，上下移动眼睛就会看出，离眼近者与眼睛移动方向相反，离眼远者与眼睛移动方向相同。因此可以利用视差现象判断仪器中的像应该朝哪个方向移动才能消除视差。

4. 消除回程差

光学仪器大多是精密的机械装置，由于机械传动机构总存在一定的间隙，它们都存在回程差。因此在读数过程中，传动机构的调节只能向一个方向移动，例如读数显微镜和迈克耳孙干涉仪的测量等。

3.3.3　常用光源

光源是光学实验中不可缺少的组成部分，对于不同的观测目的，常需选用不同的光源。如在干涉测量中一般应使用单色光源，而在白光干涉时又需用光谱连续的白炽灯。

1. 白炽灯

白炽灯是以热辐射形式发射光能的电光源。它以高熔点的钨丝为发光体，通电后温度约 2500 K，达到白炽发光。玻璃泡内抽成真空，充进惰性气体以减少钨的蒸发。这种灯的光谱是连续光谱。白炽灯可做白光光源和一般照明用。使用低压灯泡时要特别注意与电源电压相适应，避免误接电压较高的电插座造成损坏事故。

2. 氦氖激光器

氦氖激光器是一种单色光源，具有单色性强、发光强度大和方向性好等优点，它能输出

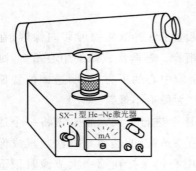

图 3-11　氦氖激光器

波长为 6328 Å 的橙红色偏振光,输出激光功率为几到几十毫瓦,其外形如图 3-11 所示。常用的腔长 250 mm 的氦氖激光器的主要参数为:

(1) 输出波长:6328Å

(2) 输出功率:1～2 mW

(3) 光束发射角:＜3 mrad

(4) 触发电压:≥3500 V

(5) 工作电压:1200 V

(6) 工作电流:3～8 mA

实验室常用的氦氖激光器由激光工作物质(氦、氖混合气体)、激励装置和光学谐振腔三部分组成。放电管内的氦、氖混合气体在直流高压激励作用下产生受激辐射形成激光,经谐振腔加强到一定程度后,从谐振腔的一块反射镜发射出去。谐振腔的两端各装有一块镀有多层介质膜、面对面地平行放置的反射镜,它是激光管的重要组成部分,必须使其保持清洁,防止灰尘和油污的污染。

在光学实验中,可以利用各种光学元件将激光管射出的激光束进行分束、扩束或改变激光束的方向,以满足实验的不同要求。

点燃时,应先开低压电源,后开高压电源;熄火时应先关高压电源,后关低压电源。由于激光管两端加有高压,操作时应严防触及,以免造成电击事故。由于激光管射出的激光束光波能量集中,未扩束的激光将造成人眼视网膜的永久损伤,故切勿迎着激光束直接观看激光。

3. HNL-55700 多束光纤激光源

HNL-55700 多束光纤激光源采用 550 mm 中功率激光管和七束高传输性光纤,每束光纤长 4 m,在同一实验内可拉伸到不同的工作台单独使用。其外形如图 3-12 所示。

主要使用性能指标:

波长:632.80 nm;工作电流:10 mA±10%;输出功率:大于 10 mW;工作电压:220 V±10%;额定频率:50 Hz。

图 3-12　HNL-55700 多束光纤
激光源外形图

使用注意事项:

(1) 激光束系高亮度、高能量光束,请勿用裸眼直接对准强光,以免损伤眼睛。

(2) 光纤为传光介质,可弯曲,但不可折压。

(3) 为保护激光源和激光管,激光源连续点燃时间勿超过三小时。

4. 钠灯和汞灯

钠灯和汞灯都是以金属(Na 或 Hg)蒸气在强电场中发生游离放电现象为基础的弧光放电灯。在额定供电电压下,钠灯发出波长为 5889.97 Å 和 5896.93 Å 的两种单色黄光。具体应用时,由于这两种单色黄光波长较接近,一般不易区分,故常以它们的平均值 5893Å 作为钠灯黄光的波长值。

汞灯有低压汞灯与高压汞灯之分。实验室中常用低压汞灯,其外形及使用与钠灯相同。

低压汞灯正常点燃时发出青紫色光。主要包括五种单色光,它们的波长分别是:5790.66 Å (黄光)、5769.60 Å(黄光)、5460.73 Å(绿光)、4358.34 Å(蓝光)及 4046.6 Å(紫光)。若在光路中配以不同的滤光片,则可获得纯度较高的单色光。

钠灯、汞灯的外形结构和电路如图 3-13 所示。电路中的镇流器在触发点燃后起限制电流的作用,保护灯管不被烧坏。为此,在使用此类气体放电灯时,必须在电路中串联符合灯管参数要求的镇流器。灯管点燃后,一般要等 10 min 甚至 30 min,发光才能稳定。灯管熄灭后,必须等其冷却后才能再次点燃。

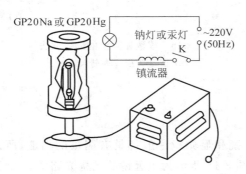

图 3-13　钠灯、汞灯外形结构和电路

3.3.4　常用仪器

1. 读数显微镜

(1) 读数显微镜的结构

读数显微镜是综合利用光学放大和螺旋测微原理测量长度的一种仪器。图 3-14 所示为一种实验室常用的读数显微镜——JXD-Bb 型读数显微镜,它主要由螺旋测微装置和用于观察的显微镜两部分组成。测微鼓轮的周边刻有 100 个分格。鼓轮旋转一周,显微镜筒水平移动 1 mm,每转一分格,显微镜筒将移动 0.01 mm。水平移动的距离(毫米)由水平标尺上读出,小于 1 mm 的数,由测微鼓轮读出,两者之和就是此时读数显微镜的位置坐标值。图 3-14 是读数显微镜的结构图。

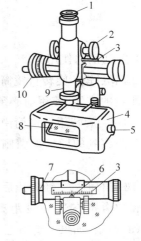

图 3-14　读数显微镜结构图

1—目镜;2—调焦手轮;3—标尺;
4—工作台;5—反光镜旋轮;6、7—准线;
8—反光镜;9—显微镜筒;10—测微鼓轮

(2) 读数显微镜的操作步骤

① 将读数显微镜适当安装,对准待测物。

② 调节显微镜的目镜,以清楚地看到叉丝(或标尺)。

③ 调节显微镜的聚集情况或移动整个仪器,使待测物成像清楚,并消除视差,即眼睛上下移动时,看到叉丝与待测物成像清楚;并消除视差,即眼睛上下移动时,看到叉丝与待测物成的像之间无相对移动。

④ 先让叉丝对准待测物上一点(或一条线)A,记下读数;转动丝杆,对准另一点 B,再

记下读数,两次读数之差即 A、B 之间的距离。注意两次读数时丝杆必须只向一个方向移动,若不小心超过了被测目标,就要退回,再重新测量,如图 3-15 所示。这样做是为了消除螺杆与螺母间空隙引起的"空程"误差。

移动方向　移动方向　　　　移动方向　　移动方向

初始读数　　　末读数　　　　初始读数　　末读数

(a)　　　　　　　　　　　　(b)

图 3-15　读数显微镜的读数方法
（a）正确读法；（b）错误读法

2. 望远镜

（1）望远镜的构成

物理实验使用的望远镜和显微镜一般都具有测量的功能,所以它们除了目镜、物镜之外,还有叉丝这一部分。图 3-16 所示为望远镜的结构光路图。

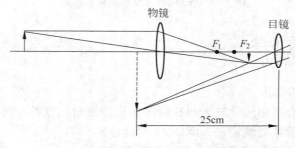

图 3-16　望远镜结构光路图

（2）望远镜的使用

① 调节目镜:旋转目镜筒,改变目镜和叉丝之间的距离,使在视场中见到清晰的叉丝。叉丝是测量的准线,使用前必须调清晰。

② 调焦:旋转望远镜筒中部的调焦钮,改变叉丝所在平面与物镜之间的距离(像距),使由目镜观察到的标尺像清晰。并旋转目镜筒,使横叉丝与标尺刻线平行,作为读数时的准线。

③ 视差的消除:经调焦后,叉丝和标尺像都已看清晰。但在目镜前有一小段距离,只要叉丝和物像都在这一段距离内,人眼都能看清晰,然而叉丝与物像并不一定重合,如图 3-17(a)所示,如果二者有 Δ 距离的差别,就造成了视差。如图 3-17(b)所示,当眼睛在目镜前与准线垂直的方向来回移动时,就产生了叉丝和物像之间有相对位置的变化,这种现象就是视差。消除视差的办法就是继续细心地调焦,直至这一现象消失,如图 3-17 (c)所示,使叉丝 K 和物像 B 处于同一平面。

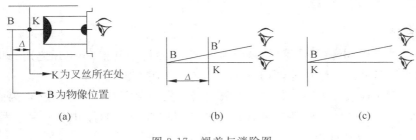

图 3-17　视差与消除图

3.4　电学实验的预备知识和常用仪器

3.4.1　电学实验操作规程

1．准备

实验前首先了解所用仪器的结构、规格和使用方法；然后，根据电路图顺序和照顾操作方便整齐地摆好仪器、元件和开关的位置。

2．接线

通常由最近电源开关的一端开始（开关要断开），用导线按电路图顺序连接。当电路复杂有几个回路时，先接主回路，再接支回路，顺序串接，最后才把电源接入。

接线要牢靠，接触良好；长度上要留有余地，并防止短路。不要在一个接线柱上过多地集中接线。通常电源正极（高电势）用红色或浅色导线连接；电源负极（低电势）用黑色或深色导线连接。

3．检查

首先按电路图检查电路连接是否正确，接触是否良好。再检查其他的要求是否做妥，如开关是否断开，电表、电源的正负极是否接错，电表量程、变阻器滑动端的位置是否适当等。

4．通电实验

通电实验前，应想好通电后各仪表的正常反应是怎样的。接通开关时，应密切注意各仪表的反应是否正常，并随时准备在不正常时迅速切断电源。

5．安全

不管电路中有无高压，都要养成避免用手或身体直接去接触电路中裸露导体部分的习惯。若带电测量，应该用单手操作。

6．归整

实验结束，应将仪器拨到安全位置，断开开关，关断电源，经教师检查数据后再拆电路。拆电路时，先拆电源，再拆其他部分，拆完电路后整理好仪器。

3.4.2 常用仪器

1. 检流计

检流计可供电桥、电位差计等作为电流指零仪或测量小电流、小电压之用。检流计有灵敏电流计和直流指针式检流计等,本节只介绍 AC5-4 型直流检流计。

AC5-4 型直流检流计采用调制式直流放大器以推动微安表,使指针偏转,因而电流灵敏度高,直流漂移小。它有两种供电方式:一种是使用 3 节 1 号干电池;另一种使用市电 220V。其主要技术参数如下:

量程:$\pm 10 \ \mu A$;

精度等级:1.5 级;

电流分度值:$1 \times 10^{-7} A/Div$;

内阻:$\leqslant 100 \ \Omega$;

阻尼时间:$\leqslant 4 \ s$;

使用方法如下:

(1) 接入市电,需通电 15 min,待稳定后,方可进入测量。

(2) 调节"调零"旋钮,使表头指向"0"位。

(3) 测量时,先检查"短路"按钮,应在弹出位置;然后按下"电计"按钮,检流计即被接入电路,可进行测量。如需长时间将检流计接入电路,可将该按钮转一角度,使其锁住即可。

(4) 测量完毕,将开关拨至"关"位置,关掉电源。

2. 电阻箱

电阻箱是一种数值可以调节的精密电阻组件,在实验室中常把它当作标准电阻使用。它由若干个数值准确的固定电阻元件(用高稳定的锰铜丝绕制)组合而成,借助转盘位置的变换来获得 $0.1 \sim 99\ 999.9 \ \Omega$(ZX21 型)间的各电阻值。

ZX21 型旋转式电阻箱的面板图和内部接线图如图 3-18 所示,其主要技术参数见表 3-2。其最大阻值为 $99\ 999.9 \ \Omega$,额定功率为 0.25 W。

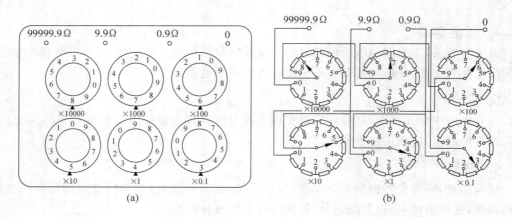

图 3-18 ZX21 型旋转式电阻箱

(a) 面板图;(b) 接线图

表 3-2　ZX21 型电阻箱的主要技术参数

名　称	参　数　值					
调节范围/Ω	9(0.1+1+10+100+1000+10000),有 6 个转盘					
零值电阻/Ω	≤0.03					
准确度等级	0.1 级					
倍率	×0.1	×1	×10	×100	×1000	×10 000
最大允许电流/A	1.5	0.5	0.15	0.05	0.015	0.005
允许误差/%	5	2	1	0.5	0.1	0.1

电阻箱的基本误差是准确度等级引入的误差与接触电阻之和,计算公式为

$$E = \left(a + b\frac{m}{R} \times 100\right)\% \tag{3-8}$$

其中 E 为用百分数表示的基本误差; a 为准确度等级; b 为每个旋钮的接触电阻, m 为实际使用的(电流经过的)旋钮数, R 为电阻箱指示的电阻值。以 ZX21 型电阻箱为例, a 为 0.1 级, $b=0.02\Omega$, $M=6$(接"0"、"99999.9"两个接线柱时),其相对误差和绝对误差分别为

$$E = \left(0.1 + 0.02\frac{6}{R} \times 100\right)\% = \left(0.1 + \frac{12}{R}\right)\%$$

$$\Delta R = (0.1\% R + 0.12)\Omega$$

当 R 在几百欧以上时,第二项可忽略。

使用注意事项:

(1) 使用电阻箱时,应先旋转一下各组旋钮,使触点接触稳定可靠;

(2) 在使用中绝不应超过规定的最大允许电流值;

(3) 在实验过程中改变电阻时,要注意不使电阻箱上的阻值出现零欧姆,以免损坏其他仪表;

(4) 当只需要 0.1~0.9 Ω 或 9.9 Ω 以内的阻值变化时,应将接线接到 0 和 0.9 Ω 或 9.9 Ω 两接线柱,即可消除电阻箱其他挡接触电阻带来的误差。

3. 数字式万用表

(1) 使用方法

① 使用前,应认真阅读有关的使用说明书,熟悉电源开关、量程开关、插孔及特殊插口的作用。

② 将电源开关置于 ON 位置。

③ 交直流电压的测量:根据需要将量程开关拨至 DCV(直流)或 ACV(交流)的合适量程,红表笔插入 V/Ω 孔,黑表笔插入 COM 孔,并将表笔与被测线路并联,读数即显示。

④ 交直流电流的测量:将量程开关拨至 DCA(直流)或 ACA(交流)的合适量程,红表笔插入 mA 孔(<200 mA 时)或 10A 孔(>200 mA 时),黑表笔插入 COM 孔,并将万用表串联在被测电路中即可。测量直流量时,数字万用表能自动显示极性。

⑤ 电阻的测量:将量程开关拨至 Ω 的合适量程,红表笔插入 V/Ω 孔,黑表笔插入 COM 孔。如果被测电阻值超出所选择量程的最大值,万用表将显示"1",这时应选择更高的量程。测量电阻时,红表笔为正极,黑表笔为负极,这与指针式万用表正好相反。因此,测量晶体管、电解电容器等有极性的元器件时,必须注意表笔的极性。

（2）使用注意事项

① 如果无法预先估计被测电压或电流的大小，则应先拨至最高量程挡测量一次，再视情况逐渐把量程减小到合适位置。测量完毕，应将量程开关拨到最高电压挡，并关闭电源。

② 满量程时，仪表仅在最高位显示数字"1"，其他位均消失，这时应选择更高的量程。

③ 测量电压时，应将数字万用表与被测电路并联；测电流时应与被测电路串联，测直流量时不必考虑正、负极性。

④ 当误用交流电压挡去测量直流电压，或者误用直流电压挡去测量交流电压时，显示屏将显示"000"，或低位上的数字出现跳动。

⑤ 有效数字要读全，否则会降低万用表的精度等级。

4. 直流稳压电源的使用

（1）操作顺序

"先调准，后接入"，即先调准所需的输出电压值，然后关闭电源开关，再连接稳压电源与实验线路之间的连线，否则易因将过高电压接入电路，造成器件损坏。改变电路接线前也应先关闭电源开关。

（2）电压调整

"粗调"、"细调"要配合使用，先粗调，后细调。

（3）关机

做完实验后先将全部的稳压、稳流旋钮旋转到最小位置，再关闭稳压电源开关，最后再拆连接电路所用的导线。

注意：稳压电源的开关不能作为电路开关随意开关。

5. 信号发生器

顾名思义，信号发生器就是能够产生各种（电）信号的仪器，专门用于为那些自身无法产生（振荡）波形（信号）的被测电路提供检测用的电信号，故又简称为信号源。

低频信号发生器均设有波形（正弦、三角、方波）选择、频率选择、输出幅度调节、占空比调节、TTL 输出端子、常规（非 TTL）输出端子、倒（反）相开关、交流（AC 220V）电源开关等。

现将具体操作要点简介如下。

（1）接通并开启交流（AC 220V）电源，此时电源指示灯应被点亮。

（2）波形选择：选择或设置所需要的信号波形（如正弦、三角、方波，可以以文字或图形表示）。

（3）频率设置：选择或设置所需要的信号频率（单位：Hz、kHz、MHz），有些型号设有粗调键及细调钮（如 DF1641D 型）时须先设置粗调，用以确定信号频率的大致范围，再综合细调钮的调节。

（4）当无法获得较小信号或欲获得较小信号但又感觉"幅度"调节钮调节效果过于粗糙（如调节时幅度变化剧烈，难以调至预定值时）时，可按"衰减"键，使输出信号在被衰减（以DF1641D 型信号发生器为例，－20 dB 时为原输出量的 1/10，－40 dB 时为原输出量的1/100）的基础上再行调节。若遇特殊使用功能时，可参阅相关的使用说明书。

6. GOS6021 型二踪示波器

该示波器前面有两个区域,一区域前面板(见图 3-19)可以分成四大部分——显示器控制、垂直控制、水平控制、触发控制;另一区域为显示屏。

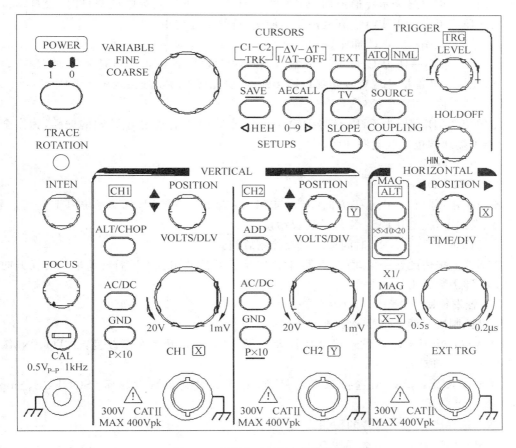

图 3-19　GOS6021 示波器前面板

(1) 显示器控制

显示器控制钮调整屏幕上的波形,并提供补偿探棒的信号源。

① POWER:电源按钮。

② TRACE ROTATION:使水平轨迹与刻度线成平行的调整钮,此电位器可用小螺丝刀调整。

③ INTEN:轨迹亮度控制钮。

④ FOCUS:轨迹和光标读出的聚焦控制钮。

⑤ CAL:此端子输出一个 $0.5V_{P-P}$、1kHz 的参考信号,供探棒使用。

(2) 垂直控制

① CH1—AC/DC (CH2—AC/DC)

按一下此钮,切换交流(～)或直流(＝)的输入耦合。此设定及偏向系数显示在读出装置上。

② CH1 GND—P×10(CH2 GND—P×10)：双重功能按钮

GND：按一下此钮，使垂直放大器的输入端接地，接地符号"⊥"显示在读出装置上。

P×10：按下此钮一段时间，取 1∶1 和 10∶1 之间的读出装置的通道偏向系数，10∶1 的电压的探棒以符号表示在通道前(如"P10"，CH1)，在进行光标电压测量时，会自动包括探棒的电压因素。如果 10∶1 衰减探棒不使用，符号不起作用。

③ CH1-X：输入 BNC 插座。

此 BNC 插座是作为 CH1 信号的输入，在 X-Y 模式，此输入信号是为 X 轴偏移，为安全起见，此端子外部接地端直接连到仪器接地点，而此接地端也连接到电源插座。

CH2-Y：输入 BNC 插座。

此 BNC 插座是作为 CH2 信号的输入。在 X-Y 模式信号是为 Y 轴的偏移，为安全起见，此端子接地端也连到电源插座。

（3）水平控制

① POSITION

此控制钮可将信号以水平方向移动，与 MAG 功能合并使用，可移动屏幕上任何信号。在 X-Y 模式中，控制钮调整 X 轴偏转灵敏度。

② TIME/DIV-VAR：时间偏向系数控制旋钮。

③ X-Y：按住此钮一段时间，仪器可作为 X-Y 示波器用。X-Y 符号将取代时间偏向系数显示在读出装置上。

（4）触发控制

触发控制决定两个信号及双轨迹的扫描起点。

① ATO/NML：触发模式选择按钮及指示 LED。依下面次序改变：ATO—NML—ATO(AUTO，自动)。

② SOURCE：此按钮选择触发信号源，实际的设定由直读显示(SOURCE，Slope，coupling)。

TV：选择视频同步信号的按钮。

③ SLOPE：触发斜率选择按钮。

④ COUPLING：按下此钮选择触发耦合，实际的设定由读出显示。

⑤ 量测应用

（5）利用光标进行测量，步骤如下。

① 按"ΔV-ΔT，1/ΔT-OFF"钮，打开光标读出测试。

② 再按一下上钮，以次序选择以下四种测试功能：ΔV-ΔT-1/ΔT-OFF。

③ 按"C1-C2 TRK"钮，选择 C1(▼)光标、C2(▼)光标和轨迹光标。

④ 旋转 VARIABLE 控制钮定位被选择的光标，按 VARIABLE 控制钮将选择 FINE (细调)或者 COARSE(粗调)光标移动速度。

⑤ 在屏幕上读出量测值。

（6）示波器屏幕显示屏的状态和功能键挡位的对应关系如图 3-20 所示。

7. DS1000 数字存储示波器

操作面板(见图 3-21)介绍：显示屏右侧的一列 5 个灰色按钮为菜单操作键，自上而下定义为 1 号至 5 号。通过它们，可以设置当前菜单的不同选项，与自动柜员机 ATM 的操作类似。

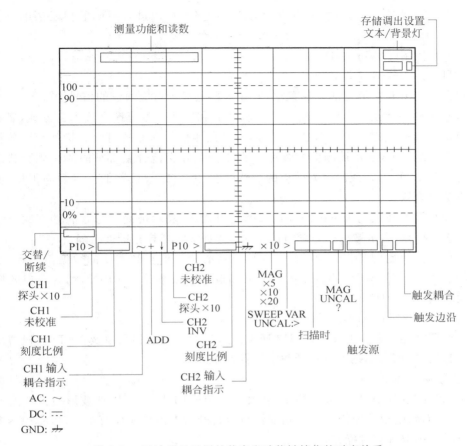

图 3-20 示波器显示屏的状态和功能键挡位的对应关系

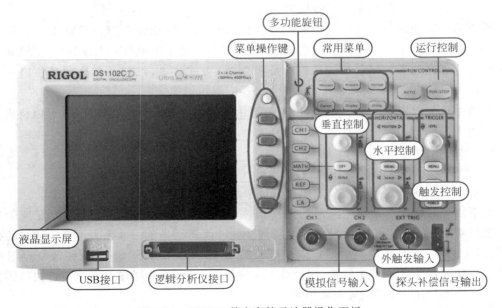

图 3-21 DS1000 数字存储示波器操作面板

除了这 5 个菜单键,其他按键为功能键,通过它们,可以进入不同的功能菜单或者直接获得特定的功能。

(1)垂直控制区(Vertical)

① CH1 或 CH2 通道设置键

按该键将打开对应通道的操作菜单,并在屏幕上显示对应通道的信号。

操作菜单第一项是耦合模式选择:交流、直流和接地。若选择交流耦合方式,表示被测信号含有的直流分量被阻隔;若选择直流,表示被测信号含有的直流分量和交流分量都可以通过;若选择接地,表示被测信号含有的直流分量和交流分量都被阻隔。耦合状态显示位置为屏幕左下角。(在液晶电光效应的观测实验中,由于被检测的信号频率很低,所以应该采用直流耦合模式。)

第二项是设置通道的带宽限制。若选择关闭状态,表示被测信号含有的高频分量可以通过;若选择打开,表示被测信号含有的大于 20MHz 的高频分量被阻隔。

第三项是探头比例调节。为了避免屏幕显示的挡位信息和测量的数据不一致,要求输入通道的探头比例等于探头的衰减系数。例如探头衰减系数为 10:1,那么对应的探头比例应该设置为 10× 的位置。

② 数学运算(Math)键

数学运算功能是显示 CH1 和 CH2 通道波形相加、相减、相乘以及 FFT(快速傅里叶变换)运算结果。按该功能键可以打开数学运算操作菜单。

③ 参考波形(Ref)键

在实际测试过程中,用示波器测量、观察有关组件的波形,可以把波形与参考波形样板进行比较,从而判断故障原因。按此功能键可以打开参考波形操作菜单,可以实现参考波形的设置、存储、读取等多种操作。

④ 垂直位置(Position)旋钮和挡位(Scale)旋钮

垂直 Position 旋钮用于调整波形的垂直位置。

垂直挡位旋钮调整被选中波形的垂直挡位,转动 Scale 旋钮可以发现屏幕下方状态栏对应通道的挡位显示发生了相应的变化,状态栏显示的数字表示每一大格的电压值,显示的文字颜色与通道波形的颜色相同。粗调是以 1-2-5 方式步进,细调是在当前挡位进一步调节波形的显示幅度。粗调、细调可以通过按 Scale 旋钮切换。

在液晶电光效应的观测实验中,由于被测信号的电压在几个伏特的范围,可以将垂直挡位调节为 1 V。

(2)水平控制区(Horizontal)

① 水平位置(Position)旋钮和挡位(Scale)旋钮

水平 Position 旋钮调整信号波形在窗口中的水平位置。

水平挡位旋钮调整被选中波形的水平挡位(主时基),转动 Scale 旋钮可以发现屏幕下方状态栏对应通道的挡位显示发生了相应的变化。状态栏显示的数字表示每一大格的扫描时间,以 1-2-5 方式步进。当延迟扫描被打开时,将通过改变水平 Scale 旋钮改变延迟扫描时基而改变波形的水平扩展倍数,用于放大一段波形,以便查看图像细节。延迟扫描的打开和关闭可以通过按下 Scale 旋钮来切换。

在液晶电光效应的观测实验中,由于被测信号的频率较低,将水平时基调节为 100ms

为宜。

②　水平控制（Menu）键

按该水平控制键可以打开水平菜单。水平菜单第一项是延迟扫描的打开和关闭选择。第二项是水平时基的选择，选择 Y-T 方式表示垂直的 Y 轴为信号电压，水平 X 轴为扫描时间，一般的信号波形显示均选择该项；选择 X-Y 表示 X 轴为通道 CH1 的电压量，Y 轴为通道 CH2 的电压量，表示两通道信号在垂直方向进行叠加，比如用李萨如图形测量未知信号频率的时候应采用 X-Y 方式。

（3）触发控制区（Trigger）

设定正确的触发条件，可以将不稳定的显示转化为有意义的稳定波形。

①　触发电平（Level）旋钮：设定触发点对应的信号电压。按下此旋钮使触发电平立即回零。

②　50%键：将触发电平设定在触发信号幅值的中点。

③　Menu 键：触发设置菜单。

触发设置菜单中第一项是触发模式选择，有边沿触发、脉宽触发、视频触发、斜率触发、交替触发、码型触发、持续时间触发等选项。第二项是触发信源选择，可以选择通道 CH1 和 CH2、外触发输入通道 EXT、市电 AC Line 等。下面还有触发方式选择、触发设置等选项。

（4）常用菜单区（Menu）

①　自动测量（Measure）键

本示波器具有 20 种自动测量功能，包括峰峰值、最大值、最小值、平均值等 10 种电压测量功能和上升时间、下降时间、频率、周期等 10 种时间测量功能。

菜单第一项是信源选择，即选择待测信号对应的通道，若选择错误将得到其他通道信号的测量结果，或者测量结果为一串星号。

菜单第二项为电压测量，分菜单里列有 10 种电压测量功能，可用菜单操作键上方的旋钮选择，并按下确认键。

菜单第三项为时间测量选项，分菜单中的上升时间表示波形幅度从 10% 上升至 90% 所经历的时间，下降时间表示波形幅度从 90% 下降至 10% 所经历的时间，测量结果显示在下方状态栏附近，分别用 rise 和 fall 表示。若测量结果显示小于某个值，该数据作废，并且考虑减小水平时基。

②　光标测量（Cursor）键

光标模式允许用户通过移动光标进行测量。光标测量分为 3 种模式。

手动模式：光标 X 或光标 Y 方式成对出现，并可手动调节光标的间距。状态栏中显示的读数即为测量的电压或时间值。使用光标时，首先需要把菜单下面的信源选择设定为待测信号通道。

追踪方式：水平和垂直光标交叉构成十字光标。十字光标自动定位在波形上，通过旋动 Cursor 键旁边的多功能旋钮调整十字光标的水平位置，示波器同时显示光标点的坐标。

自动测量方式：在自动测量（Measure）菜单下选中要测量的参数之后，选择光标的自动测量方式将显示对应的电压或时间光标，以揭示测量的物理意义。

③ 采样系统(Acquire)键

观察单次信号可以选用实时采样方式；观察高频周期性信号可以选用等效采样方式；期望减少所显示信号中的随机噪声，可以选用平均采样方式，平均值的次数可以选择。

④ 显示系统(Display)键

此功能键用于设定波形、屏幕网格、菜单、屏幕本身等的显示方式。Menu 区左边的多功能旋钮在未指定任何功能时，此旋钮均表示调节波形的亮度。

⑤ 存储调出(Storage)键

通过该键弹出的菜单，可以对示波器内部存储区和 USB 存储设备上的波形和设置文件进行保存和调出操作。也可以对 USB 存储设备上的文件进行新建和删除操作，不能删除仪器内部的存储文件，但可将其覆盖。

⑥ 系统功能设置(Utility)键

该功能键用于系统提示语言、按键声音、自校正、屏幕保护、打印、系统维护等功能设置。

(5) 运行控制区(Run Control)

① 自动设置(Auto)键：自动设置仪器各项控制值，以产生适宜观察的波形显示。相应菜单有多周期显示、单周期显示等选项。

② 运行/停止(Run/Stop)键：运行和停止波形采样。

8. 通用数据采集分析控制仪使用说明

(1) 硬件结构及功能

两通道-5～5 V 电压量采集；10 倍、100 倍、1000 倍小信号放大；1 路开关控制；1 路输入接通指示；5 V、1800 mA 直流电源。

LabCorder JZ_3B 面板(见图 3-22)说明：

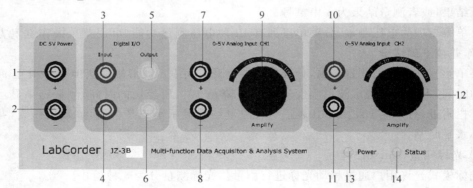

图 3-22   LabCorder JZ_3B 面板

1、2—电压＋5 V 的直流电源。其中红色插孔是正极，黑色插孔是负极；

3、4—开关量输入端口；5、6—开关量输出端口；

7、8—模拟信号输入通道 1，量程-5～5 V，其中红色是正极，蓝色是负极；

9—通道 1 输入模拟信号的放大旋钮。放大倍数分别为 1 倍、10 倍、100 倍、1000 倍；

10、11—模拟信号输入通道 2，量程-5～5 V，其中绿色是正极，蓝色是负极；

12—通道 2 输入模拟信号的放大旋钮。放大倍数分别为 1 倍、10 倍、100 倍、1000 倍；

13—电源状态指示灯；14—开关量状态指示灯

注：后面板有一个 220V 电源插头，一个串口插头。

（2）LabCorder 软件的功能（软件界面见图 3-23）

① x-y 函数关系记录：允许用户任意设置 X、Y 通道，作出相应记录曲线。

② 多通道分离显示：同时采集两通道输入信号，以两窗口显示，适合多个独立信号同时测量。

③ 多通道复合显示：同时采集两通道输入信号，以一个窗口显示，适合多个信号测量比较。

④ Output 控制：通过控制继电器开合完成 OutPut 口接通、断开功能。

⑤ Input 指示：显示采集仪 Input 端口接通、断开的状态。

⑥ 数据导出：使用配套软件可将采集数据以 Excel 文档（＊.xls）或文本文档（＊.txt）格式保存。其中，保存数据分三列，第一列为时间，第二列为通道 1 的数据，第三列为通道 2 的数据。

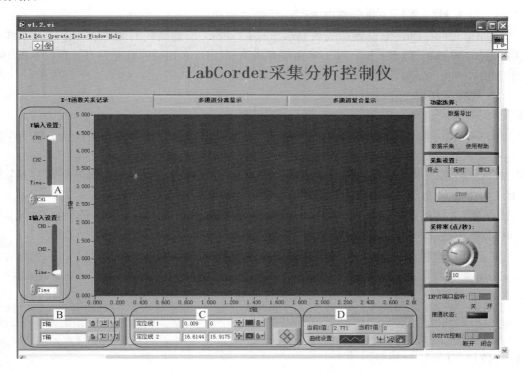

图 3-23　LabCorder 采集分析控制仪软件界面

（3）操作说明

① A 区：采集操作

（a）X、Y 轴设置

该控制窗口用于设置曲线 X 轴及 Y 轴的数据来源。是 x-y 函数关系记录特用。

（b）"Time"为系统内部提供的时钟，单位为"秒"；CH1、CH2 分别对应采集仪上相应输入通道。

（c）可直接通过拖动滑块来设置，也可单击选择框 Time，从弹出窗口中选择。

② B 区：坐标轴显示设置

该功能窗口用于设置坐标轴的名称、显示方式、数据格式等 X轴、Y轴用于设定坐标轴的名称。

(a) 🔒，自动显示开关。自动显示即系统自动判断将所有数据点都在作图区上以最佳的方式显示。🔒 状态为开启，🔒 状态为关闭。

(b) 📊，数轴数据格式控制。单击后，弹出设置窗口。

③ C 区：游标图例设置

(a) 利用游标图例工具可以精确定位曲线中某一点的数值。

(b) 可以选择游标是否可以被用户移动。

(c) 将游标锁定到任意一条线的某一个点上；将游标锁定到某一条线上。

(d) 单击四个角，可以移动游标。

④ D 区：设置曲线显示相关属性

(a) 单击 〰️，在弹出窗口中可选择曲线的样式。

(b) Common Plots：设置曲线的显示形式；Color：设置曲线的颜色；Line Style：线条风格；Line Width：线宽；Bar Plots：曲线填充；Fill Base Line：填充基线；Interpdation：绘图方式；Point Style：点式样。

(c) 🔍 鼠标换至正常状态。

(d) 单击 ✛ 按钮，在弹出窗口 中可以选择观察方式。依次为：将一个矩形区放大；将两条纵线区的区域放大；将两条横线区的区域放大；所有图形全部显示；以一个点为中心放大；以一个点为中心缩小。

(e) ✋ 鼠标换至拖动状态，此时可通过鼠标在作图区拖动，显示任意范围内的曲线。

(4) 系统操作

① 运行按键 ▷🔁，依次为"运行"、"连续运行"。

② 用于选择将要执行的功能。钮上刻线指示数据导出或数据采集，单击运行按钮，开始运行相应功能。

③ 手动停止，程序会一直运行，直到单击 STOP 按钮。

④ 拖动旋钮，可根据实验需求选择采样率，即设定每秒采集的点数。

3.5　设计性实验的预备知识

3.5.1　设计性实验的概念

　　设计性实验是一种带有综合应用性质或一定设计性任务的由学生自行完成的教学实验,其项目内容经过精心挑选,具有科学性、综合性、典型性、探索性和可行性。实验的要求是可以变通的,通常只提出最低的总体要求,学生可以根据实验室提供的设备器材自行推论有关理论,自行确定实验方法,自行选择组配仪器设备,自行拟订实验程序和注意事项,也可提出一些扩展性的测试内容和项目。所确定的实验方案、实验电路、测试内容等,经过指导教师审核、听取参考意见后实施。实验结束,实验者按实验课题或研究项目的精度等要求得出实验结果,作出分析评价,写出比较完整的科学实验报告,最后还应列出为完成本课题所查找的主要参考资料。

3.5.2　科学实验的基本程序

　　对于一个具体的研究课题,从选题开始到研究工作结束,整个过程必须按照一定的程序。一般来讲,科学实验的基本程序大体上包括下列基本环节:①准备工作;②实验过程;③综合分析讨论;④论文报告的撰写。任何科学实验过程中的许多工作都要经过反复修改甚至推翻,并通过实践→反馈→修正→实践⋯⋯这样多次的反复,不断地加以完善。图 3-24 所示的程序图说明了科学实验过程的路线。图中反向箭头表示反馈和修正。

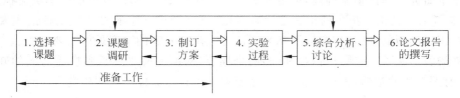

图 3-24　科学实验的基本程序

　　(1) 选择课题。选题是进行科学活动的第一步。它对后续工作能否完成,或者有没有价值有着举足轻重的作用。选题是确定主攻方向,必须根据生产实际、科学发展的实际以及研究单位与个人的实际,抓住时机,抓住问题的关键性矛盾所在,认真选好课题。

　　(2) 课题调研。课题选定以后,必须认真细致地进行实地调查或书面调查,并把搜集到的大量资料经过分析研究提出自己的假设或对材料的解释,以便根据这种假设或解释设计、制订实验方案。在调查研究时,必须保持独立思考,不可因循守旧,或被调查到的资料束缚自己的思想。

　　(3) 制订方案。根据大量的调查研究,作出总体安排,选择突破口和切实可行的技术路线。这包括研究正确的理论依据,建立物理模型,选择适当类型的实验和实验方法,设计正确的测量方法和路线,实验器材的配套和准备。

　　(4) 实验过程。在实验过程中,必须做到严格操作,仔细观察,认真记录每一个细节;开动脑筋,积极思维,搜寻意料之外的现象;严肃认真,实事求是,分析处理实验的数据。

　　(5) 综合分析、讨论。对积累的大量实验结果进行认真的整理和综合分析,并作出客观的、不带主观偏见或有意凑合的评价、判断和解释。

（6）论文报告的撰写。科学论文或研究工作报告是科学研究的永久性记录和总结。写作结构可以由以下几部分组成。

① 引言 论文报告的开头要非常扼要地叙述一下为什么要研究这个课题，想解决什么问题，其实际意义是什么，以及文章所论证的主题的发展经历和现状。这部分内容要写得简短，并要写出背景材料，以吸引读者。

② 实验方法及理论依据 这部分内容是文章的主体，要求详细完整地阐明自己的研究工作。若是仿照别人的方法做的实验研究工作，则实验原理、所用设备和操作方法，只简单地说明即可，但要列出参考文献；对自己的改进部分加以详细叙述。如果是自己设计的实验，应充分地说明实验研究和方案设计的理论依据，实验装备的原理图或实物照片，以及所使用的设备型号、材料规格、工作条件和操作步骤等。

③ 实验结果 这部分是文章的中心。主要是写出得到的实验观察结果。实验数据可以列成表格，或者描绘出曲线图。

④ 结论 这是整个工作的结晶，要求用简洁、明晰的语言表达出所得到的结论。结论一定要恰如其分，令人信服。在做出结论时，一定要慎重，不应有不合逻辑的地方。应用归纳法从实验结果中导出的结论，必须考虑到推理的局限性。

⑤ 分析讨论 对结果的意义和可能存在的问题进行讨论。这里不仅要说明实验结果的准确程度和可靠性，还应该与已有的理论或假说作比较。如是验证性实验，就应该阐明实验结果与假说的预见或推论的符合程度，对假说提出肯定、否定或者修改与发展的意见。最后应提出本研究工作的遗留问题，或者尚需进一步讨论的问题，以及可能的解决途径。

⑥ 参考书 在论文报告的正文之后，应该按顺序列出文中所参考或引证的主要资料。其中包括正式出版的杂志、书籍以及私人通信等。尚未发表的文章最好不要列出。

常规的教学实验，主要进行（4）和（5）两个环节，基本上属于继承和接受前人的知识、技能，重复前人工作的范畴，做设计实验时，则要求学生自行完成科学实验的全过程。

第4章

基本实验

4.1 照相底片密度的测量

密度是物质的基本特性之一,它与物质的纯度有关。密度的测量涉及物体的质量和体积的测量。物体的质量一般用天平直接测得。对于外形规则的物体,可通过测量其外观尺寸计算出它的体积,这就涉及长度的测量。本实验通过对照相底片质量及体积的测量,来求照相底片的平均密度。

【预习思考题】

(1) 使用螺旋测微器测量时,用棘轮行进还是用套筒行进?
(2) 本实验中照相底片上小孔的长和宽选用什么仪器测量?
(3) 读数显微镜在测量行进中要避免产生什么误差?

【实验目的】

(1) 测量规则形状固体的密度,学习误差分析与选择仪器。
(2) 学习读数显微镜的使用。
(3) 进一步熟悉游标卡尺和螺旋测微器的使用。

【实验原理】

1. 密度定义及测量方法

密度是物质的基本特性之一,它只与物质的种类和物质的状态有关。单位体积的某种物质的质量,叫做这种物质的"密度"。若一物体的质量为 m,体积为 V,密度为 ρ,则按密度定义有

$$\rho = \frac{m}{V} \tag{4-1}$$

对于规则物体,一般情况下质量用天平测量,体积用量筒(或量杯)测量,我们很容易就能测得它的体积 V 和质量 m。从密度定义可以看出,密度的单位在国际单位制中为 kg/m^3,亦常用 g/cm^3 表示。

2. 照相底片密度的测量

本实验是测量图 4-1 所示的照相底片的密度。照相底片属规则物体,对于其密度的测量只需测出其质

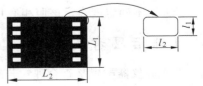

图 4-1　照相底片密度的测量

量和体积即可。其体积测量中需去除小孔部分,小孔是非规则矩形,测量中须进行修正,修正公式为

$$\begin{cases} S_{\text{小孔}} = l_1 l_2 - \Delta \\ \Delta = 4r^2 - \pi r^2 \end{cases} \tag{4-2}$$

经验值 $\Delta = 0.137\ \text{mm}^2$(也可通过测量得到)。

【仪器设备】

1. 实验仪器

仪器主要有:电子天平,读数显微镜,游标卡尺,螺旋测微器。

2. 仪器介绍

(1) 游标卡尺:最小分度值为 0.02 mm,测量范围 0~150 mm。

(2) 螺旋测微器:最小分度值为 0.01 mm,测量范围 0~25 mm。

(3) 电子天平:最小分度值为 1 mg,最大称重量 220 g。

(4) JXD-Bb 型读数显微镜:仪器放大倍数 20,测量范围 0~6 mm,最小分度值为 0.01 mm。

【实验内容】

(1) 照相底片密度的测量,根据实验原理得出照相底片密度的测量计算式。

(2) 正确选择仪器测量相关物理量,每个物理量全部是 6 次测量,自拟记录表格并记录。

① 用游标卡尺和螺旋测微计测量出规则样品的长、宽和高。

② 用读数显微镜测出底片小孔的长和宽。

③ 用电子天平称出底片的质量。

(3) 计算出该物体的密度。

【注意事项】

(1) 在操作过程中,仪器要轻拿轻放。

(2) 读数显微镜要同一方向读数,避免"回程"差。

【实验数据】

(1) 记录数据注意记录螺旋测微器零值。

(2) 计算出该照相底片厚度的测量值。

(3) 计算出该照相底片密度的测量值。

(4) 计算出该照相底片密度测量值的不确定度。

(5) 用不确定度表示该照相底片密度的测量结果。

【课后思考题】

本实验仪器配置是否合理?若想结果得到 4 位有效数字,仪器该怎样配置?

4.2　动量守恒定律的实验研究

摩擦阻力的存在使得一些力学实验难以实现。气垫导轨是一种阻力极小的力学实验装置。它是利用气源将压缩空气打入导轨型腔,再由导轨表面上的小孔喷出气流,在导轨与滑块之间形成很薄的气膜,将滑块浮起,使滑块能在导轨上作近似无阻力的直线运动,极大地减少了以往在力学中由于摩擦力而出现的较大误差。本实验是用气垫导轨进行动量守恒定律的实验研究。

【预习思考题】

(1) 应采取哪些措施来减小摩擦力,以保证实验的条件,减小系统误差?

(2) 如何保证滑块 m_2 在碰撞前静止?

(3) 如何保证在碰撞时是正碰? 如何使碰撞时的振动减至最小?

(4) 为什么要使挡光片的挡光边与运动方向垂直? 如果不垂直会带来什么后果?

【实验目的】

(1) 在弹性碰撞和完全非弹性碰撞条件下验证动量守恒定律。

(2) 学习使用在气垫导轨上测物体的速度,进一步学习使用计时计数测速仪。

(3) 学习如何保证实验条件以减小系统误差的方法。

【实验原理】

动量守恒定律指出:若一个物体系受到的合外力等于零,则组成该物体系的各物体动量的矢量和保持不变,即总动量

$$\sum_{i=1}^{n} m_i \boldsymbol{v}_i = 恒量 \tag{4-3}$$

式中,m_i 和 v_i 分别是物体系中第 i 个物体的质量和速度;n 是物体系中物体的数目。

若物体系所受合外力在某个方向的分量为零,则此物体系在此方向的总动量守恒。本实验是检验两个物体 1 和 2 沿一直线碰撞时,如果保证在碰撞的方向上合外力为零,则碰撞前后的动量维持不变,即

$$m_1 V_{10} + m_2 V_{20} = m_1 V_1 + m_2 V_2 \tag{4-4}$$

式中 m_1、m_2 分别为物体 1 和 2 的质量,V_{10}、V_{20} 和 V_1、V_2 分别为碰撞前后物体 1 和 2 的速度(注意:速度有方向性,前进方向为正,反弹时为负)。

1. 弹性碰撞

如果碰撞后物体没有发生形变,称为弹性碰撞,弹性碰撞的特点是系统动量守恒,机械能也守恒,即除了满足式(4-4)外,还满足下式:

$$\frac{1}{2} m_1 v_{10}^2 + \frac{1}{2} m_2 v_{20}^2 = \frac{1}{2} m_1 v_1^2 + \frac{1}{2} m_2 v_2^2 \tag{4-5}$$

若两个物体质量相等,即 $m_1 = m_2 = m$,则当 $v_{20} = 0$ 时,将得到

$$v_1 = 0, \quad v_2 = v_{10} \tag{4-6}$$

若两个物体质量不相等,仍令 $v_{20}=0$,则有

$$m_1 v_{10} = m_1 v_1 + m_2 v_2 \tag{4-7}$$

2. 完全非弹性碰撞

如果两个物体碰撞后,以同一速度运动而不分开,就称为完全非弹性碰撞,其特点是碰撞前后的动量守恒,但机械能不守恒。仍令 $v_{20}=0$,则此时

$$m_1 v_{10} = (m_1 + m_2)v \tag{4-8}$$

【仪器设备】

1. 实验仪器

气垫导轨 L-QG-T-1500/5.8 见图 4-2;气源;MUJ-5B 计时计数测速仪;游标卡尺;电子天平。

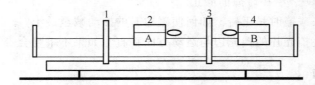

图 4-2 气垫导轨
1—光电门 1;2—滑块 A;3—光电门 2;4—滑块 B

2. 仪器介绍

(1) 气垫导轨 L-QG-T-1500/5.8,全长 1.5 m。

(2) MUJ-5B 计时计数测速仪主要性能为:计时范围:0~999.99 s;计时误差:$2.5 \times 10^{-5} \pm 1$ 字;测速范围:0.1~1000.0 cm/s。

(3) 游标卡尺测量范围 0~150 mm,最小分度值 0.02 mm。

(4) 电子天平测量范围 0~600 g,最小分度值 0.1 g。

【实验内容】

1. 气垫导轨调水平

(1) 粗调:以目测的方法调整导轨单脚螺钉,使导轨初步水平。

(2) 细调:考虑重力的分力与摩擦力相互抵消,以满足碰撞时合外力为零的条件。具体调节如下:

将挡光片装在滑块上,接通计时器,把功能键放在"计时 2"的位置。使滑块运动通过导轨上两个固定的光电门,一去一回作为一次调平的参考数据,当滑块通过两个光电门的时间基本一致时(相差 0.5 ms 左右,考虑到摩擦力的影响,应是后经过的光电门所用时间偏大),可认为导轨水平。若时间相差较大,可调节单脚螺钉,使导轨水平。

2. 等质量弹性碰撞时验证动量守恒定律

(1) 测量系统中各物体的质量

在质量近似相等的两个滑块上,分别装上缓冲弹簧和挡光片,并称出两个滑块的质量,若不相等,想办法配置相差 0.5 g 以内。

（2）测量碰撞前后的滑块速度

① 放置两个光电门在导轨中部相距一定的距离处。

② 将滑块 m_2 置于两个光电门中间，并令它静止（即 $v_{20}=0$）。

③ 将滑块 m_1 放在导轨的任一端，轻轻地将它推向滑块 m_2（为减小振动的影响，可通过气轨一端反弹），记下滑块 m_1 通过光电门 1 的时间 Δt_{10}。

④ 两滑块相碰后，m_1 静止（$v_1=0$），而滑块 m_2 以速度 v_2 向前运动，记下 m_2 经过光电门 2 的时间 Δt_2。

⑤ 重复步骤①～④ 6 次，记下两个光电门在导轨中部相距 30 cm 距离处各次的时间 Δt_{10} 和 Δt_2。

（3）测量滑块对应光电门时间上的位移

用游标尺测量两个挡光片的相应宽度 d（每个为两个数 d_1、d_2 相减，即宽度 $d=d_1-d_2$，如图 4-3 所示）各一次，并算出单次测量的不确定度。

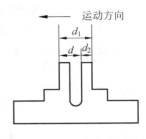

图 4-3 挡光片宽度测量

3. 不等质量弹性碰撞时验证动量守恒定律

（1）取一大一小质量不等的两个滑块，以大碰小（6 次），重复上述步骤①～④，记录滑块 m_1 碰撞前经过光电门 1 的时间 Δt_{20} 以及碰撞后 m_2、m_1 先后经过光电门 2 和光电门 1 的时间 Δt_2 和 Δt_1。

（2）取一大一小质量不等的两个滑块，以小碰大（6 次），重复上述步骤①～④，记录滑块 m_1 碰撞前经过光电门 1 的时间 Δt_{10} 以及碰撞后 m_2、m_1 先后经过光电门 2 和光电门 1 的时间 Δt_2 和 Δt_1。

注意：滑块 m_2 经过光电门 2 运动到导轨一端时，应使其静止，以免影响 Δt_1 的测量。

4. 完全非弹性碰撞时验证动量守恒定律（选做）

取一大一小质量不等的两个滑块，在碰撞端装上尼龙搭扣，重复上述步骤①～④，记下滑块 m_1 碰撞前经过光电门 1 的时间 Δt_{10} 以及碰撞后 m_2 经过光电门 2 所用的时间 Δt_2（$\Delta t_1=\Delta t_2$）。

【注意事项】

（1）两滑块碰撞时，要尽量使碰撞点在两滑块质心的连线上。

（2）滑块速度要适中，过大会引起滑块振动，过小则摩擦力的影响加剧。

（3）保证滑块 m_2 在碰撞前静止。

【实验数据】

（1）在不等质量弹性碰撞数据记录时注意区分是 m_1 的数据还是 m_2 的数据；在小碰大实验中 Δt_1 为负值。

（2）计算等质量弹性碰撞前后总动量损失的百分差，并通过数据分析，得出哪种情况下验证效果好的结论。

（3）计算不等质量弹性碰撞前后总动量损失的百分差，并通过数据分析，得出哪种情况下验证效果好的结论。

（4）比较等质量与不等质量弹性碰撞的实验结果，哪一种更接近于动量守恒？为什么？

【课后思考题】

（1）分析影响碰撞前后动量守恒的主要因素。

（2）为什么调节滑块在导轨上作匀速运动而不强调调节导轨完全水平？在本实验条件下能否调到理想效果？为什么？

（3）比较以下实验结果：

① 把光电门放在靠近及远离碰撞位置。

② 碰撞速度的大小。

③ 正碰与斜碰。

④ 导轨中气压的大小。

4.3 弹簧振子振动周期的测量

弹簧振子的运动是一种周期运动，本实验研究其振动周期 T、倔强系数 K 和振子质量 m 之间的关系，找出其关系式。学习如何对一个运动规律进行观察、分析、假设、测量、再经过数据处理找出实验公式的研究方法。

【预习思考题】

在测量弹簧的振动周期 T 时，为什么先要倒着数 5、4、3、2、1、0，当数到"0"时开始计时？如果不这样做，有什么问题？

【实验目的】

（1）学习建立实验公式的实验方法，找出弹簧振子的周期公式。

（2）通过公式简化、曲线直化和数据处理，学习作图和图解。

【实验原理】

1. 弹簧振子的振动周期

已知弹簧振子的振动周期 T 与倔强系数 K、振子质量 m 相关，为了找出 T、K、m 三者之间的关系，从量纲分析，可以假设满足下式：

$$T = AK^{\alpha}m^{\beta} \tag{4-9}$$

式中 α、β 和 A 均为待定常数。如果能通过实验测量和数据处理找到 α、β 和 A 的具体数值，那么式（4-9）就被具体地确定了。如果找不出 α、β 和 A 的数值，则说明式（4-9）的假设是错误的，还需要对 T、K、m 三者的函数关系作新的假设。

2. 弹簧振子振动周期的简化

为了简化，实验中先使倔强系数 K 或振子质量 m 保持不变。例如先使振子质量 m 保持不变，则式（4-9）可写成

$$T = C_1K^{\alpha}, \quad C_1 = Am^{\beta} = 常数 \tag{4-10}$$

这样，对应于不同的倔强系数 K 的弹簧，就有不同的振动周期 T，可以测定一组 T-K 的对

应值。

再使倔强系数 K 保持不变(用同一个弹簧),则式(4-9)又可写成

$$T = C_2 m^\beta, \quad C_2 = AK^\alpha = 常数 \tag{4-11}$$

这样,对于不同的振子质量 m,又有不同的振动周期 T,可以测定一组 T-m 的对应值。

从式(4-10)和式(4-11)可见,只要 α、β 不等于 1,则 T-K 和 T-m 间的关系就不是直线关系。为了便于图解,可将式(4-10)和式(4-11)取对数,将曲线直化,得到

$$\lg T = \lg C_1 + \alpha \lg K \tag{4-12}$$

$$\lg T = \lg C_2 + \beta \lg m \tag{4-13}$$

式中常数 α、β 可以从图线的斜率求出,C_1、C_2 可从图线的截距求得。然后将得到的 C_1、C_2 值和 α、β 值分别代入式(4-10)或式(4-11)而确定 A 值。当 α、β 和 A 值确定之后,则所求的周期公式就被具体地确定了。

为了完成以上实验,需要先对各弹簧的倔强系数 K 进行测定。

【仪器设备】

1. 实验仪器

SP-2 型弹簧振子实验仪、弹簧、砝码、计时器等。

2. 仪器介绍

(1) SP-2 型弹簧振子实验仪一套,包括振动架。SP-2 型弹簧振子实验仪振动架的一侧为一游标卡尺,用于测量弹簧的伸长量 Δx。振动架的顶部横梁上有一供悬挂弹簧的螺丝,螺丝上有一小孔,以便直接挂弹簧。略微放松螺丝,可以移动弹簧的悬挂位置,以免振动时和卡尺的卡爪相碰。

(2) 倔强系数 K 不同的 5 个弹簧:弹簧从短到长序号为 1~5 号。

(3) 砝码一盒:共 6 个,以质量大小依次编号为 0,1,2,$\cdots$,5。其名义质量分别为 20 g、50 g、55 g、60 g、65 g、70 g。误差为 ± 0.5 g。

(4) 计时器:计时范围为 0~999.9 s。鼠标单击时,鼠标的左键为"启动/停止"键,右键为"复零"键。

【实验内容】

(1) 实验前对 6 个砝码质量进行校测,记录数据。

(2) 弹簧倔强系数 K 的测定

用一次增荷法测定 K 值。计算公式为

$$K = \frac{\Delta F}{\Delta x} \tag{4-14}$$

5 个弹簧各测一次,记录数据。

(3) 振子质量 m 一定(统一用 3 号砝码),测定一组 T-K 的对应值。振动周期 T 用累计法测 50 次求得,每个振子测三次,记录数据。

(4) 倔强系数 K 一定(统一用 3 号弹簧),测定一组 T-m 的对应值。振动周期 T 的测法同上,记录数据。

【注意事项】

（1）测定弹簧倔强系数 K 时，先要在弹簧下端加 20 g 砝码的荷重，使弹簧"拉开"，把这时弹簧的长度作为初长。这样处理，可以减小实验误差。

（2）在测量弹簧的振动周期 T 时，先倒着数 5、4、3、2、1、0，当数到"0"时开始计时，然后再正着数到 50 为止。

（3）测量弹簧的振动周期时，振动的振幅不宜过大，避免弹簧横向摆动，便于测准振动周期。

（4）因实验用的弹簧很"软"，其最大负荷量约 100 g，实验时加到 70 g 砝码已接近最大负荷量，绝不能在这些弹簧下挂更重的东西，以免损坏。

（5）为防止砝码和弹簧丢失，实验结束后将砝码和弹簧整理在盒中。

【实验数据】

（1）作出 $\lg T$-$\lg K$ 图，求出 $\lg C_1$、C_1、α；

（2）作出 $\lg T$-$\lg m$ 图，求出 $\lg C_2$、C_2、β；

（3）由公式及相应数据（振子质量 m 和倔强系数 K）解出两个 A 值，分别求 A_α、A_β 及平均值 A；

（4）得出弹簧振子的周期公式（要求得到三位有效数字），并和公式 $T = 2\pi\sqrt{\dfrac{m}{K}}$ 相比较，求出 A、α 和 β 的百分误差。

【课后思考题】

讨论弹簧自身质量对实验结果的影响，试分析并通过实验修正之。

4.4　用三线摆测量物体的转动惯量

转动惯量是刚体转动惯性大小的量度，是表征刚体特性的一个物理量。转动惯量的大小除与物体质量有关外，还与转轴的位置和质量分布（即形状、大小和密度）有关。如果刚体形状简单，且质量分布均匀，可直接计算出它绕特定轴的转动惯量。但在工程实践中，我们常碰到大量形状复杂，且质量分布不均匀的刚体，理论计算将极为复杂，通常采用实验方法来测定。

转动惯量的测量，一般都是使刚体以一定的形式运动。通过表征这种运动特征的物理量与转动惯量之间的关系，进行转换测量。测量刚体转动惯量的方法有多种，三线摆法是具有较好物理思想的实验方法，它具有设备简单、直观、测试方便等优点。

【预习思考题】

（1）用三线摆测刚体转动惯量时，为什么必须保持下盘水平？

（2）在测量过程中，如下盘出现晃动，对周期的测量有影响吗？如有影响，应如何避免？

（3）三线摆放上待测物后，其摆动周期是否一定比空盘的转动周期大？为什么？

（4）测量圆环的转动惯量时，若圆环的转轴与下盘转轴不重合，对实验结果有何影响？

【实验目的】

（1）学会用三线摆测定物体的转动惯量。

（2）学会用累积放大法测量周期运动的周期。

（3）验证转动惯量的平行轴定理。

【实验原理】

1. 刚体绕某定轴的转动惯量

转动惯量 I 是量度刚体转动惯性的物理量。刚体对某一轴的转动惯量 I 等于此刚体所有各质元的质量与它们各自到该轴距离平方的乘积之总和。即

$$I = \sum_i m_i r_i^2 = m_1 r_2^2 + m_2 r_2^2 + \cdots + m_i r_i^2 + \cdots$$

一般刚体的质量可以认为是连续分布的，因此

$$I = \int_m r^2 \, dm$$

转动惯量恒为正值；它的单位是 $\mathrm{kg \cdot m^2}$。

2. 用三线摆法测刚体绕某定轴的转动惯量

图 4-4 所示为三线摆实验装置的示意图。上、下圆盘均处于水平，悬挂在横梁上。三个对称分布的等长悬线将两圆盘相连。上圆盘固定，下圆盘可绕中心轴 OO' 作扭摆运动。当下盘转动角度很小，且略去空气阻力时，扭摆的运动可近似看作简谐运动。根据能量守恒定律和刚体转动定律均可以导出物体绕中心轴 OO' 的转动惯量（推导过程见本实验【附录】）

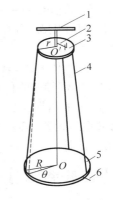

图 4-4　三线摆实验装置
示意图

1—横梁；2—转动杆；
3—上圆盘；4—悬线；
5—下圆盘；6—挡光杆

$$I_0 = \frac{m_0 g R r}{4\pi^2 H_0} T_0^2 \qquad (4\text{-}15)$$

式中，m_0 为下盘的质量；r、R 分别为上下悬点离各自圆盘中心的距离；H_0 为平衡时上下盘间的垂直距离；T_0 为下盘作简谐运动的周期；g 为重力加速度（在宁波地区 $g = 9.793 \mathrm{\ m/s^2}$）。

将质量为 m 的待测物体放在下盘上，并使待测刚体的转轴与 OO' 轴重合。测出此时摆运动周期 T_1 和上下圆盘间的垂直距离 H。同理可求得待测刚体和下圆盘对中心转轴 OO' 轴的总转动惯量为

$$I_1 = \frac{(m_0 + m) g R r}{4\pi^2 H} T_1^2 \qquad (4\text{-}16)$$

如不计因重量变化而引起悬线伸长，则有 $H \approx H_0$。那么，待测物体绕中心轴的转动惯量为

$$I = I_1 - I_0 = \frac{g R r}{4\pi^2 H} \left[(m + m_0) T_1^2 - m_0 T_0^2 \right] \qquad (4\text{-}17)$$

因此，通过长度、质量和时间的测量，便可求出刚体绕某定轴的转动惯量。

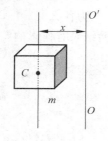

图 4-5 转轴平行
移动 x 时

3. 用三线摆法验证平行轴定理

若质量为 m 的物体绕通过其质心轴的转动惯量为 I_C，当转轴平行移动距离 x 时(如图 4-5 所示)，则此物体对新轴 OO' 的转动惯量为 $I_{OO'}=I_C+mx^2$。这一结论称为转动惯量的平行轴定理。

实验时将质量均为 m'、形状和质量分布完全相同的两个圆柱体对称地放置在下圆盘上(下盘有对称的两个小孔)。按同样的方法，测出两小圆柱体和下盘绕中心轴 OO' 的转动周期 T_x，则可求出两个柱体对中心转轴 OO' 的转动惯量

$$I_x = \frac{(m_0 + 2m')gRr}{4\pi^2 H}T_x^2 - I_0 \tag{4-18}$$

如果测出小圆柱中心与下圆盘中心之间的距离 x 以及小圆柱体的半径 R_x，则由平行轴定理可求得

$$I'_x = m'x^2 + \frac{1}{2}m'R_x^2 \tag{4-19}$$

可求出一个柱体对中心转轴 OO' 的转动惯量。比较 I_x 与两倍 I'_x 的大小，可验证平行轴定理。

【仪器设备】

1. 实验仪器

三线摆实验仪、圆环、圆柱体、水准仪、米尺、游标卡尺、电子天平以及待测物体等。

2. 仪器介绍——转动惯量仪使用简介

(1) 打开电源，程序设置周期为 $T=30$ (数显)，即小球来回经过光电门的次数为 $n=2T$ 次。

(2) 据具体要求，若要设置 35 次，先按"置数"开锁，然后按上调(或下调)键改变周期 T，再按"置数"锁定，此时，可按执行键开始计时。信号灯不停闪烁，即为计时状态。当物体经过光电门的周期次数达到设定值，数显将显示具体时间，单位"秒"。当再执行"35"周期时，无须重新设置，只要按"返回"键即可回到上一次刚执行的周期数"35"，再按"执行"键，便可第二次计时。

【实验内容】

(1) 用三线摆测定圆环对通过其质心且垂直于环面轴的转动惯量。

(2) 用三线摆验证平行轴定理。

(3) 实验步骤

① 调整下盘水平：将水准仪置于下盘任意两悬线之间，调整小圆盘上的三个旋扭，改变三悬线的长度，直至下盘水平。

② 测量空盘绕中心轴 OO' 转动的运动周期 T_0：轻轻转动上盘，带动下盘转动，这样可以避免三线摆在作扭摆运动时发生晃动。注意扭摆的转角控制在 5° 以内。用累积放大法测出扭摆运动的周期(用秒表测量累积 30～50 次的时间，然后求出其运动周期。为什么不直接测量一个周期?)。测量时间时，应在下盘通过平衡位置时开始计数，并默读 5、4、3、2、1、0，当数到"0"时启动仪表，这样既有一个计数的准备过程，又不至于少数一个周期。

③ 测出待测圆环与下盘共同转动的周期 T_1：将待测圆环置于下盘上，注意使两者中心

重合,按同样的方法测出它们一起运动的周期 T_1。

④ 测出二小圆柱体(对称放置)与下盘共同转动的周期 T_x。

⑤ 测出上下圆盘三悬点之间的距离 a 和 b,然后算出悬点到中心的距离 r 和 R(等边三角形外接圆半径)。

⑥ 其他物理量的测量:用米尺测出两圆盘之间的垂直距离 H_0 和放置两小圆柱体的小孔间距 $2x$;用游标卡尺测出待测圆环的内、外直径 $2R_1$、$2R_2$ 和小圆柱体的直径 $2R_x$。

⑦ 测量各刚体的质量。

【注意事项】

(1) 仪器要调水平。

(2) 调节好光电门的位置,以便准确计时。

【实验数据】

(1) 本实验的上摆悬线孔的半径 $r=44.0$ mm,下摆悬线孔的半径 $R=90.0$ mm。

$$r = \frac{\sqrt{3}}{3}a, \quad R = \frac{\sqrt{3}}{3}b$$

(2) 求出待测圆环绕中心轴的转动惯量,并与理论计算值比较,求相对误差并进行讨论。已知理想圆环绕中心轴转动惯量的计算公式为 $I_{理论} = \frac{m}{2}(R_1^2 + R_2^2)$。

(3) 求出圆柱体绕自身轴的转动惯量,并与理论计算值 $\left(I_{理} = \frac{m'}{2}R_x^2\right)$ 比较,验证平行轴定理。

【课后思考题】

(1) 如何利用三线摆测定任意形状的物体绕某轴的转动惯量?

(2) 三线摆在摆动中受空气阻尼,振幅越来越小,它的周期是否会变化?对测量结果影响大吗?为什么?

【附录】转动惯量测量式的推导

当下盘扭转振动,其转角 θ 很小时,其扭动是一个简谐振动,其运动方程为

$$\theta = \theta_0 \sin\frac{2\pi}{T_0}t \tag{4-20}$$

当摆离开平衡位置最远时,其重心升高 h,根据机械能守恒定律有

$$\frac{1}{2}I\omega_0^2 = mgh \tag{4-21}$$

即

$$I = \frac{2mgh}{\omega_0^2} \tag{4-22}$$

而

$$\omega = \frac{\mathrm{d}\theta}{\mathrm{d}t} = \frac{2\pi\theta_0}{T}\cos\frac{2\pi}{T}t \tag{4-23}$$

$$\omega_0 = \frac{2\pi\theta_0}{T_0} \tag{4-24}$$

将式(4-24)代入式(4-21)得

$$I = \frac{mgh\,T^2}{2\pi^2\theta_0^2} \qquad\qquad (4\text{-}25)$$

根据图 4-6 中的几何关系可得

$$(H-h)^2 + R^2 + r^2 - 2Rr\cos\theta_0 = l^2 = H^2 + (R-r)^2$$

简化得

$$Hh - \frac{h^2}{2} = Rr(1-\cos\theta_0)$$

略去 $\dfrac{h^2}{2}$，且取 $1-\cos\theta_0 \approx \theta_0^2/2$，则有

$$h = \frac{Rr\theta_0^2}{2H}$$

代入式(4-25)得

$$I = \frac{mgRr}{4\pi^2 H}T^2$$

即得式(4-15)。

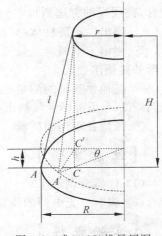

图 4-6　式(4-15)推导用图

4.5　用拉伸法测金属丝的杨氏模量

材料受力后发生形变。在弹性限度内,材料的内部胁强(单位面积上受力大小)与胁变(即相对形变)之比称为弹性模量。条形物体(如钢丝)沿纵向的弹性模量叫杨氏模量。弹性模量是衡量材料受力后形变能力大小的参数之一,亦即描述材料抵抗弹性形变能力的一个重要物理量。它是设计各种工程结构时选择合适材料的重要依据之一,是工程技术设计中常用的参数。

测量杨氏模量的方法有拉伸法、梁的弯曲法、振动法、内耗法等,本实验采用拉伸法测量杨氏模量。

【预习思考题】

(1) 实验中对 L、D、X、d 和 ΔL 的测量使用了不同仪器和方法,为什么要这样处理? 分析它们测量不确定度对总不确定度的贡献大小。

(2) 为什么 L、D、X 都只需测量一次,而 d 的测量却较为复杂?

【实验目的】

(1) 掌握用光杠杆法测量微小长度变化的原理和方法。

(2) 学会用逐差法处理数据。

(3) 学习合理选择仪器,减小测量误差。

【实验原理】

任何固体在外力作用下都会产生形变,当形变不超过某一限度时,撤走外力则形变随之消失,为一可逆过程,这种形变称为弹性形变,这一极限称为弹性限度。超过弹性极限,就会产生永久形变,以致在外力作用停止时,形变仍然存在,为不可逆过程。在本实验中,只研究

弹性形变,为此应当控制外力的大小,以保证撤走外力后物体能恢复原状。

1. 固体材料的杨氏模量

一根粗细均匀的金属丝,长度为 L,截面积为 S,在受到沿长度方向的外力 F 的作用时发生形变,伸长 ΔL。比值 F/S 是钢丝单位截面积上的力,称为应力;比值 $\Delta L/L$ 是相对伸长量,称为应变,根据胡克定律,在弹性限度内,其应力 F/S 与应变 $\Delta L/L$ 成正比,即

$$\frac{F}{S} = E\frac{\Delta L}{L} \tag{4-26}$$

式中 E 称为该金属丝的杨氏模量(或称弹性模量),它只取决于材料的性质,而与长度 L、截面积 S 无关。其单位为 N/m^2。

2. 杨氏模量的测定

本实验就是测定金属丝的杨氏模量 E,由式(4-26)可知,对 E 的测量就是对 F、S、ΔL、L 的测量。其中:

F 为金属丝下端所加砝码的重量,$F = mg$;

S 为金属丝的截面积,可通过测量金属丝直径 d,得其截面积 $S = \frac{1}{4}\pi d^2$;

L 为金属丝的长度,可用米尺测出。

F、L、d 都可用一般测量方法得到,但 ΔL 由于变化很小,约 $1\,mm$ 左右,用千分尺测量在技术上还难以实现。为此,本实验采用光杠杆法——放大法,进行间接测量,测得 ΔL 值为

$$\Delta L = \frac{x}{2D}(A_1 - A_0) \tag{4-27}$$

代入式(4-26)得

$$E = \frac{8FLD}{\pi d^2 x(A_1 - A_0)} \tag{4-28}$$

式中 L 为金属丝被拉伸部分的长度,d 为金属丝的直径,D 为平面镜到直尺间的距离,x 为光杠杆后足至前两足连线的垂直距离,F 为增加一个砝码的重量($= mg$),$A_1 - A_0$ 是增加一个砝码后由于金属丝伸长在望远镜中刻度的变化量。

3. 光杠杆测微原理

镜 M 和直尺 R、望远镜 T 一起组成光杠杆装置。其作用是将微小的长度变化利用杠杆原理进行放大,如图 4-7 所示。设初始平面镜 M 的法线 OB 在水平位置,B 点对应的标尺上刻度为 A_0,从 A_0 发出的光通过平面镜 M 反射,在望远镜中形成 A_0 的像。当金属丝下移

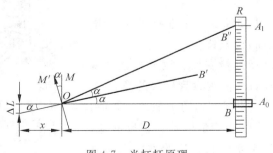

图 4-7　光杠杆原理

ΔL，带动 M 镜转一 α 角至 M'，法线 OB 也转过同一角度 OB'。根据反射定律，从点 B 发出的光将反射至点 B''，也就是 $\angle BOB' = \angle B'OB'' = \alpha$。由光线的可逆性，从点 B''（对应标尺刻度为 A_1）发出的光经镜 M 反射后进入望远镜，由此将测得 A_1 值。

从图 4-7 中可得

$$\tan\alpha = \frac{\Delta L}{x}, \quad \tan2\alpha = \frac{\overline{BB''}}{OB} = \frac{A_1 - A_0}{D}$$

由于 α 很小，所以

$$\alpha = \frac{\Delta L}{x}, \quad 2\alpha = \frac{A_1 - A_0}{D}$$

消去 α 角，可得

$$\Delta L = \frac{x}{2D}(A_1 - A_0) \tag{4-29}$$

光杠杆系统的放大倍数为

$$N = \frac{A_1 - A_0}{\Delta L} = \frac{2D}{x} \tag{4-30}$$

【仪器设备】

1. 实验仪器

YMC-1 杨氏模量测定仪（包括测量架、望远镜、光杠杆、直尺、砝码），钢卷尺，游标尺，螺旋测微器。

2. 仪器介绍

（1）杨氏模量测定仪的结构

杨氏模量测定仪的结构如图 4-8 所示。

（2）杨氏模量测定仪的调整步骤

① 调节水平仪水平使支架铅直（用底脚螺丝调节），使夹头在平台圆孔中能自由升降。

② 将光杠杆安放在平台上，使两前足在平台前面的横槽内，后足放在活动的圆柱夹子上，但不可与金属丝相碰。

③ 在离开支架约 1.5 m 处放置望远镜及标尺，并使望远镜的光轴、光杠杆镜心同轴等高。

④ 从望远镜的上方沿镜筒的准星方向观察，看镜筒是否对准光杠杆的镜面，以及镜内方向是否有标尺的像。若无，应左右移动望远镜支架和调节光杠杆镜面的俯仰角，直到沿镜筒方向能观察到标尺的像。

⑤ 调节望远镜的目镜使观察到的十字叉丝清晰。将望远镜调焦使在望远镜中能清楚地看到直尺的像，并且当眼睛上下移动时，十字丝与直尺的刻度之间没有相对移动（即无视差）。

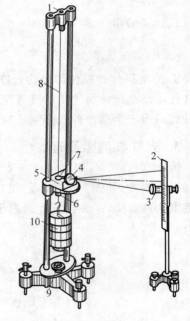

图 4-8　杨氏模量测定仪的结构

1—支柱上端横梁的中心卡头；2—直尺；
3—望远镜；4—光杠杆；5—载物台；
6—金属丝的下端卡头；7—金属丝的中端卡头；
8—金属丝；9—水平仪；10—砝码

⑥ 调节俯视手轮和镜面角度,使落在叉丝上的竖尺刻度像恰是与望远镜在同一高度的刻度(0 刻度附近)。

【实验内容】

1. 杨氏模量测定仪的调整

熟读杨氏模量测定仪的使用说明,见本节仪器介绍部分,调整好杨氏模量测定仪。

2. 金属丝杨氏模量的测定

(1)仪器调好后,记下只挂有砝码托时望远镜中与十字叉丝重合的标尺初读数 A_0(为了避免开始测量时钢丝未拉直,可加初载砝码 2 kg)。

(2)为了消除弹性滞后效应引起的系统误差,本实验采取先测递增负荷,再测递减负荷,求出各加载量下的平均偏转量,即:逐次增加 1 kg 的砝码,共 7 次,依次记下每次标尺读数 $A_1,A_2,\cdots,A_7$;再逐次减去 1 kg 砝码,测得相应的读数 $A_6',A_5',\cdots,A_1',A_0'$。

(3)用米尺测量平面镜 M 到直尺间的距离 D,测出金属丝的原长 L;在纸上压出光杠杆三个足尖的痕迹,用游标卡尺量出后足至前两足连线的垂直距离 x 值。各测一次,并写出单次测量的不确定度。

(4)用螺旋测微器在金属丝受力与不受力两种情况下,分别从 3 个不同位置测出金属丝的直径 d,各测 2 次。

【注意事项】

(1)光杠杆、望远镜和标尺所构成的光学系统一经调节好后,在实验过程中就不可再动,否则所测的数据无效,实验应从头做起。

(2)加减砝码要轻放轻取,并等稳定后再读数。

(3)所加的总砝码不得超过 10 kg。

(4)如发现加、减砝码的对应读数相差较大,可多加减一、二次,直到二者读数接近为止。

(5)使用望远镜读数时要注意避免视差。

(6)注意维护金属丝的平直状态,在用螺旋测微器测其直径时勿将它扭折。

【实验数据】

(1)望远镜中直尺读数处理,求得加、减载过程中直尺读数的平均值 $\overline{A_i}$;用逐差法处理数据,求 $\overline{A_{4+i}}-\overline{A_i}$ 的平均值 $\overline{\Delta A}$。

(2)求金属丝直径的平均值 $\overline{d}$,并用不确定度表示结果。

(3)按下式算出杨氏模量:

$$\overline{E}=\frac{8FLD}{\pi\,\overline{d}^2 x\,\overline{\Delta A}} \tag{4-31}$$

其中:$F=mg$,$m=4\text{kg}$(注意:在式(4-28)中的 F 则为 $m=1\text{kg}$),而 $\overline{\Delta A}$ 是加 4 kg 的平均变化量。

（4）按传递公式计算不确定度并用不确定度表示测量结果。这里可忽略 F、L、D 的不确定度，因为它们的相对不确定度在 0.1% 以下。

（5）与已知碳钢的杨氏模量值（$2.000\sim2.100\times10^{11}\ \text{N/m}^2$）作比较，计算百分差并进行误差分析。

【课后思考题】

（1）如果反射镜面或标尺不垂直，望远镜不水平，对结果会有什么影响？如何保证它们的放置恰当？

（2）如果实验中操作无误，得到的 $\overline{A_{i+4}}-\overline{A_i}$ 数据前一、二个数据偏大，这可能是什么原因，如何避免？

（3）光杠杆有什么优点？怎样提高光杠杆测量微小长度变化的灵敏度？

【附录】不确定度分析与仪器选择

杨氏模量测量式 $\overline{E}=\dfrac{8FLD}{\pi\overline{d}^2x\overline{A}}（\text{N/m}^2）$ 是积商函数，其相对不确定度的传播公式为

$$\frac{u_E}{E}=\sqrt{\left(\frac{u_m}{m}\right)^2+\left(\frac{u_L}{L}\right)^2+\left(\frac{u_D}{D}\right)^2+\left(2\frac{u_d}{\overline{d}}\right)^2+\left(\frac{u_x}{x}\right)^2+\left(\frac{u_{\Delta A}}{\Delta A}\right)^2}$$

由上式可知，除 m 给定不需测量外，其余皆是长度的测量，而我们的常用测长量具有卷尺、米尺、游标卡尺和千分尺。下面通过分析各直接测量部分的不确定度对测量结果的总不确定度贡献的大小（影响的大小），来确定哪些量需要精细测量以减小其不确定度的影响，而哪些量测量不必苛求也不致影响最后的结果，从而合理地选择仪器。

在考虑选择仪器时，没有必要对各有关量进行正式的多次测量，由统计方法估算 A 类不确定度，而是对各有关量只要估计或粗测出其大小，就能估算各量由选用的仪器引入的相对不确定度。下面把本实验选择仪器的具体考虑列入表 4-1 中，其中直接引用了仪器不确定度 $\Delta_仪$，而未变换为标准偏差。这样的简化处理并不影响所得出的结论。

表 4-1　测 m、L、D、d、x、A 由仪器引入的不确定度

待测范围	选用仪器	分度值	$\Delta_仪$	$(\Delta_仪/x)\times100\%$
$m=1\ \text{kg}$	砝码		$0.4\ \text{g}$	$\Delta_仪/m=0.4\ \text{g}/1\text{kg}=0.04\%$
$L=80.00\ \text{cm}$	卷尺	$0.1\ \text{cm}$	$0.2\ \text{cm}$	$\Delta_仪/L=0.2/80.00=0.25\%$
$D=150.00\ \text{cm}$	卷尺	$0.1\ \text{cm}$	$0.2\ \text{cm}$	$\Delta_仪/D=0.2/150.0=0.13\%$
$d=0.0600\ \text{cm}$	千分尺	$0.001\ \text{cm}$	$0.0004\ \text{cm}$	$\Delta_仪/d=0.0004/0.0600=1.7\%$
$x=8.000\ \text{cm}$	游标卡尺	$0.002\ \text{cm}$	$0.002\ \text{cm}$	$\Delta_仪/x=0.002/8.000=0.025\%$
$A=4.00\ \text{cm}$	米尺	$0.1\ \text{cm}$	$0.05\ \text{cm}$	$\Delta_仪/A=0.05/4.00=1.3\%$

通过对表 4-1 中各部分不确定度的比较，各直接测量对总结果影响的大小，可得出如下结论。

（1）d 和 A 的不确定度对结果影响突出，所以对于 d 选用常用最精密的千分尺测量是对的。A 是经光杠杆法后，用米尺即可。一般原则：对于量值小、不确定度传播系数大的待测量，应选用精密仪器并进行多次测量来测准。

(2) 其余部分的不确定度较小,对于总不确定度的影响不大。如按下述两种情况分别计算出总不确定度的结果作一比较:

一种情况各部分的影响全考虑,则 $u_E/E=3.2\%$;

另一种情况仅取 d 和 A 部分的贡献,其余舍去不计,则 $u_E/E=3.0\%$。

可见,略去较小的不确定度部分,对结果的不确定度影响很小。由此得出一原则:若某个部分不确定度小于最大部分不确定度的 1/3,则可略去不计。这样可简化计算过程。其相对不确定度的传播公式可简化为

$$\frac{u_E}{E} = \sqrt{\left(2\,\frac{u_d}{d}\right)^2 + \left(\frac{u_{\Delta A}}{\Delta A}\right)^2}$$

而对于测量 L、D 的仪器不确定度为 $2\ \mathrm{mm}$,这是依据测长原则和具体的测量现场来决定的,如卷尺拉不直,取不平,两头读数的不确定性,定大仪器的不确定度是合理的。由前述已知,这样放大仪器的不确定度也没有影响测量的结果的不确定度。所以选择仪器时,不仅要看仪器的不确定度,还要从测量范围及对测量结果的影响大小来考虑。

4.6　声速的测定

声波是一种在弹性媒质中传播的机械波,由于其振动方向与传播方向一致,故声波是纵波。振动频率在 $20\ \mathrm{Hz}\sim20\ \mathrm{kHz}$ 的声波可以被人们听到,称为可闻声波;频率超过 $20\ \mathrm{kHz}$ 的声波称为超声波。

声速是描述声波在媒质中传播特性的一个基本物理量。在超声波测距、定位,液体流速的测量,材料的弹性模量测量,以及气体温度瞬间变化测量等时,都会牵涉声速。超声波的发射与接收也是防盗与监控及医学诊断的重要手段之一。

由于超声波具有波长短、易于定向发射及抗干扰等优点,所以在超声波段进行声速测量。本实验就是在超声波段进行声速测量。

【预习思考题】

(1) 声波与光波、微波有何区别?

(2) 示波器使用 X,Y 方式如何操作?

【实验目的】

(1) 用共振干涉法和相位比较法测量声音在空气中传播的速度。

(2) 了解压电陶瓷换能器的功能。

(3) 进一步熟悉示波器的使用。

(4) 进一步学习用逐差法处理数据。

【实验原理】

由波动理论得知,声波的传播速度 v 与声波频率 f 和波长 λ 之间的关系为

$$v = f\lambda \tag{4-32}$$

所以只要测出声波的频率和波长,就可以求出声速。其中声波频率 f 可由产生声波的信号

发生器的频率显示中读出,波长 λ 则可用共振法和相位比较法进行测量。

1. 共振干涉法(驻波法)测量波长

如图 4-9 所示,S_1 作为声波发射器,把电信号转化为声波信号向空间发射;S_2 是信号接收器,它把接收到的声波信号转化为电信号供观察。其中 S_1 是固定的,而 S_2 可以左右移动。由声源 S_1 发出的声波(频率为 f),经介质传播到 S_2,S_2 在接收声波信号的同时反射部分声波信号。如果接收面(S_2)与发射面(S_1)严格平行,声波就在两个平面之间往返垂直反射,在入射波与反射波之间产生干涉,形成驻波。

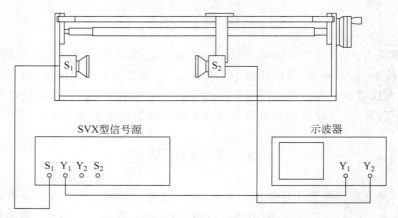

图 4-9　声速测试系统连接图

设发射面 S_1 发出的发射波为

$$y_1 = y_0 \cos\left(\omega t - \frac{2\pi}{\lambda}x\right) \tag{4-33}$$

声波经接收面 S_2 反射,在理想的刚性平面条件下,声波全部反射,反射波为

$$y_2 = y_0 \cos\left(\omega t + \frac{2\pi}{\lambda}x\right) \tag{4-34}$$

于是合成的声波为

$$y = y_1 + y_2 = y_0 \cos\left(\omega t - \frac{2\pi}{\lambda}x\right) + y_0 \cos\left(\omega t + \frac{2\pi}{\lambda}x\right) = \left(2y_0 \cos\frac{2\pi}{\lambda}x\right)\cos\omega t \tag{4-35}$$

上式表明形成了驻波场,即各点都在作同频率的振动,而各点的振幅 $2y_0\cos\frac{2\pi}{\lambda}x$ 是位置的余弦函数。对应于 $\left|\cos\frac{2\pi}{\lambda}x\right| = 1$ 的各点振幅最大,称为波腹;对应于 $\left|\cos\frac{2\pi}{\lambda}x\right| = 0$ 的点静止不动,称为波节。

改变接收器与发射源之间的距离 x,当

$$x = n\frac{\lambda}{2}, \quad n = 0,1,2,\cdots \tag{4-36}$$

时,S_1 和 S_2 之间传播的声波,波腹处声压极大,波节处声压极小;相邻波腹间的距离为半波长 $\lambda/2$,相邻波节间的距离也是半波长。当 S_2 处声波有极大(或极小)值,经接收器转换成的电信号也是极大(或极小)值,此时示波器显示波形的幅值最大(或最小)。我们只要测出与各极大(或极小)值对应的一系列 S_2 的位置,用逐差法处理数据,就可算出波长 λ。

2. 相位比较法测量波长

声源 S_1 发出声波后,在其周围形成声场,声场在介质中任一点的振动相位是随时间而

变化的,但它和声源振动的位相差 $\Delta\phi$ 不随时间变化。

声源方程可写成

$$y_1 = y_0\cos\omega t \tag{4-37}$$

距声源 x 处 S_2 接收到的振动为

$$y_2 = y_0\cos\omega\left(t - \frac{x}{v}\right) \tag{4-38}$$

两处振动的位相差

$$\Delta\phi = \omega\frac{x}{v} = 2\pi f\frac{x}{v} = 2\pi\frac{x}{\lambda} \tag{4-39}$$

若把两处振动分别输入到示波器的 x 轴和 y 轴（如图 4-9 所示）,那么当 $x=n\lambda$,即 $\Delta\phi=2n\pi$ 时,合振动为一斜率为正的直线;当 $x=(2n+1)\dfrac{\lambda}{2}$,即 $\Delta\phi=(2n+1)\pi$ 时,合振动为一斜率为负的直线;当 x 为其他值时,合振动为椭圆,如图 4-10 所示。

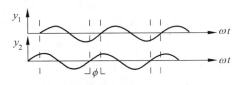

移动 S_2,当其合振动为直线的图形斜率正、负更替变化一次,S_2 移动的距离为

图 4-10　S_1 和 S_2 的合振动波形

$$\Delta x = (n+1)\frac{\lambda}{2} - n\lambda = \frac{\lambda}{2}$$

则

$$\lambda = 2\Delta x \tag{4-40}$$

3. 声波在空气中传播速度（$t\ ^\circ\!C$ 时）的理论公式

$$v_\mathrm{S} = v_0\sqrt{\frac{T}{T_0}} = v_0\sqrt{\frac{t+273.15}{273.15}} \tag{4-41}$$

式中 $v_0=331.45\ \mathrm{m/s}$,为 $T_0=273.15\ \mathrm{K}$ 时的声速,$T=t+273.15(\mathrm{K})$。

【仪器设备】

1. 实验仪器

仪器主要由三部分组成:声速测定装置、正弦信号发生器和示波器。

2. 仪器介绍

如图 4-11 所示,声速测定装置主要由两只相同的压电陶瓷换能器 5 和 6 所组成,压电陶瓷换能器是将声波和电信号相互转换的装置。将 5 作为超声源,它与低频信号发生器相连接,将电能转化为声能,即从发射头的平面端产生的声波在空气中形成平面纵波;6 作为反射面,同时也是接收端,把声能转化为电能,接收端与示波器相连,就可对接收端的声压信号进行观测。5 和 6 间的距离可调,通过仪器上的游标卡尺测定。

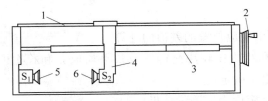

图 4-11　声速测定装置结构图

1—米尺;2—带刻度手轮(精度 0.01 mm);
3—丝杠;4—可移动底座;5—发射换能器;
6—接收换能器

压电陶瓷换能器的构成和工作原理：它主要由压电陶瓷环片、轻金属铝(做成喇叭形状，以增加辐射面积)和重金属(如铁)组成。压电陶瓷片由多晶体结构的压电材料锆钛酸铅制成。在压电陶瓷片的两个底面加上正弦交变电压，它就会按正弦规律发生纵向伸缩，从而发出超声波(声波发射器)；同样，压电陶瓷可以在声压的作用下把声波信号转化为电信号(声波接收器)。压电陶瓷换能器在声—电转化过程中信号频率保持不变。

【实验内容】

1. 调整测试系统的谐振频率

按图 4-9 将实验装置接好。正弦波的频率取 40 kHz，调节接收换能器尽可能近距离，且使示波器上的电源信号为最大。然后，将两个换能器分开稍大些距离(6～7 cm)，使接收换能器输入示波器上的电压信号为最大(近似波节位置)。再调节频率，使该信号确实为该位置极大值。最后，细调频率，使接收器输出信号与信号发生器的信号同相位。此时信号源输出频率才最终等于两个换能器的固有频率。在该频率上，换能器输出较强的超声波。

2. 在谐振频率处用共振法和相位法测声速

(1) 当测得一声速极大值后，连续地移动接收端的位置，测量相继出现 12 个极大值所相应的各接收面位置 L_i，数显尺的单位要转换到 mm 挡，再用逐差法求波长值。

(2) 在用相位比较法时，将接收器与示波器的 Y 轴相连，发射器与示波器 X 轴相连，示波器设置在 X-Y 工作方式，适当调节 Y 轴和 X 轴灵敏度，获得比较满意的李萨如图形(椭圆)。

(3) 利用得到的李萨如图形来观察发射波与接收波的相位差，随着两者之间相位差从 0～π 变化，其李萨如图形由斜率为正的直线变为椭圆，再由椭圆变到斜率为负的直线。

(4) 依次记下示波器上出现 12 个斜率负、正变化的直线时各接收面位置 θ_i，再用逐差法求波长值。

(5) 记下实验室温度 t。

(6) 将上述两种方法的测量结果进行比较。

【注意事项】

(1) 在操作过程中，换能器 S_1 和 S_2 不能相碰，以免损坏压电晶体。

(2) 测量 L 时必须沿同一方向轻而缓慢地转动位置调节手轮，要避免回程差。

(3) 信号源不要短路，以防烧坏仪器。

【实验数据】

(1) 自拟记录表格的设计要便于用逐差法求相应位置的差值的计算。

(2) 用逐差法处理数据，算出共振干涉法和相位比较法测得的波长平均值 $\bar{\lambda}$ 和 $\bar{\lambda'}$ 及其标准偏差 S_λ 和 $S_{\lambda'}$。同时考虑仪器的误差，算出不确定度。

(3) 计算按两种方法测量的 v 和 v'，用不确定度表示测量结果。

(4) 由公式 $v_S = v_0\sqrt{\dfrac{T}{T_0}} = v_0\sqrt{\dfrac{t+273.15}{273.15}}$ 计算相应的理论值。

(5) 计算声速 v 的百分误差。

【课后思考题】

(1) 为何在声波形成驻波时,在波节位置声压最大,因而接收器输出信号最大?

(2) 为何换能器的面要互相平行? 不平行会产生什么问题?

4.7 液体的表面张力系数测量

液体的表面张力是表征液体性质的一个重要参数。测量液体的表面张力系数有多种方法,其中拉脱法是常用的方法之一。该方法的特点是,用称量仪器直接测量液体的表面张力,测量方法直观,概念清楚。由于用拉脱法测量液体表面的张力约在 $1 \times 10^{-3} \sim 1 \times 10^{-2}$ N 之间,因此对测量力的仪器要求较高。近年来,新发展的硅压阻力敏传感器张力测定仪则能满足测量液体表面张力的需要,该传感器灵敏度高,线性和稳定性好,有利于学生学习和掌握硅压阻力敏传感器的原理和方法。

为了能对各类液体的表面张力系数的不同有深刻的理解,在对水进行测量以后,再对不同浓度的酒精溶液进行测量,这样可以明显观察到表面张力系数随溶液浓度的变化而变化的现象,从而对这一概念加深理解。

【预习思考题】

(1) 液体的表面张力系数和液体的温度是否有关?

(2) 液体的表面张力系数和液体的浓度是否有关?

(3) 力敏传感器的输入端与输出端分别是什么?

(4) 力敏传感器的定标,在挂上砝码盘前,要调节电子组合仪上的补偿电压旋钮,使数字电压表显示为零。问数字电压表一定要为零吗?

【实验目的】

(1) 用砝码对硅压阻力敏传感器进行定标,计算该传感器的灵敏度,学习传感器的定标方法。

(2) 观察拉脱法测液体表面张力的物理过程和物理现象,并用物理学基本概念和定律进行分析和研究,加深对物理规律的认识。

(3) 测量纯水和其他液体的表面张力系数。

(4) 测量液体的浓度与表面张力系数的关系(如酒精不同浓度时的表面张力系数)。

【实验原理】

1. 液体表面张力 f

表面张力 f 是存在于液体表面上任何一条分界线两侧间的液体的相互作用拉力,其方向沿液体表面,且恒与分界线垂直,大小与分界线的长度成正比,即

$$f = \alpha L \tag{4-42}$$

式中 α 称为液体的表面张力系数,单位为 N/m。实验证明,表面张力系数的大小与液体的温度、纯度、种类和它上方的气体成分有关。温度越高,液体中所含杂质越多,则表面张力系数越小。

2. 液膜拉破前瞬间受力分析

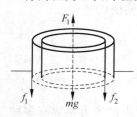

图 4-12　液膜拉破前瞬间
　　　　　　受力分析图

将内径为 D_1、外径为 D_2 的金属环悬挂在测力计上,然后把它浸入盛水的玻璃器皿中。当缓慢地向上提金属环时,金属环就会拉起一个与液体相连的水柱。由于表面张力的作用,测力计的拉力逐渐达到最大值 F(超过此值,水柱即破裂),则 F 应当是金属环重力 mg 与水柱拉引金属环的表面张力 f 之和,如图 4-12 所示。即

$$F = mg + f \tag{4-43}$$

由于水柱有两个液面,且两液面的直径与金属环的内外径相同,则有

$$f = \alpha\pi(D_1 + D_2) \tag{4-44}$$

表面张力系数的值一般很小,测量微小力必须用特殊的仪器。本实验用 FD-NST 型液体表面张力系数测定仪用到的测力计是硅压阻力敏传感器,该传感器由弹性梁和贴在梁上的传感器芯片组成,其中芯片由四个硅扩散电阻集成一个非平衡电桥。当外界压力作用于金属梁时,在压力作用下,电桥失去平衡,此时将有电压信号输出,输出电压 U 大小与所加外力 F 成正比,即

$$U = KF \tag{4-45}$$

式中 K 表示力敏传感器的灵敏度,单位 V/N。

3. 液体表面张力系数

吊环拉断液柱的前一瞬间,吊环受到的拉力为 $F_1 = mg + f$;拉断时瞬间,吊环受到的拉力为 $F_2 = mg$。

若吊环拉断液柱的前一瞬间数字电压表的读数值为 U_1,拉断时瞬间数字电压表的读数值为 U_2,则有

$$f = F_1 - F_2 \tag{4-46}$$

故表面张力系数为

$$\alpha = \frac{U_1 - U_2}{\pi(D_1 + D_2)K} \tag{4-47}$$

【仪器设备】

1. 实验仪器

FD-NST 型液体表面张力系数测定仪,力敏传感器,吊环,液体皿,数字电压表。

2. 仪器介绍

(1) FD-NST 型液体表面张力系数测定仪如图 4-13 所示。

(2) 技术指标

① 硅压阻力敏传感器:受力量程 0~0.098 N;灵敏度约 3.00 V/N(用砝码质量作单位定标)。

② 供电电压:直流 5~12 V。

【实验内容】

1. 力敏传感器的定标

每个力敏传感器的灵敏度都有所不同,在实验前,应先将其定标,步骤如下:

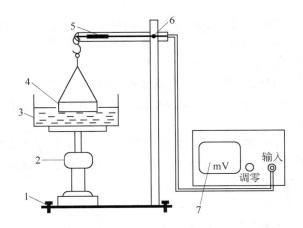

图 4-13　FD-NST 型液体表面张力系数测定仪
1—调节螺钉；2—升降调节螺母；3—玻璃器皿；4—金属吊片；
5—力敏传感器；6—固定螺钉；7—数字电压表

（1）打开仪器的电源开关，将仪器预热。

（2）在传感器梁端头小钩中，挂上砝码盘，调节电子组合仪上的补偿电压旋钮，使数字电压表显示为零。

（3）在砝码盘上分别加 0.5 g、1.0 g、1.5 g、2.0 g、2.5 g、3.0 g 等质量的砝码，记录相应这些砝码力 F 作用下，数字电压表的读数值 U。

2. 环的测量与清洁

（1）用游标卡尺单次测量金属圆环的外径 D_1 和内径 D_2。

（2）环的表面状况与测量结果有很大的关系。实验前应将金属环状吊片在 NaOH 溶液中浸泡 20～30 s，然后用净水洗净。

（3）测量液体的表面张力系数

① 将金属环状吊片挂在传感器的小钩上，调节升降台，将液体升至靠近环片的下沿，观察环状吊片下沿与待测液面是否平行。如果不平行，将金属环状吊片取下后，调节吊片上的细丝，使吊片与待测液面平行。

② 调节容器下的升降台，使其渐渐上升，将环片的下沿部分全部浸没于待测液面，然后反向调节升降台，使液面逐渐下降。这时，金属环片和液面间形成一环形液膜，继续下降液面，测出环形液膜即将拉断前一瞬间数字电压表读数值 U_1 和液膜拉断后一瞬间数字电压表读数值 U_2。重复测量 6 次，记录实验数据。

③ 将实验数据代入式（4-47）和式（4-46），求出液体的表面张力系数，并与标准值比较进行实验数据检查。

【注意事项】

（1）吊环须严格处理干净。可用 NaOH 溶液洗净油污或杂质后，用清洁水冲洗干净，并用热吹风烘干。

（2）吊环水平须调节好，注意偏差 $1°$，测量结果引入误差为 0.5%；偏差 $2°$，则误差为 1.6%。

（3）仪器开机需预热 15min。

（4）在旋转升降台时，尽量使液体的波动要小。

（5）工作室不宜风力较大，以免吊环摆动致使零点波动，所测系数不正确。

（6）若液体为纯净水，在使用过程中应防止灰尘和油污及其他杂质污染。特别注意手指不要接触被测液体。

（7）力敏传感器使用时用力不宜大于 0.098 N。过大的拉力容易损坏传感器。

（8）实验结束须将吊环用清洁纸擦干，用清洁纸包好，放入干燥缸内。

【实验数据】

（1）用作图法求得力敏传感器灵敏度 K 值。

（2）计算液体的表面张力系数，并用不确定度表示测量结果。已知宁波地区重力加速度 $g=9.794\text{m/s}^2$。

【课后思考题】

（1）力敏传感器的定标。在挂上砝码盘前，如数字电压表显示不为零，可否对力敏传感器进行定标？如能，应注意什么事项？

（2）哪些因素会影响吊环即将拉断液柱前一瞬间数字电压表的读数值？

4.8　落球法测量液体的粘滞系数

液体的粘滞系数又称内摩擦系数，在工程技术、生产技术和医学等方面，测定液体的粘滞系数具有重要意义。例如研究水、石油等流体在长距离输送时的能量损耗，造船工业中研究减小运动物体在液体中的阻力，医学上通过测定血液的粘滞力可以得到有价值的诊断等，这些均与测定液体的粘滞系数有关。测量液体粘滞系数的方法有多种，落体法（又称斯托克斯法）是最基本的一种。本实验采用可见激光束作为计时落球的参考线，克服了由于视差以及难以判断小球是否沿着玻璃管中心线下落等缺点，又可以让学生学会用秒表测量时间的基本方法，保留了经典的实验内容和技能，有利于提高实验教学水平。

【预习思考题】

（1）小钢珠在量筒内下落过程中的受力分析。

（2）用式(4-53)推导液体粘滞系数的不确定度。

（3）小球经过什么位置，观察什么作为计时起点和计时结束点？

【实验目的】

（1）观察液体的内摩擦现象。

（2）学会用落体法测量液体的粘滞系数。

（3）学会用秒表测量小球在液体中下落的时间。

【实验原理】

1. 液体的粘滞力

在稳定流动的液体中,由于各层的液体流速不同,互相接触的两层液体之间存在相互作用,快的一层给慢的一层以阻力,这一对力称为流体的内摩擦力或粘滞力。实验证明:若以液层垂直的方向作为 x 轴方向,则相邻两个流层之间的内摩擦力 f 与所取流层的面积 S 及流层间速度的空间变化率 $\dfrac{\mathrm{d}v}{\mathrm{d}x}$ 的乘积成正比:

$$f = \eta \frac{\mathrm{d}v}{\mathrm{d}x} S \tag{4-48}$$

其中 η 称为液体的粘滞系数,它决定于液体的性质和温度。粘滞性随着温度升高而减小。

如果液体是无限广延的,液体的粘滞性较大,当一个半径很小的小球在液体中垂直下落时,且在运动过程中不产生旋涡,则根据斯托克斯定律,小球受到的粘滞力 f 为

$$f = 6\pi\eta rv \tag{4-49}$$

式中,η 称为液体的粘滞系数;r 为小球半径;v 为小球运动的速度。若小球在无限广延的液体中下落,受到的粘滞力为 f,重力为 ρVg,这里 V 为小球的体积,ρ 与 ρ_0 分别为小球和液体的密度,g 为重力加速度。小球开始下降时速度较小,相应的粘滞力也较小,小球作加速运动。随着速度的增加,粘滞力也增加,最后球的重力、浮力及粘滞力三力达到平衡,小球作匀速运动,此时的速度称为收尾速度。则有

$$\rho Vg - \rho_0 Vg - 6\pi\eta rv = 0 \tag{4-50}$$

小球的体积为

$$V = \frac{4}{3}\pi r^3 = \frac{1}{6}\pi d^3 \tag{4-51}$$

将式(4-51)代入式(4-50),得

$$\eta = \frac{(\rho - \rho_0)gd^2}{18v} \tag{4-52}$$

式中 v 为小球的收尾速度,d 为小球的直径。

2. 本实验粘滞系数的测量

由于式(4-48)只适合无限广延的液体,在本实验中,小球是在直径为 D 的装有液体的圆柱形量筒内运动,不是无限广延的液体,考虑管壁对小球的影响,式(4-52)应修正为

$$\eta = \frac{(\rho - \rho_0)gd^2}{18v_0\left(1 + K\dfrac{d}{D}\right)} \tag{4-53}$$

式中 v_0 为实验条件下的收尾速度;D 为量筒的内直径;K 为修正系数,一般取 2.4。收尾速度 v_0 可以通过测量玻璃量筒外两个标号线 A 和 B 的距离 s 和小球经过 s 距离的时间得到,即 $v_0 = \dfrac{s}{t}$。

【仪器设备】

1. 实验仪器

VM-1 型落球法粘滞系数测试仪、秒表、游标卡尺、螺旋测微器。

2. 仪器介绍

VM-1 型落球法粘滞系数测试仪如图 4-14 所示。

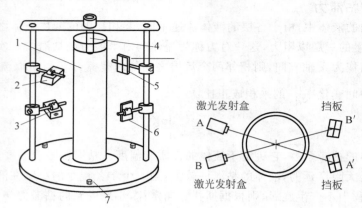

图 4-14　VM-1 型落球法粘滞系数测试仪

1—盛液量桶；2—激光发射盒 A；3—激光发射盒 B；4—导向管；5—挡板 A′；

6—挡板 B′；7—实验架水平(盛液量筒垂直)调节螺丝

【实验内容】

1. 调节实验仪器

(1) 先放重锤于实验架的横梁上，如图 4-15 所示，调节实验架水平，使重锤顶点对准实验平台中心圆孔。把两个激光发射器水平放置，调节两激光器 A、B 距离尽量远，使激光束射向重锤系线。

(2) 取下重锤，放上玻璃量筒，并调节玻璃量筒，使其中心轴处于铅直位置，如图 4-16 所示。

2. 测量相应物理量

(1) 用螺旋测微器测量小钢球的直径 d，共测 6 个钢球，并记下螺旋测微器的初读数 d_0。

(2) 调节圆筒位置，使激光束沿直径方向射入圆筒时，这样在水平面内光线几乎不发生偏转。让激光斑点仍为挡板 A′ 和 B′ 的交叉十字刻线中心，光斑可少许上、下变化，但不得左右偏差。使一小球(用没量直径的小球试)沿量筒轴线下落。观察小球能否阻断 AA′ 和 BB′ 处的激光束，若未能阻断激光束，则调整发射器的水平位置和垂直位置，使小球能阻断激光束。

图 4-15　重锤调节

(3) 用游标卡尺测量量筒的内径 D，用钢皮尺测量量筒上两激光器 A、B 之间的距离 s。

(4) 用镊子夹起小钢球，为了使其表面完全被所测的油浸润，先将小球在油中浸一下，然后从导向管放入，当小球经过标号线 AA′ 时，明显可见小球遮挡激光束后发亮，作为开始计时点；小球在经过激光束 BB′ 时，小球发亮作为结束计时点，小球挡光开始记录时间；当小球经过标号线 B 上，小球再次挡光记录结束时间。

(5) 重复步骤(4)，连续测量 6 次小球下落时间。

(6) 记下油温 t。

【注意事项】

（1）导向管应插入液体中 2～5 mm，如图 4-16 所示。

（2）实验过程中不要用磁铁取量筒内的小钢珠，以避免在蓖麻油中产生气泡。

（3）实验中若小球未能遮挡激光束，须仔细进行上述（4）的调整；或说明小球下落时路径偏离中心。

（4）调节激光器 A 的上下位置，保证其与测量液面留有适当的高度，约 5～6 cm，使落球经过该位置后呈匀速下落；调节激光盒 B 的上下位置，保证其与测量液体底部留有适当的高度（5～6 cm），以保证小球的收尾速度为匀速运动。

（5）在测量过程中不要移动容器和激光发射、接收装置的位置。

图 4-16　玻璃量筒调节

【实验数据】

（1）记录室温 t、量筒内直径 D、AB 间距离 s、小钢珠直径 d、小钢珠在液体中下落的时间 t_i 等数据。

（2）计算粘滞系数和不确定度，并用不确定度表示测量结果。已知液体密度 $\rho_0 = 0.9550$ g/cm^3，钢珠的密度 $\rho = 7.800$ g/cm^3。

【课后思考题】

（1）试分析选用不同密度和不同半径的小球做此实验时，对实验结果有何影响。

（2）在特定的液体中，当小球的半径减小时，它的收尾速度如何变化？ 当小球的速度增加时，其收尾速度又将如何变化？

4.9　稳态法测量不良导体的导热系数

导热系数是表征物质热传导性质的物理量。材料结构的变化与所含杂质的不同对材料导热系数都有明显的影响，因此材料的导热系数常常需要实验来具体测定。

测量导热系数的实验方法一般分为稳态法和动态法两类。在稳态法中，先利用热源对样品加热，样品内部的温差使热量从高温向低温处传导，样品内部各点的温度将随加热快慢和传热快慢的影响而变动；当适当控制实验条件和实验参数使加热和传热的过程达到平衡状态，则待测样品内部可能形成稳定的温度分布，根据这一温度分布就可以计算出导热系数。而在动态法中，最终在样品内部所形成的温度分布是随时间变化的，如呈周期性的变化，变化的周期和幅度亦受实验条件和加热快慢的影响，与导热系数的大小有关。

【预习思考题】

（1）什么是导热系数？ 跟材料的哪些因素有关？

（2）怎样用稳态法测量不良导体的导热系数？

【实验目的】

（1）用稳态法测量不良导体（橡皮样品）的导热系数。
（2）学习用物体散热速率求热传导速率的实验方法。
（3）学习温度传感器的应用方法。

【实验原理】

实验是用稳态法测量不良导体（橡皮样品）的导热系数。实验中，样品制成平板状，其上端面与一个稳定的均匀发热体充分接触，下端面与一均匀散热体相接触。由于平板样品的侧面积比平板平面小很多，可以认为热量只沿着上下方向垂直传递，横向由侧面散去的热量可以忽略不计，即可以认为，样品内只有在垂直样品平面的方向上有温度梯度，在同一平面内，各处的温度相同。

设稳态时，样品的上下平面温度分别为 θ_1、θ_2，根据傅里叶传导方程，在 Δt 时间内通过样品的热量 ΔQ 满足下式：

$$\frac{\Delta Q}{\Delta t} = \lambda \frac{\theta_1 - \theta_2}{h_B} S \tag{4-54}$$

式中 λ 为样品的导热系数，h_B 为样品的厚度，S 为样品的平面面积，实验中样品为圆盘状，设圆盘样品的直径为 d_B，则由式（4-54）得

$$\frac{\Delta Q}{\Delta t} = \lambda \frac{\theta_1 - \theta_2}{4h_B} \pi d_B^2 \tag{4-55}$$

样品装置如图 4-17 所示，固定于底座的三个支架上，支撑着一个铜散热盘，散热盘可以借助底座内的风扇，达到稳定有效的散热。散热盘上安放面积相同的圆盘样品，样品上放置一个圆盘状加热盘，其面积也与样品的面积相同，加热盘是由单片机控制的自适应电加热，可以设定加热盘的温度。

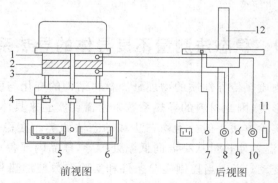

图 4-17　FD-TC-B 导热系数测定仪装置图

1—铜加热盘；2—橡皮样品圆盘；3—铜散热盘；4—调节螺丝；5—设定温度；6—当前温度；7—电加热器连线；8—测温（温度传感器）连线；9—风扇开关；10—控温连线；11—总开关；12—支架

当传热达到稳定状态时，样品上下表面的温度 θ_1 和 θ_2 不变，这时可以认为加热盘通过样品传递的热流量与散热盘向周围环境散热量相等。因此可以通过散热盘在稳定温度 θ_2 时的散热速率来求出热流量 $\dfrac{\Delta Q}{\Delta t}$。

实验时,当测得稳态时的样品上下表面温度 θ_1 和 θ_2 后,将样品抽去,让加热盘与散热盘接触,当散热盘的温度上升到比稳态时的 θ_2 值高 20℃或以上后,移开加热盘,让散热盘在电扇作用下冷却,记录散热盘温度 θ 随时间 t 的下降情况,求出散热盘在 θ_2 时的冷却速率 $\dfrac{\Delta\theta}{\Delta t}\Big|_{\theta=\theta_2}$,则散热盘在 θ_2 时的散热速率为

$$\frac{\Delta Q}{\Delta t} = mc \left.\frac{\Delta\theta}{\Delta t}\right|_{\theta=\theta_2} \tag{4-56}$$

其中 m 为散热盘的质量,c 为其比热容。

在达到稳态的过程中,散热盘的上表面并未暴露在空气中,而物体的冷却速率与它的散热表面积成正比,为此,稳态时散热盘的散热速率的表达式应作面积修正:

$$\frac{\Delta Q}{\Delta t} = mc \left.\frac{\Delta\theta}{\Delta t}\right|_{\theta=\theta_2} \frac{(\pi R_P^2 + 2\pi R_P h_P)}{(2\pi R_P^2 + 2\pi R_P h_P)} \tag{4-57}$$

其中 R_P 为散热盘的半径,h_P 为其厚度。

由式(4-55)和式(4-57)可得:

$$\lambda \frac{\theta_1 - \theta_2}{4h_B} \pi d_B^2 = mc \left.\frac{\Delta\theta}{\Delta t}\right|_{\theta=\theta_2} \frac{(\pi R_P^2 + 2\pi R_P h_P)}{(2\pi R_P^2 + 2\pi R_P h_P)} \tag{4-58}$$

所以样品的导热系数 λ 为

$$\lambda = mc \left.\frac{\Delta\theta}{\Delta t}\right|_{\theta=\theta_2} \frac{(R_P + 2h_P)}{(2R_P + 2h_P)} \frac{4h_B}{(\theta_1 - \theta_2)} \frac{1}{\pi d_B^2} \tag{4-59}$$

【仪器设备】

1. 实验仪器

FD-TC-B 型导热系数测定仪,秒表。

2. 仪器介绍

(1) FD-TC-B 型导热系数测定仪装置如图 4-18 所示,它由电加热器、铜加热盘,橡皮样品圆盘,铜散热盘,支架及调节螺丝,温度传感器以及控温与测温器组成。

(2) DS18B20 温度传感器的结构与技术特性(控温及测量用):温度测量范围:$-55℃\sim +125℃$;测温分辨率:0.0625℃;引脚排列如图 4-18 所示。

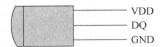

图 4-18　温度传感器 DS18B20 的结构

【实验内容】

(1) 取下固定螺丝,将橡皮样品放在加热盘与散热盘中间,橡皮样品要求与加热盘、散热盘完全对准;要求上下绝热薄板对准加热盘和散热盘。调节底部的三个微调螺丝,使样品与加热盘、散热盘接触良好,但注意不宜过紧或过松。

(2) 按照图 4-17 所示,插好加热盘的电源插头;再将 2 根连接线的一端与机壳相连,另一有传感器端插在加热盘和散热盘小孔中,要求传感器完全插入小孔中,并在传感器上抹一

些硅油或者导热硅脂,以确保传感器与加热盘和散热盘接触良好。在安放加热盘和散热盘时,还应注意使放置传感器的小孔上下对齐。(注意:加热盘和散热盘两个传感器要一一对应,不可互换。)

(3) 接上导热系数测定仪的电源,开启电源后,左边表头首先显示 FDHC,然后显示当时温度,当转换至 b＝＝·＝,用户可以设定控制温度。设置完成按"确定"键,加热盘即开始加热。右边显示散热盘的当时温度。

(4) 加热盘的温度上升到设定温度值时,开始记录散热盘的温度,可每隔 1 min 记录一次,待在 10 min 或更长的时间内加热盘和散热盘的温度值基本不变,可以认为已经达到稳定状态了。

(5) 按复位键停止加热,取走样品,调节三个螺栓使加热盘和散热盘接触良好,再设定温度到 80℃,加快散热盘的温度上升,使散热盘温度上升到比稳态时的 θ_2 值高 20℃ 左右即可。

(6) 移去加热盘,让散热圆盘在风扇作用下冷却,每隔 10 s(或者 30 s)记录一次散热盘的温度示值,由临近 θ_2 值的温度数据中计算冷却速率 $\left.\dfrac{\Delta\theta}{\Delta t}\right|_{\theta=\theta_2}$。也可以根据记录数据做冷却曲线,用镜尺法作曲线在 θ_2 点的切线,根据切线斜率计算冷却速率。

(7) 根据测量得到的稳态时的温度值 θ_1 和 θ_2,以及在温度 θ_2 时的冷却速率,由公式 $\lambda = mc\left.\dfrac{\Delta\theta}{\Delta t}\right|_{\theta=\theta_2}\dfrac{(R_P+2h_P)}{(2R_P+2h_P)}\dfrac{4h_B}{(\theta_1-\theta_2)}\dfrac{1}{\pi d_B^2}$ 计算不良导体样品的导热系数。

【注意事项】

(1) 为了准确测定加热盘和散热盘的温度,实验中应该在两个传感器上涂些导热硅脂或者硅油,以使传感器和加热盘、散热盘充分接触;另外,加热橡皮样品的时候,为达到稳定的传热,调节底部的三个微调螺丝,使样品与加热盘、散热盘紧密接触,注意不要中间有空气隙;也不要将螺丝旋太紧,以影响样品的厚度。

(2) 导热系数测定仪铜盘下方的风扇做强迫对流换热用,减小样品侧面与底面的放热比,增加样品内部的温度梯度,从而减小实验误差,所以实验过程中,风扇一定要打开。

【实验数据】

1. 数据记录
(1) 记录散热盘厚度 h_P 的 6 次测量数据(不同位置测量)。
(2) 记录散热盘半径 R_P 的 6 次测量数据(不同角度测量)。
(3) 记录橡皮样品厚度 h_B 的 6 次测量数据(不同位置测量)。
(4) 记录橡皮样品直径 d_B 的 6 次测量数据(不同角度测量)。
(5) 每隔 10 s 记录一次散热盘冷却时的温度示值和时间示值。
(6) 记录室温、散热盘质量的单次测量数据。

2. 数据处理
(1) 作出散热盘冷却曲线,计算冷却速率 $\left.\dfrac{\Delta\theta}{\Delta t}\right|_{\theta=\theta_2}$。

（2）自查得实验温度时的散热盘比热容（紫铜）c 值；计算橡皮样品在该实验温度时的导热系数。

（3）查阅相关资料，给出你实验结果的评价。

【课后思考题】

（1）散热盘下方的风扇起什么作用？若它不工作时实验能否进行？

（2）本实验对环境条件有些什么要求？室温对实验结果有没有影响？

（3）什么是镜尺法？镜尺法画切线利用了什么原理？

（4）分析本实验的主要误差。

4.10　冷却法测量金属的比热容

根据牛顿冷却定律，用冷却法测定金属的比热容是量热学常用方法之一。若已知标准样品在不同温度的比热容，通过作冷却曲线可测量各种金属在不同温度时的比热容。

【预习思考题】

（1）热电偶的冷端应该保持在什么温度？

（2）热电偶温度计是直接读出温度（摄氏度）的吗？

（3）热电偶温度计是先测得相应的温差电动势，再根据数据表格来求出温度 T 的吗？

（4）由本书后附表 7 铜-康铜温差电偶的温差电动势查出样品温度 $102\,℃$、$98\,℃$ 对应的温差电动势。

（5）用式（4-66）推导金属比热容的不确定度。

【实验目的】

（1）以铜为标准样品，测定铁、铝样品在 $100\,℃$ 或 $200\,℃$ 时的比热容。

（2）了解金属的冷却速率和它与环境之间的温差关系以及进行测量的实验条件。

【实验原理】

单位质量的物质，其温度升高 $1\mathrm{K}(1\,℃)$ 所需的热量叫做该物质的比热容，其值随温度而变化。将质量为 M_1 的金属样品加热后，放到较低温度的介质（例如：室温的空气）中，样品将会逐渐冷却。其单位时间的热量损失（$\Delta Q/\Delta t$）与温度下降的速率成正比，于是得到下述关系式：

$$\frac{\Delta Q}{\Delta t} = c_1 M_1 \frac{\Delta \theta_1}{\Delta t} \tag{4-60}$$

式中 c_1 为该金属样品在温度 θ_1 时的比热容，$\dfrac{\Delta \theta_1}{\Delta t}$ 为金属样品在 θ_1 的温度下降速率。根据冷却定律有

$$\frac{\Delta Q}{\Delta t} = a_1 S_1 (\theta_1 - \theta_0)^m \tag{4-61}$$

式中 a_1 为热交换系数，S_1 为该样品外表面的面积，m 为常数，θ_1 为金属样品的温度，θ_0 为周围介质的温度。由式（4-60）和式（4-61），可得

$$c_1 M_1 \frac{\Delta\theta_1}{\Delta t} = a_1 S_1 (\theta_1 - \theta_0)^m \tag{4-62}$$

同理,对质量为 M_2、比热容为 c_2 的另一种金属样品,可有同样的表达式:

$$c_2 M_2 \frac{\Delta\theta_2}{\Delta t} = a_2 S_2 (\theta_2 - \theta_0)^m \tag{4-63}$$

由式(4-62)和式(4-63),可得

$$c_2 = c_1 \frac{M_1 \dfrac{\Delta\theta_1}{\Delta t}}{M_2 \dfrac{\Delta\theta_2}{\Delta t}} \cdot \frac{a_2 S_2 (\theta_2 - \theta_0)^m}{a_1 S_1 (\theta_1 - \theta_0)^m} \tag{4-64}$$

如果两样品的形状及尺寸都相同,即 $S_1 = S_2$,两样品的表面状况也相同(如涂层、色泽等),而周围介质(空气)的性质当然也不变,则有 $a_1 = a_2$。于是当周围介质温度不变(即室温 θ_0 恒定)两样品又处于相同温度 $\theta_1 = \theta_2 = \theta$ 时,上式可以简化为

$$c_2 = c_1 \frac{M_1 \dfrac{\Delta\theta_1}{\Delta t}}{M_2 \dfrac{\Delta\theta_2}{\Delta t}} \tag{4-65}$$

如果已知标准金属样品的比热容 c_1、质量 M_1,待测样品的质量 M_2 及两样品在温度 θ 时冷却速率之比,就可以求出待测的金属材料的比热容 c_2。

【仪器设备】

1. 实验仪器

FB312 型冷却法金属比热容测定仪。

2. 仪器介绍

(1) FB312 型冷却法金属比热容测定仪如图 4-19 所示。

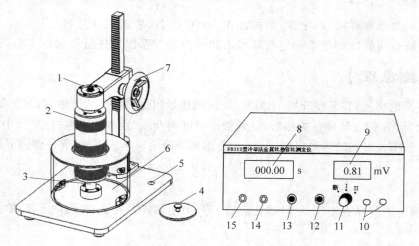

图 4-19　FB312 型冷却法金属比热容测定仪

1—加热插座;2—防热罩;3—放置实验样品,实验样品是直径 6 mm,长 30 mm 的小圆柱,其底部钻一深孔便于安放热电偶;4—隔热盖;5—铜-康铜热电偶的插座;6—防风容器;7—手轮,可上下移动热源;8—计时秒表;9—三位半数字电压表;10—信号输入;11—加热挡位选择;12—计时/暂停;13—计时复位;14—加热电源端;15—超温保护端

（2）技术指标

① 数字电压表：三位半，量程 0～20 mV，分辨率 0.01 mV，准确度±0.3%读数＋1 字。

② 传感器采用铜-康铜热电偶。

③ 测量金属在 100℃时的比热容与公认值百分差小于 5%。

【实验内容】

测量铁和铝在 100℃时的比热容。

（1）用铜-康铜热电偶测量温度，而热电偶的热电势采用温漂极小的放大器和三位半数字电压表，经信号放大后输入数字电压表显示的满量程为 20 mV，读出的 mV 数经查表即可换算成温度。

（2）选取长度、直径、表面光洁度尽可能相同的三种金属样品（铜、铁、铝），用物理天平或电子天平称出它们的质量 M_0。再根据 $M_{Cu} > M_{Fe} > M_{Al}$ 这一特点，把它们区别开来。

（3）使热电偶端的铜导线与数字表的正端相连；冷端铜导线与数字表的负端相连。当数字电压表读数为某一定值即 200℃时，切断电源移去加热源，样品继续安放在与外界基本隔绝的有机玻璃圆筒内自然冷却（筒口须盖上盖子）。当温度降到 102℃（4.157 mV）时开始记录，当温度降到 98℃（3.988 mV）时计时结束。测量样品自 102℃下降到 98℃所需要时间 Δt_0。按铁、铜、铝的次序，分别测量其温度下降速度，每一样品重复测量 6 次。因为各样品的温度下降范围相同（$\Delta\theta = 102 - 98 = 4$℃），所以式（4-65）可以简化为

$$c_2 = c_1 \frac{M_1 \, (\Delta t)_2}{M_2 \, (\Delta t)_1} \tag{4-66}$$

【注意事项】

（1）注意加热样品时的环境条件一致。

（2）换样品时，用镊子将被加热的样品放入盒子中，避免烫伤手和桌面。

（3）杜瓦瓶里要装满碎冰，保证实验完毕后，瓶内还有很多剩冰。

（4）在测量冷却速率时，操作者不要对着样品室说话、呼吸和大力翻书，不要在样品室周围走动。

【实验数据】

（1）已知铜在 100℃时的比热容为 $c_{Cu} = 393$ J/(kg·℃)，热电偶冷端温度 $\theta_0 = 0$℃。

（2）用式（4-66）计算所测样品的比热容，并用不确定度表示测量结果。

（3）与参考值比较，计算待测量的百分差。

【课后思考题】

（1）为什么实验要在样品室里进行？

（2）可否利用本实验中的方法测量金属在任意温度时的比热容？

4.11　液体比汽化热的测量

液体的比汽化热是液体的一个重要热学参数，在制冷效率、节能研究及工业生产中有着重要的作用。本实验用量热器和集成温度传感器测量液体的比汽化热，学习液体比汽化热

的一种电测量方法。

【预习思考题】

(1) 什么是液体的比汽化热?

(2) 集成电路温度传感器 AD590 有哪些特性? 其特征方程如何?

(3) 实验中液体的温度是直接测量量吗? 如果不是应该如何得到呢?

(4) 本实验采用的方法中,哪些量是在放热,哪些量是在吸收热?

(5) 为什么烧瓶中的水未达到沸腾时,水蒸气不能通入量热器中?

【实验目的】

(1) 学习量热器和集成温度传感器的使用。

(2) 测量水的比汽化热。

【实验原理】

1. 汽化过程

物质由液态向气态转化的过程称为汽化,液体的汽化有蒸发和沸腾两种不同的形式。不管是哪种汽化过程,它的物理过程都是液体中一些热运动动能较大的分子飞离表面成为气体分子,而随着这些热运动较大分子的逸出,液体的温度将会下降,若要保持温度不变,在汽化过程中就要供给热量。通常定义单位质量的液体在温度保持不变的情况下转化为气体时所吸收的热量为该液体的比汽化热。液体的比汽化热不但和液体的种类有关,而且和汽化时的温度有关,因为温度升高,液相中分子和气相中分子的能量差别将逐渐减小,因而温度升高液体的比汽化热减小。

物质由气态转化为液态的过程称为凝结,凝结时将释放出在同一条件下汽化所吸收的相同的热量,因而,可以通过测量凝结时放出的热量来测量液体汽化时的比汽化热。

2. 混合法测定水的比汽化热

方法是将烧瓶中接近 $100℃$ 的水蒸气,通过短的玻璃管加接一段很短的橡皮管(或乳胶管)插入到量热器内杯中。如果水和量热器内杯的初始温度为 t_1,而质量为 M 的水蒸气进入量热器的水中被凝结成水,当水和量热器内杯温度均一时,其温度值为 t_2,那么水的比汽化热可由下式得到:

$$ML + Mc_w(t_3 - t_2) = (mc_w + m_1c_{Al} + m_2c_{Al}) \cdot (t_2 - t_1) \tag{4-67}$$

其中,c_w 为水的比热容; m 为原先在量热器中水的质量; c_{Ao} 为铝的比热容; m_1 和 m_2 分别为铝量热器和铝搅拌器的质量; t_3 为水蒸气的温度; L 为水的比汽化热。

修正方法:

$$ML' + Mc_w(t_3 - t_2) = (mc_w + m_1c_{Al} + m_2c_{Al} + m_3c_3)(t_2 - t_1) \tag{4-68}$$

L 表示水的比汽化热,L' 表示经过传感器吸收热量修正的水的比汽化热。修正方法是测量集成电路传感器 AD590 的热容量。即将已知温度 t_3 的传感器入水部分,放入温度为 t_1 的量热器内杯中利用热平衡原理测量集成电路的热容量。考虑到传感器的热容量,式(4-67)可以写成

$$ML' + Mc_w(t_3 - t_2) = (mc_w + m_1 c_{Al} + m_2 c_{Al} + m_3 c_3)(t_2 - t_1) \tag{4-69}$$

式(4-69)中 $m_3 c_3$ 是集成电路温度传感器 AD590 的热容量(通过测量可以得到本实验装置的 $m_3 c_3 = 1.796$ J/K)。

【仪器设备】

1. 实验仪器

FD-YBQR 型液体比汽化热实验仪,万用表一块。

2. 仪器介绍

FD-YBQR 型液体比汽化热实验仪如图 4-20 所示。

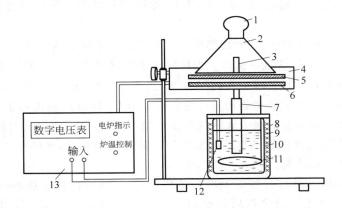

图 4-20　FD-YBQR 型液体比汽化热实验装置图

1—烧瓶盖;2—烧瓶;3—通汽玻璃管;4—托盘;5—电炉;6—绝热板;7—橡皮管;8—量热器外壳;9—绝热材料;10—量热器内杯;11—铝搅拌器;12—AD590;13—温控和测量仪表

【实验内容】

1. 集成电路温度传感器 AD590 的定标

本实验采用 AD590 型集成电路温度传感器测量温度,其线性工作电压可在 4.5~20 V 范围内。它的输出电流与温度满足如下关系:

$$I = Bt + A \tag{4-70}$$

式中,I 为其输出电流,单位 μA;t 为摄氏温度;B 称为传感器的温度系数(或称灵敏度),一般 AD590 的 $B = 1$ $\mu A/℃$,即如果该温度传感器的温度升高或降低 1℃,传感器的输出电流增加或减少 1 μA;A 为 0℃ 温度时输出电流值,该值恰好与冰点的热力学温度 273K 相对应。利用上述特点可制成各种用途的温度计。

对市售一般 AD590,其 A 值从 273~278 μA 略有差异,因此要对其进行定标。定标一般采用固定点法,测量 AD590 集成电路温度传感器的电流 I 与温度 t 的关系,取样电阻 R 为 1000Ω(本实验主机已接有)。把实验数据用最小二乘法进行直线拟合,求斜率 B 和截距 A。

测量要求不高时,也可采用粗略的定标方法,即取 $B = 1\mu A/℃$,将传感器置于冰水混合物中,读出电压,确定 A 值,本实验采用此法定标,如图 4-21 所示。

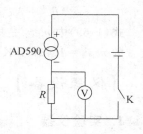

图 4-21   AD590 定标图

2. 水的比汽化热的测定

(1)用物理天平或电子天平称量热器内杯和搅拌器的质量 m_1、m_2,然后在量热器内杯中加一定量的水,再称出盛有水的量热器和搅拌器的质量 m_3 减去 $m_1 + m_2$ 得到水的质量 m。

(2)将盛有水的量热器内杯放在冰块上,预冷却到室温以下较低的温度。但被冷却水的温度须高于环境的露点,如果低于露点,则实验过程中量热器内杯外表有可能凝结上薄水层,从而释放出热量,影响测量结果。将预冷过的内杯放还量热器内。

(3)将盛有水的烧瓶加热,开始加热时可以通过温控电位器顺时针调到底,此时瓶盖移去,使低于 100℃ 的水蒸气从瓶口逸出。当烧瓶内水沸腾时可以由温控器调节,保证水蒸气输入量热器的速率符合实验要求。先将 AD590 置于空气中,记录下室温时的电压值 U 后将 AD590 置于内杯水中,记录水的初温对应的电压值 U_1 计算出初温数值 t_1。接着把瓶盖盖好继续让水沸腾向量热器的水中通蒸汽并搅拌量热器内的水,通过时间长短,以尽可能使量热器中水的末温度 t_2 与室温的温差同室温与初温 t_1 差值相近,这样可使实验过程中量热器内杯与外界热交换相抵消。

(4)停止电炉通电,并打开瓶盖不再向量热器通汽,继续搅拌量热器内杯的水,读出水和内杯的末温度 t_2,即记录通蒸汽后的水的末温对应的电压值 U_2,计算出水末温数值 t_2。再一次称量出量热器内杯水的总质量 $M_总$。经过计算,求得量热器中水蒸气的质量 $M = M_总 - m_3$(m_3 为未通汽前,量热器内杯、搅拌器和水的质量和)。

(5)将所得到的测量结果代入式(4-67),即求得水在 100℃ 时的比汽化热。

【注意事项】

(1)内杯装的水取内杯体积的 3/4 即可,不宜过多亦不宜过少。

(2)内杯和搅拌器因为是同一材质,可以合在一起称衡质量,亦可分开称,但搅拌器上的塑性手柄要取下。

(3)当烧瓶内水沸腾时可以由温控器调节,保证水蒸气输入量热器的速率符合实验要求。

(4)蒸汽导管通一段时间蒸汽,将导管中已冷凝的水抖落后插入内杯水中。

(5)通蒸汽时即要开始搅拌,不要等到通完蒸汽后再搅拌。搅拌时要匀速。

(6)导管应插入内杯水面下 1 cm。千万不要将导管放在内杯水面之上。

(7)保持导管从锥形瓶到量热器中的畅通。如导管弯折则阻塞蒸汽,瓶内蒸汽太足压力过大会造成瓶塞冲起。

(8)AD590 在内杯中不要靠近蒸汽导管,在内杯水的下部即可。

【实验数据】

(1)记录温度传感器 AD590 定标数据。

（2）记录水的比汽化热的测量数据。

（3）记录样品质量的测量数据：$m_1 =$（　　）g；$m_2 =$（　　）g；室温 $t_3 =$（　　）℃。

（4）已知 $c_w = 4.187 \times 10^3$ J/(kg·℃)，$c_{Al} = 0.9002 \times 10^3$ J/(kg·℃)，计算水在 100℃ 时的比汽化热。

（5）将上述（4）的结果与水在 100℃ 时的比汽化热公认值（2.25×10^6 J/kg）比较，求百分差。

【课后思考题】

（1）本实验测温度为什么要用集成温度传感器？它与水银温度计相比有什么优点？

（2）用本实验装置测量水的比汽化热可能产生哪些误差？如何改进？

4.12　薄透镜焦距的测定

透镜是光学仪器中最基本的元件之一，它由透明材料（玻璃、塑料、水晶等）制作而成。它的基本作用就是光线通过透镜折射后可以成像。常用的薄透镜按其对光的会聚或发散，可分为凸透镜和凹透镜两大类。焦距是衡量透镜的一个重要物理量。测定透镜焦距的常用方法有平面镜法（即自准直法）和物距-像距法。对于凸透镜其焦距还可用移动透镜二次而求得（二次成像法或又称共轭法）。应用这种方法，只需测定透镜本身的位移，因而测法简便，测量的准确度较高。同时，为了能正确地使用光学仪器，必须掌握透镜成像的规律，学会光路的调节技术和焦距的测量方法。

【预习思考题】

（1）为什么实验中要用白屏作像屏？可否用黑屏、透明平玻璃、毛玻璃？为什么？

（2）元件共轴调节的目的是什么？要实现哪些要求？不满足这些要求会对测量结果有什么影响？

（3）在光源出射口为什么要加毛玻璃？如果光源出射口面积较小，在不加毛玻璃的情况下，物体能否经凸透镜成像？

【实验目的】

（1）学习测量薄透镜焦距的几种方法。

（2）掌握简单光路的分析和调整方法，学会光学平台上各元件的共轴调节方法。

【实验原理】

1. 用物距-像距法求凸透镜的焦距

在近轴光线的条件下，透镜置于空气中，透镜成像的高斯公式为

$$\frac{1}{s'} - \frac{1}{s} = \frac{1}{f'} \tag{4-71}$$

式中 s、s'、f' 分别为像距、物距、像方焦距。对公式中各物理量的符号，我们规定：光线自左

向右传播,以薄透镜中心为原点量起,若其方向与光的传播方向一致者为正,反之为负。运算时,已知量须添加符号,未知量则根据求得结果中的符号判断其物理意义。

凸透镜成像光路如图 4-22 所示,其中 $s < 0$。

2. 用贝塞尔法(两次成像法)测定凸透镜焦距

如图 4-23 所示,保持物与像屏的间距 D 不变,且使 $D > 4f$,在物屏与像屏间移动凸透镜,可得一大一小两次成像。透镜在两次成像间的位移为 Δ,则透镜的焦距 f 为

$$f = \frac{D^2 - \Delta^2}{4D} \tag{4-72}$$

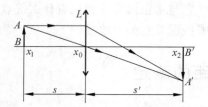
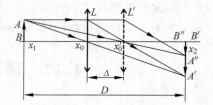

图 4-22　用物距-像距法求凸透镜的焦距　　　　图 4-23　用贝塞尔法(两次成像法)测定
　　　　　　　　　　　　　　　　　　　　　　　　　　　凸透镜焦距

3. 用物距-像距法测凹透镜的焦距

凹透镜成像光路如图 4-24 所示,由于凹透镜(或称负透镜)对光线起发散作用,用物距-像距法求其焦距时,必须在其前面加上一焦距适中的凸透镜,才能在像屏上观察到凹透镜成的实像。实验中必须保持光路中的凸透镜和物屏的位置固定。只要测得 s、s',代入式(4-71)即可求出凹透镜的焦距 f'。

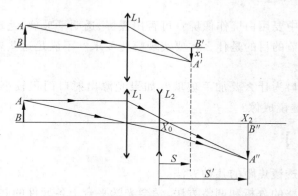

图 4-24　用物距-像距法测凹透镜的焦距

【仪器设备】

1. 实验仪器

光学平台及底座,带有毛玻璃的白炽灯光源,品字形的物像屏,凸透镜($f = 190$ mm 和 150 mm 各一块),平面反射镜,二维调整架两个,像屏,滑块 5 个。

2. 仪器介绍

光学平台是常用光学实验装置,其上有标尺,用来确定光学元件的位置。平台上面配有一套磁性底座,根据其可调动的方向,有一维、二维、三维和通用底座之分,可按实验要求选用相应的磁性底座并进行上下、左右、前后的调节。

【实验内容】

(1) 调节各元件使之共轴。

(2) 用物距-像距法求凸透镜的焦距。要求重复测量 6 组数据,注意:如何保证等精度测量,物距取何值使得测量结果的误差最小?

(3) 用贝塞尔法(两次成像法)测定凸透镜焦距。要求 D 保持不变重复测量 6 组数据,思考 D 的取值范围对测量结果误差的影响。

(4) 用物距-像距法测凹透镜的焦距。要求重复测量 6 组数据,思考:重复测量时哪些量不变? 为了减小测量误差,凸透镜是成大像好还是成小像好?

【注意事项】

(1) 白炽灯光源功率较大,防止过热。

(2) 其他注意事项见本书第 3 章光学实验部分。

【实验数据】

(1) 记录凸透镜的焦距测量数据。

(2) 求出所测焦距值并分别用不确定度表示。注意:调整架转 $180°$ 后的平均值作为直接测量量,用于计算不确定度。

【课后思考题】

(1) 在移动凸透镜在像屏上成倒立、放大的实像和倒立、缩小的实像时,如果放大实像的中心在上、缩小的实像的中心在下,说明物体的位置相对于光轴是偏上还是偏下。画出光路图分析说明。

(2) 试说明用共轭法测凸透镜焦距 f 时,为什么要确保物和像屏的距离 L 大于 $4f$。

4.13　偏振光分析

光的干涉和衍射实验证明了光的波动性质。而偏振(polarization)现象表明光是横波而不是纵波,即其 E 和 H 的振动方向垂直于光的传播方向。对于光偏振现象的解释在光学发展史中有很重要的地位。光的偏振性使人们对光的传播(反射、折射、吸收和散射)的规律有了新的认识,偏振光在国防、科研和生产中有着广泛的应用:海防前线用于观望的偏光望远镜,立体电影中的偏光眼镜,光纤通信系统、分析化学和工业中用的偏振计和量糖计都与偏振光有关。激光电源是最强的偏振光源,高能物理中同步加速器是最好的 X 射线偏振源,液晶(liquid crystal) 光开关是根据其偏振特性来完成光交换的技术,偏振镜是数码影像的基础。随着新技术的飞速发展,偏振光成为研究光学晶体、表面物理的重要手段。

【预习思考题】

本实验为什么要用单色光源照明？根据什么选择单色光源的波长？若光波波长范围较宽,会给实验带来什么影响?

【实验目的】

(1) 通过观察光的偏振现象,加深对光波传播规律的认识。

(2) 掌握产生和检验偏振光的原理和方法,验证马吕斯定律。

(3) 观测线偏振光通过 $\lambda/2$、$\lambda/4$ 波片实验,并得出实验结论。

【实验原理】

1. 偏振光的基本概念

光是一种电磁波,它的电矢量 E 和磁矢量 H 相互垂直,且均垂直于光的传播方向,通常用电矢量 E 代表光的振动方向,并将电矢量 E 和光的传播方向所构成的平面称为光振动面。在传播过程中,电矢量的振动方向始终在某一确定方向的光称为线偏振光或平面偏振光(如图 4-25 所示)。普通光源发射的光是由大量原子或分子辐射构成的,由于大量原子或分子的热运动和辐射的随机性,它们所发射的光的振动面出现在各个方向的几率是相同的,故这种光源发射的光对外不显现偏振的性质,称为自然光。在发光过程中,有些光的振动面在某个特定方向上出现的几率大于其他方向,即在较长时间内电矢量在某一方向上较强,这种光称为部分偏振光;还有一些光,其振动面的取向和电矢量的大小随时间作有规律的变化,而电矢量末端在垂直于传播方向的平面上的轨迹呈椭圆或圆,称为椭圆偏振光或圆偏振光。

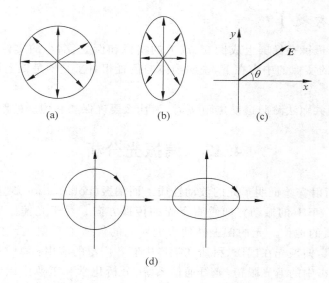

图 4-25　偏振光的种类

(a) 自然光;(b) 部分偏振光;(c) 线偏振光;(d) 圆偏振光和椭圆偏振光

2. 偏振光的获得方法

（1）起偏

当自然光在两种媒质的界面上反射和折射时，反射光和折射光都将成为部分偏振光。当入射角 α 满足关系

$$\tan\alpha = \frac{n_2}{n_1} \tag{4-73}$$

反射光成为线偏振光，其振动面垂直于入射面（见图 4-26），而角 α 就是布儒斯特角，也称为起偏角。式（4-73）称为布儒斯特定律，式中，n_1、n_2 为物质的折射率。

将天然光变成偏振光的过程称为起偏，起偏的光学元件称为起偏器，也称为偏振片。

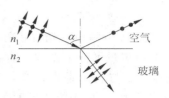

图 4-26 偏振光的获得方法

（2）分子型薄膜偏振片

人造偏振片有多种，其中一种常用的分子型号的偏振片是利用聚乙烯醇塑胶膜制成，聚乙烯醇胶膜内部含有刷状结构的链状分子。当胶膜被拉伸时，这些链状分子被拉直并平行排列在拉伸方向上，拉伸过的胶膜只允许振动取向平行于分子排列方向（此方向称为偏振片的偏振轴）的光通过，利用它可获得线偏振光，其示意图见图 4-27（这就是本实验使用的元件）。

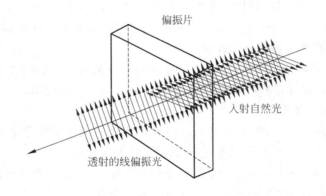

图 4-27 偏振片起偏原理

3. 偏振光的检测

鉴别光的偏振状态的过程称为检偏，所用的装置称为检偏器。实际上，起偏器和检偏器是通用的。用于起偏的偏振片称为起偏器，把它用于检偏就成为检偏器了。

按照马吕斯定律，强度为 I_0 的线偏振光通过检偏器后，透射光的强度为

$$I = I_0 \cos^2\theta \tag{4-74}$$

式中 θ 为入射光偏振方向与检偏器偏振化方向 $\rho\rho'$ 之间的夹角，如图 4-28 所示。显然，当以光

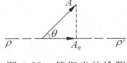

图 4-28 偏振光的检测

线传播方向为轴转动检偏器时，透射光强度 I 将发生周期性变化。当 $\theta=0°$ 时，透射光强度最大；当 $\theta=90°$ 时，透射光强度最小（消光状态）；当 $0°<\theta<90°$ 时，透射光强度介于最大值和最小值之间。因此，根据透射光强度变化的情况，可以区别光的不同偏振状态。

4. 偏振光通过波晶片后的偏振态

（1）波晶片

波晶片（见图 4-29）是从单轴晶体中切割下来的平行平面板，其表面平行于光轴（在晶体内存在一个特殊方向，光线沿该方向入射时不发生双折射现象，该方向称为晶体的光轴）。

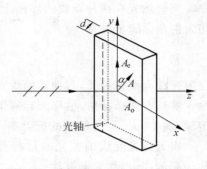

当一束单色平行光正入射到波晶片上时，光在晶体内部便分解为 o 光与 e 光。o 光电矢量垂直于光轴，e 光电矢量平行于光轴。而 o 光和 e 光的传播方向不变，仍都与表面垂直。但 o 光在晶体内的速度为 v_o，e 光的为 v_e，即相应的折射率 n_o、n_e 不同。

图 4-29　偏振光通过波晶片时的情形

设晶片的厚度为 l，则两束光通过晶体后就有位相差 $\sigma = 2\dfrac{\pi}{\lambda}(n_o - n_e)l$. 式中 λ 为光波在真空中的波长。$\sigma = 2k\pi$ 的晶片称为全波片，$\sigma = 2k\pi + \pi$ 的晶片为半波片（$\lambda/2$ 波片），$\sigma = 2k\pi \pm \dfrac{\pi}{2}$ 的晶片为 $\lambda/4$ 片，其中 k 都是任意整数。不论全波片、$\lambda/2$ 波片或 $\lambda/4$ 片都是对一定波长而言的。

以下直角坐标系的选择，是以 e 光振动方向为横轴，o 光振动方向为纵轴。沿任意方向振动的光，正入射到波晶片的表面，其振动便按此坐标系分解为 e 分量和 o 分量。

（2）光束通过波片后偏振态的改变

平行光垂直入射到波晶片后，分解为 e 分量和 o 分量，透过晶片，二者间产生一附加位相差 σ。离开晶片时合成光波的偏振性质，决定于 σ 及入射光的性质。

① 偏振态不变的情形

（a）自然光通过波晶片，仍为自然光。因为自然光的两个正交分量之间的位相差是无规的，通过波晶片，引入一恒定的位相差 σ，其结果还是无规的。

（b）若入射光为线偏振光，其电矢量 E 平行于 e 轴（或 o 轴），则任何波长片对它都不起作用，出射光仍为原来的线偏振光。因为这时只有一个分量，谈不上振动的合成与偏振态的改变。

除上述两种情形外，偏振光通过波晶片，一般其偏振情况是要改变的。

② $\lambda/2$ 片与偏振光

入射光为线偏振光，在 $\lambda/2$ 片的前面（入射处）分解为

$$E_e = A_e \cos \widetilde{\omega} t \tag{4-75}$$

$$E_o = A_o \cos(\widetilde{\omega} t + \varepsilon), \quad \varepsilon = 0 \text{ 或 } \pi \tag{4-76}$$

出射光表示为

$$E_e = A_e \cos\left(\widetilde{\omega} t - \frac{2\pi}{\lambda} n_e l\right) \tag{4-77}$$

$$E_o = A_o \cos\left(\widetilde{\omega} t + \varepsilon - \frac{2\pi}{\lambda} n_o l\right) \tag{4-78}$$

讨论二波的相对位相差，上两式可写为

$$E_{e} = A_{e}\cos\widetilde{\omega}\, t$$

$$E_{o} = A_{o}\cos\left(\widetilde{\omega}\, t + \varepsilon - \frac{2\pi}{\lambda}n_{o}l + \frac{2\pi}{\lambda}n_{e}l\right)$$

出射光二正交分量的相对位相差由上式决定。现在 $\varepsilon - \sigma = 0 - \pi = -\pi$ 和 $\varepsilon - \sigma = \pi - \pi =$ 0，这说明出射光也是线偏振光，但振动方向与入射光的不同。如入射光与晶片光轴成 θ 角，则出射光与光轴成 $-\theta$ 角，即线偏振光经 $\lambda/2$ 片电矢量振动方向共转过了 2θ 角。

③ $\lambda/4$ 片与偏振光

入射光为线偏振光，则

$$E_{e} = A_{e}\cos\widetilde{\omega}\, t$$

$$E_{o} = A_{o}\cos(\widetilde{\omega}\, t + \varepsilon), \quad \varepsilon = 0 \text{ 或 } \pi$$

则出射光表示为

$$E_{e} = A_{e}\cos\widetilde{\omega}\, t$$

$$E_{o} = A_{o}\cos(\widetilde{\omega}\, t + \varepsilon - \sigma), \quad \sigma = \pm\frac{\pi}{2} \tag{4-79}$$

此式说明出射光为椭圆偏振光。当 $A_{e} = A_{o}$ 时，出射光为圆偏振光。可见，产生圆偏振光的前提条件是首先得到线偏振光，然后线偏振光垂直入射到 $\lambda/4$ 波片，如果线偏振光的振动方向与 $\lambda/4$ 波片的光轴成 $45°$ 角，这时透过 $\lambda/4$ 片的光是圆偏振光。检偏器旋转时，光强没有变化。若线偏振光振动方向与 $\lambda/4$ 波片光轴的夹角不等于 $45°$，此时透过 $\lambda/4$ 波片的光就是椭圆偏振光。入射线偏振光的偏振方向与波片光轴平行时，出射光仍为线偏振光。

【仪器设备】

1. 实验仪器

光学平台及底座，He-Ne 激光器(632.8nm)，偏振片(起偏器、检偏器)，X 轴旋转二维架(3 个)，1/4、1/2 波片各一片，激光功率计。

2. 仪器介绍

实验装置如图 4-30 所示。光学平台是常用的光学实验装置，上有标尺，用来读出光学元件的位置。上面配有一套磁性底座，有一维、二维、三维和通用底座之分，可按要求选用并进行上下、左右、前后的调节。

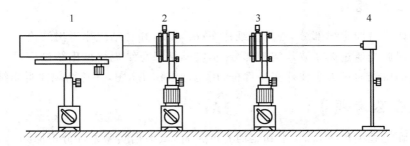

图 4-30　自搭偏振光实验装置示意图

1—激光器；2,3—偏振片；4—激光功率计

【实验内容】

1. 验证马吕斯定律

（1）把所有器件按图 4-30 的顺序摆放在平台上，调至共轴。旋转第二个偏振片，用激光功率指示仪接收并记录旋转 $0°、10°、20°、30°、40°、50°、60°、70°、80°、90°$ 的指示值，得出什么规律？

（2）将第二个偏振片即检偏器旋转至消光位置。

2. 线偏振光通过 $\lambda/2$ 波片实验观测

（1）使起偏器和检偏器处于正交，在两块偏振片之间插入 $\lambda/2$ 波片，使消光，再将其转 $15°$，破坏其消光。转动检偏器至消光位置，并记录检偏器所转动的角度。

（2）继续将 $\lambda/2$ 波片旋转 $15°$（即总转动角为 $30°$），记录检偏器达到消光时旋转总角度。依次使 $\lambda/2$ 波片总转角为 $45°、60°、75°、90°$，记录检偏器消光时旋转总角度。

从上面实验结果可得出什么规律？

3. 线偏振光通过 $\lambda/4$ 波片实验观测

（1）在图 4-30 基础上使起偏器和检偏器正交，用 $\lambda/4$ 波片代替 $\lambda/2$ 波片，转动 $\lambda/4$ 波片使消光。

（2）将 $\lambda/4$ 波片转动 $15°$，然后将检偏器转动 $360°$，用激光功率计接收并记录旋转 $0°、30°、60°、90°、120°、150°、180°、210°、240°、270°、300°、330°$ 的指示值，判断这时从 $\lambda/4$ 波片出来光的偏振状态是怎样的。

（3）依次将 $\lambda/4$ 波片转动总角度为 $30°、45°、90°$，重复步骤 3（2），判断不同情况下从 $\lambda/4$ 波片出来光的偏振状态是怎样的。

【注意事项】

（1）激光束光线集中，亮度是太阳光的千万倍，实验时不可用眼睛直视，否则会对眼睛造成永久性损伤。

（2）偏振片、玻璃片等要轻拿轻放，防止打碎。

（3）所有的镜片、光学表面等应保持清洁、干燥，严禁用手或他物触碰，以免污损。

【实验数据】

（1）验证马吕斯定律部分，用坐标纸作 I-$\cos^2\theta$ 图，并总结规律得出结论。

（2）线偏振光通过 $\lambda/2$ 波片实验部分，从实验结果总结规律得出结论。

（3）线偏振光通过 $\lambda/4$ 波片实验部分，用坐标纸作 I-θ 图，并总结规律得出结论。

【课后思考题】

（1）在确定起偏角时，若找不到全消光的位置，试根据实验条件分析原因。

（2）试说明椭圆偏振光通过 $\lambda/4$ 波片后变成线偏振光的条件。

（3）自然光垂直照射在一个 $\lambda/4$ 波片上，再用一个偏振片观察该波片的透射光，转动偏振片 $360°$，能看到什么现象？固定偏振片转动 $\lambda/4$ 波片 $360°$，又看到什么现象？为什么？

4.14　分光计的调整和使用

分光计是精确测定光线偏转角的仪器,也称测角仪。光学中的许多基本量如波长、折射率等物理量都可以直接或间接地利用光线的偏转角来测量,此外它还能精确地测量光学平面间的夹角。它是许多光学仪器(棱镜光谱仪、光栅光谱仪、分光光度仪、单色仪等)的基本结构,可以说分光计是整个光学实验中的基本仪器之一。需要注意的是使用分光计前必须经过一系列精细的调整。由于分光计的调整方法对一般光学仪器的调整也具有一定的借鉴性,因此学习分光计的调整方法也是使用光学仪器的一种基本训练。

【预习思考题】

分光计的调整要求是什么? 如何达到?

【实验目的】

(1) 了解分光计的基本构造和原理。
(2) 掌握调整技术学习分光计调节的方法和步骤。
(3) 学会用自准直法和反射法测三棱镜的顶角。

【结构和调整原理】

1. 分光计的调节原理

要想测准入射光和出射光传播方向之间的角度,根据反射定律和折射定律,分光计必须满足下述两个要求。

(1) 入射光和出射光应当是平行光。

(2) 入射光线、出射光线与反射面(或折射面)的法线所构成的平面应当与分光计的刻度圆盘平行。

因此,任何一台分光计必须备有以下 4 个主要部件:平行光管、望远镜、载物台、读数装置。分光计有多种型号,但结构大同小异。图 4-32 所示为 JJY-2 型分光计的外型和结构图。分光计的下部是一个三脚底座,其中心有竖轴,称为分光计的中心轴,轴上装有可绕轴转动的望远镜和载物台,在一个底脚的立柱上装有平行光管。

2. 分光计的结构

(1) 平行光管

平行光管是提供平行入射光的部件。它是装在圆柱形管一端的一个可伸缩的套筒,套筒末端有一狭缝,筒的另一端装有消色差的会聚透镜。当狭缝恰位于透镜的焦平面上时,平行光管就射出平行光束,如图 4-32 所示。狭缝的宽度由狭缝宽度调节螺丝调节。平行光管的水平度可用平行光管倾斜度调节螺丝调节,以使平行光管的光轴和分光计的中心轴垂直。

(2) 阿贝式自准直望远镜

望远镜用来观察和确定光束的行进方向,它是由物镜、目镜及分划板组成的一个圆管。常用的目镜有高斯目镜和阿贝目镜两种,都属于自准目镜,JJY-2 型分光计使用的是阿贝式自准目镜,所以其望远镜称为阿贝式自准直望远镜,结构如图 4-33 所示。

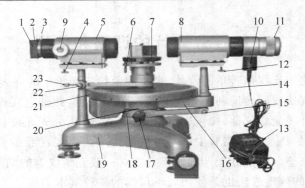

图 4-31　分光计结构图

1—狭缝宽度调节手轮；2—狭缝体；3—狭缝体锁紧螺钉；4—平行光管俯仰螺钉；

5—平行光管；6—载物台调平螺钉；7—载物台；8—望远镜；9—调焦手轮；10—灯源；

11—目镜视度调节手轮；12—望远镜俯仰螺钉；13—直流稳压源；14—望远镜支臂；

15—望远镜微调螺钉；16—转座；17—止动螺钉；18—制动架；19—底座；

20—度盘止动螺钉；21—度盘；22—游标盘微调手轮；23—游标盘止动螺钉

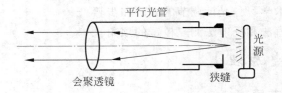

图 4-32　平行光管示意图

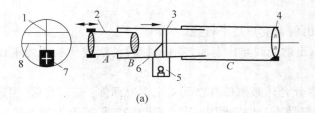

(a)

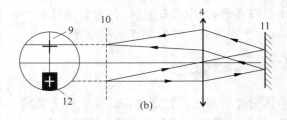

(b)

图 4-33　望远镜示意图

1—目镜视物；2—目镜；3、10—分划板；4—物镜；5—小电珠；6—小棱镜；7—透光窗；

8—中十字叉丝；9—反射像；11—平面镜；12—小十字

从图 4-33 中可见，目镜装在 A 筒中，分划板装在 B 筒中，物镜装在 C 筒中，并处在 C 筒的端部。其中分划板上刻的是"十"形的准线（不同型号准线不相同），边上粘有一块 45°全反射小棱镜，其表面上涂有不透明薄膜，薄膜上刻了一个空心十字窗口，小电珠光从管侧射入后,调节目镜前后位置,可在望远镜目镜视场中看到图 4-33(a)中所示的镜像。若在物镜前放一平面镜,前后调节目镜(连同分划板)与物镜的间距,使分划板位于物镜焦平面上时,小电珠发出的光透过空心十字窗口经物镜后成平行光射于平面镜,反射光经物镜后在分划板上形成十字窗口的像。若平面镜镜面与望远镜光轴垂直,此像将落在"十"准线上部的交叉点上,如图 4-33(b)所示。

(3) 载物小平台与读数装置(见图 4-34)

载物小平台(简称载物台)是用来放置待测物件的。台上附有夹持待测物件的弹簧片。

台面下方装有 3 个水平调节螺丝,用来调整台面的倾斜度。这 3 个螺丝的中心形成一个正三角形。松开载物台紧固螺丝,载物台可以单独绕分光计中心轴转动或升降。拧紧载物台紧固螺丝,它将与游标盘固定在一起。游标盘可用游标圆盘制动螺丝固定。

读数装置是由读数刻度盘和游标圆盘组成,如图 4-34 所示。刻度圆盘为 360°(720 个刻度)。所以,最小刻度为半度(30'),小于半度则利用游标读数。游标上刻有 30 个小格,游标每一小格对应角度为 1'。

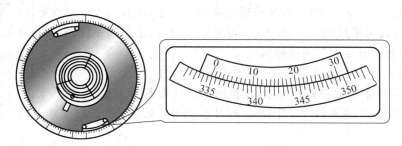

图 4-34　载物台与读数装置示意图

角度游标读数的方法与游标卡尺的读数方法相似,如图 4-35 所示的位置,其读数为

$$\theta = A + B = 139°30' + 14' = 139°44'$$

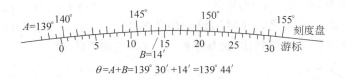

$$\theta = A + B = 139°30' + 14' = 139°44'$$

图 4-35　读数举例

3. 分光计的调整

分光计在用于测量前必须进行严格的调整,否则将会引入很大的系统误差。一台已调整好的分光计应具备下列 3 个条件:①望远镜聚焦于无限远;②望远镜和平行光管的光轴与分光计的中心转轴相互垂直;③平行光管射出的光是平行光。具体调整步骤如下。

(1) 目测粗调

调节望远镜的俯仰调节螺丝和载物平台下的 3 个调节螺丝,使望远镜和平台基本水平。

将双面反射镜放在载物平台上,与望远镜筒垂直,视场中能看到十字光标和它经平面镜反射回来的光斑。将平台转过 180°,视场中仍能看到十字光标反射回来的光斑。需要注意的是，望远镜的俯仰调节螺丝和载物平台下的 3 个调节螺丝都应为后面细调预留调节余度，即不能将它们拧到极限位置。

（2）用自准直法调节望远镜聚焦于无限远处

①目镜调焦。转动目镜调焦手轮，使眼睛通过目镜能清晰地看到分划板上的叉丝刻线和十字光标。

②调整分划板叉丝刻线的方向，使叉丝刻线水平或竖直。调节的方法是松开并旋转目镜套筒。

③物镜调焦。其目的是将分划板上十字光标调整到物镜焦平面上，即望远镜对无穷远聚焦。方法是转动望远镜调焦手轮，使绿十字光标成像清晰无视差，我们就说望远镜聚焦于无限远处。所谓视差是指当被观测的物体通过物镜所成的像（这里是指被照亮的小十字像）与叉丝不在同一平面上，尽管人眼能同时看清叉丝和物体的像，但是当眼睛上下或左右移动时，二者的相对位置就会发生变化。消除视差的方法显然是设法使物体的像成在叉丝平面内。

物镜调焦原理：分划板固定在目镜套筒中，分划板上刻有透明十字线，利用小电珠照明使它成为发光体（十字光标）。当转动望远镜调焦手轮，使分划板位于物镜焦平面上时，十字光标经物镜后成为平行光。该平行光经反射镜反射后，依然为平行光，再经物镜会聚于焦平面（分划板平面），形成十字光标的像。

（3）调整望远镜的光轴与分光计中心转轴垂直

①将双面反射镜放在载物台上，使镜面处于任意两个载物台调平螺丝的连线上，并使之正对望远镜（见图 4-36(a)）。

②如果亮十字像不在图 4-37(c)所示的位置，而是如图 4-37(a)所示，可以先调载物台下的螺钉 a 使得亮十字像移近正确位置一半，如图 4-37(b)所示，再调望远镜的俯仰调节螺丝，使十字光标通过反射镜成的像与分划板的上十字线重合，如图 4-37(c)所示。

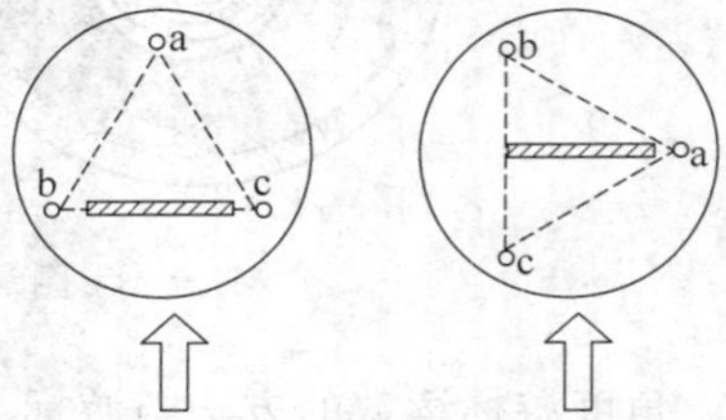

图 4-36　双面反射镜在载物台上的摆放

至此以后，不要再动螺丝 a 和望远镜的仰角螺丝。这种调节方法称为逐次逼近调整法（又称半趋法）或各半调节法。

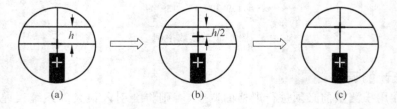

图 4-37　调整望远镜光轴与分光计中心转轴垂直

③将反射镜放在螺钉 b 和螺钉 c 连线的中垂线上，将载物台（连同底座）旋转 90°，使平面镜正对望远镜（见图 4-36(b)）。用各半调节法调节螺钉 b 和螺钉 c，使十字光标像与分划板的上十字线重合。将载物台（连同底座）转动 180°，重复以上步骤，直至双面反射镜的任一面都能使十字光标像调节到位。至此以后，不要再动螺钉 b 和螺钉 c。这时望远镜光轴

就与分光仪转轴相垂直。

（4）调整平行光管轴线与中心转轴垂直

① 取走反射镜，将已调节好的望远镜正对着平行光管，打开钠灯，照亮狭缝。

② 旋动狭缝调节螺丝使狭缝宽度适中（一般为 0.5～1 mm）。一般狭缝较窄测量才能准确，但狭缝过窄会使平行光管发出的平行光太弱，而不利于测量。

③ 调节平行光管的俯仰调节螺丝并旋转望远镜使它对准狭缝，在望远镜中看到狭缝的像，转动平行光管调焦手轮，使在望远镜中清晰地看到狭缝的像且无视差。

④ 松开狭缝固定螺钉，转动平行光管的狭缝，使狭缝呈水平，调节平行光管俯仰调节螺钉，使狭缝像与中央水平准线重合，如图 4-38(a)所示。转动望远镜狭缝像与中央竖直准线重合，再调节平行光管俯仰调节螺钉，使处于竖直位置的狭缝像被中央水平准线平分，如图 4-38(b)所示。如此反复调几次，使狭缝呈水平时，狭缝像与中央水平准线重合；狭缝呈竖直时，狭缝的像位于中央竖直准线处，被中央水平准线平分，这样才表明平行光管的光轴与分光计的主轴垂直。

完成上述调节后，分光计才算调好。

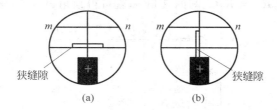

图 4-38　平行光管光轴与分光计主轴垂直

【实验原理】

1. 自准直法测量三棱镜的顶角

三棱镜由两个光学面 AB 和 AC 及一个毛玻璃面 BC 构成。三棱镜的顶角是指 AB 与 AC 的夹角 A，如图 4-39 所示。自准直法就是使自准直望远镜光轴与 AB 面垂直，使三棱镜 AB 面反射回来的小十字像位于准线 mn（见图 4-38）中央，由分光计的刻度盘和游标盘读出这时望远镜光轴相对于某一个方位 OO' 的角位置 θ_1；再把望远镜转到与三棱镜的 AC 面垂直，由分光计刻度盘和游标盘读出这时望远镜光轴相对于 OO' 的方位角 θ_2，于是望远镜光轴转过的角度为 $\varphi = \theta_2 - \theta_1$，三棱镜顶角为

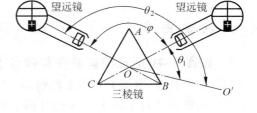

图 4-39　自准直法测三棱镜顶角

$$A = 180° - \varphi \qquad (4\text{-}80)$$

消除偏心差：由于制造上的原因，分光计主轴可能不在分度盘的圆心上，而略偏离分度盘圆心。因此望远镜绕过的真实角度与分度盘上反映出来的角度有偏差，这种误差叫做偏心差，是一种系统误差。为了消除这种系统误差，分光计分度盘上设置了相隔 $180°$ 的两个读数窗口（E、F 窗口），而望远镜的方位 θ 由两个读数窗口读数的平均值来决定，而不是由

一个窗口来读出,即

$$\theta_1 = \frac{\theta_1^E + \theta_1^F}{2}, \quad \theta_2 = \frac{\theta_2^E + \theta_2^F}{2} \tag{4-81}$$

于是,望远镜光轴转过的角度为应该是

$$\varphi = \theta_2 - \theta_1 = \frac{|\theta_2^E - \theta_1^E| + |\theta_2^F - \theta_1^F|}{2}$$

所以

$$A = 180° - \frac{|\theta_2^E - \theta_1^E| + |\theta_2^F - \theta_1^F|}{2} \tag{4-82}$$

2. 用反射法测量三棱镜顶角

在图 4-40 中,用光源照亮平行光管,它射出的平行光束照射在棱镜的顶角 A 处,而被棱镜的两个光学面 AB 和 AC 所反射,分成夹角为 φ 的两束平行反射光束 R_1、R_2(见图 4-40(b))。由反射定律可知,$\angle 1 = \angle 2 = \angle 3 = \angle 4$,所以 $\angle 1 + \angle 2 = \angle 3 + \angle 4$。又因为 $\angle 1 + \angle 3 = A$,所以 $\angle 2 + \angle 4 = A$。于是只要用分光计测出从平行光管的狭缝射出的光线经 AB、AC 两个面反射后的二束平行光 R_1 与 R_2 之间的夹角 φ,就可得顶角 $A = \frac{\varphi}{2}$,则

$$A = \frac{\varphi}{2} = \frac{|\theta_2^E - \theta_1^E| + |\theta_2^F - \theta_1^F|}{4} \tag{4-83}$$

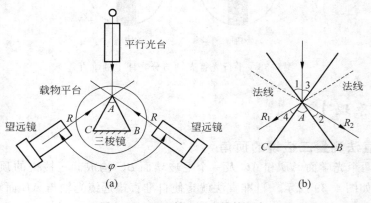

(a)   (b)

图 4-40 用反射法测三棱镜顶角

【实验内容】

1. 按图 4-41 把三棱镜放在载物台上,对分光计进行调整

(1) 调节目镜,看清分划板上准线。

(2) 在载物平台上放上三棱镜并调节望远镜及平台,使在望远镜中看到三棱镜两个光学面反射的小十字像。

(3) 调节望远镜物镜,使十字像清晰。

(4) 调整望远镜与分光计主轴垂直。

2. 用自准直法测量三棱镜顶角

(1) 锁紧分度盘制动螺钉,转动望远镜(这时望远镜转动锁紧

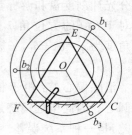

图 4-41 三棱镜的摆法

螺钉松开),使望远镜对准三棱镜的反射面 AB,使由 AB 面反射回来的小十字像位于分划板 mn 准线的中央,记下分度盘两个窗口的读数值 θ_1^E 与 θ_1^F。

(2)把望远镜转到与 AC 面垂直,使由 AC 面反射回来的小十字像位于分划板上 mn 准线中央,记下分度盘上两个窗口的读数 θ_2^E、θ_2^F。

(3)按上述两步重复测量 6 次,求出 θ,计算出 φ 的平均值及不确定度。

3. 用反射法测量三棱镜顶角

(1)按实验内容 1 的步骤调好分光计。

(2)转动望远镜,寻找 AB 面反射的狭缝像,使狭缝像与竖直准线重合,记下分光计 E、F 窗口的读数 θ_1^E、θ_1^F;继续转动望远镜,寻找 AC 面反射的狭缝像,也使狭缝像与竖直准线重合,再记下分光计 E、F 窗口的读数 θ_2^E、θ_2^F。

(3)重复上述测量 6 次。

【注意事项】

(1)三棱镜顶点应放在靠近载物台中心,否则棱镜折射面的反射光不能进入望远镜。

(2)在测读计算过程中,由于望远镜可能位于任何方位,故必须注意望远镜转动过程中是否越过了刻度的零点。如果越过了刻度零点,则读数须加 $360°$。

(3)在测量过程中,一定要保证锁定底座。

【实验数据】

(1)记录 6 次测角数据。

(2)求解三棱镜顶角 φ,并用不确定度表示测量结果。

【课后思考题】

(1)调平平台时,为什么要将平台转 $90°$ 后,再对望远镜及平台进行调节?

(2)在用反射法测三棱镜顶角时,为什么要使得三棱镜顶角离平行光管远一些,而不能太靠近平行光管? 试画出光路图,分析其原因。

4.15　用 CCD 成像系统观测牛顿环

将一块曲率半径 R 很大的平凸透镜放置于一平面玻璃上,此时平面与球面之间会形成一个空气薄层(空气膜),以接触点为中心的任一圆周上各点的空气层厚度相等。当其在自然光的照射下,可以看到接触点为一暗点,周围为彩色的同心圆环,这些同心圆环的距离不等,随离中心点的距离的增加而逐渐变窄,称此同心圆环为牛顿环。它们是由球面上和平面上反射的光线相互干涉而形成的干涉条纹,是光的等厚干涉造成的。牛顿环在生产实践中具有广泛的应用,不仅可用于检测平凸透镜的曲率半径,精确测量微小长度、厚度、角度和微小形变,还可以用来检验物体表面的平面度、球面度、光洁度等。本实验用 CCD 成像系统观测牛顿环,通过牛顿环检测透镜的曲率。

【预习思考题】

(1) 牛顿环实验看到的明暗相间的同心圆环是一种什么干涉现象？

(2) 为什么说牛顿环是一种等厚干涉现象？

(3) 各牛顿环之间是等距的吗？为什么？

【实验目的】

(1) 在进一步熟悉光路调整的基础上，用透射光观察等厚干涉现象——牛顿环。

(2) 学习利用干涉现象测量平凸透镜的曲率半径。

【实验原理】

1. 牛顿环是一种光的等厚干涉图样

牛顿环是牛顿在 1675 年首先观察到的。当将一块曲率半径较大的平凸透镜放在一块玻璃平板上，用单色光照射透镜与玻璃板，就可以观察到一些明暗相间的同心圆环。圆环分布是中间疏、边缘密，圆心在接触点 O(如图 4-42 所示)。从反射光看到的牛顿环中心是暗的，从透射光看到的牛顿环中心是明的。若用白光或自然光入射时，将观察到彩色圆环。牛顿环是典型的分振幅等厚薄膜干涉。平凸透镜的凸球面和玻璃平板之间形成一个厚度均匀变化的圆尖劈形空气薄膜，当平行光垂直射向平凸透镜时，从尖劈形空气膜上、下表面反射的两束光相互叠加而产生干涉。同一半径的圆环处空气膜厚度相同，上、下表面反射光程差相同，因此使干涉图样呈圆环状，这同时也是干涉环之间的间距不相等的原因。这种由同一厚度薄膜产生同一干涉条纹的干涉称作等厚干涉。我们可以用透射光来观察这些干涉环，其原理如图 4-42 所示。

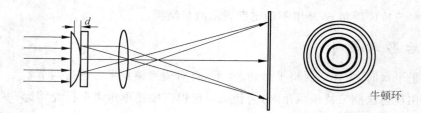

牛顿环

图 4-42 透射式牛顿环原理图和牛顿环

2. 等厚干涉的原理

当一束光 L 从左面照在距离为 d 的空气楔处，光在气楔的界面处会发生光的反射和折射现象，如图 4-43 所示，部分光 T_1 会反射回去，部分光 T_2 通过气楔。当在气楔的右面边界有部分光 T_3 反射回来，由于此处是从折射率大的平玻璃面反射，所以包含一个相位变化(即半波损失，当光波由波密介质反射，反射点入射波与反射波的相位差为 π，光程差为 $\lambda/2$，即产生了半波损失)，部分光 T_4 先从气楔右边界反射回来，然后又从气楔的左面边界反射回

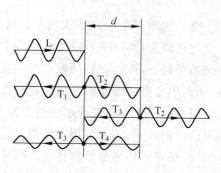

图 4-43 光通过空气楔干涉的图介

来,每一次反射均有一个相位变化。图 4-43 示出了两束光 T_2 和 T_4 形成透射干涉的原理。

T_2 和 T_4 的光程差为

$$\Delta = 2d + 2\frac{\lambda}{2} \tag{4-84}$$

根据干涉原理,形成亮纹的条件为

$$\Delta = n \cdot \lambda$$

其中,$n=1,2,3,\cdots$ 表示干涉条纹的级数。代入式(4-84),即得

$$d = (n-1) \cdot \frac{\lambda}{2} \tag{4-85}$$

当两块玻璃相接触时 $d=0$,中心形成亮纹。

对于由平凸透镜和平玻璃所形成的气楔,气楔的厚度取决于离平凸透镜与平玻璃接触点 O 的距离。换言之,取决于凸透镜的弯曲半径。图 4-44 说明了这样的关系:

$$R^2 = r^2 + (R-d)^2$$

展开后,并略去 d^2 得

$$d = \frac{r^2}{2R}, \quad d \ll R \tag{4-86}$$

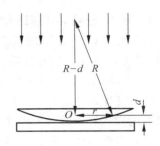

图 4-44　平凸透镜与平玻璃
之间气楔的图介

将式(4-85)代入,即得干涉环即牛顿环的半径公式

$$r_n{}^2 = (n-1) \cdot R \cdot \lambda \qquad n=1,2,3,\cdots \tag{4-87}$$

当平凸透镜与平玻璃的接触点受到紧压发生形变时,修正 d 值,此时式(4-86)近似变为

$$d = \frac{r^2}{2R} - d_0, \quad r \geqslant \sqrt{2R \cdot d_0} \tag{4-88}$$

代入式(4-87),得到亮环半径 r_n 的关系式如下:

$$r_n{}^2 = (n-1) \cdot R \cdot \lambda + 2R \cdot d_0, \quad n=2,3,4,\cdots \tag{4-89}$$

【仪器设备】

1. 实验仪器
钠灯(光源)、牛顿环仪、透镜两片、定标狭缝、CCD 摄像头、计算机及图像处理软件。

2. 仪器介绍
(1) 钠光灯中心波长 588.9nm。

(2) 牛顿环仪如图 4-45 所示,其上有三个压紧调节旋钮,可以调节所形成牛顿环的位置。其上凸透镜曲率半径 $R_0 = 1.5\text{m}$。

(3) CCD 摄像头如图 4-46 所示。

(4) 透镜两片,$f = 85\text{ mm}$,分别为会聚透镜和成像透镜。

(5) 狭缝宽度 1 mm,用来定标。

图 4-45　牛顿环仪　　　　　　　　图 4-46　CCD 摄像头

【实验内容】

1. 调整光路，观察透射式牛顿环

（1）首先对着亮光处（注意不要对着强光，以免眼睛受到伤害），在牛顿环仪的上中央处（尽量靠近）调出明暗相接的圆环条纹。

（2）按图 4-47 的顺序布置各元件及装置（各光学元件的基座紧挨直尺）。

（3）将各元件沿直尺方向靠拢，按同轴等高原则调整各光学元件。确保各元件中心与钠光灯的发光孔等高并在一条直线上，并使各元件光学平面互相平行。

（4）调整钠灯 1 的位置，使其出光孔恰好处于透镜 2 的焦点上，并用光屏观察透镜 2 后的光斑，直至移动光屏，光斑大小不再变化，确保从透镜 2 出射的平行光均匀照亮由步骤（1）所调节的牛顿环所在牛顿环仪的位置。

（5）调整透镜 4，使牛顿环处于透镜 4 的两倍焦距以外，移动 CCD 摄像头 5 的位置，直至在显示器上呈现大小适中、清晰可辨的牛顿环（环数至少在 6 环以上），此时中央环是亮斑。同时确保牛顿环在视场的中心部分。

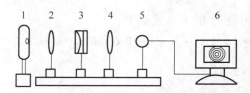

图 4-47　用 CCD 观测牛顿环实验装置
1—钠灯；2—透镜；3—牛顿环；4—透镜；5—CCD；6—计算机系统

2. 用钠灯来测量平凸透镜的曲率半径 R

用计算机读取牛顿环亮环从第 2 环至 11 环的数据，如图 4-48 所示。

3. 定标

计算机屏上显示的 r_n 是 CCD 摄像头中牛顿环像的半径，显然它是以像元为单位，因此必须将 r_n 换算成标准长度单位即 mm 单位，见定标原理。可通过定标求出 1 mm 所对应的像元数的大小，建立毫米与像元的对应关系。

（1）不动其他光学仪器，将图 4-47 中的牛顿环换成 1 mm 的狭缝板，直至在显示器上呈现清晰的狭缝像。

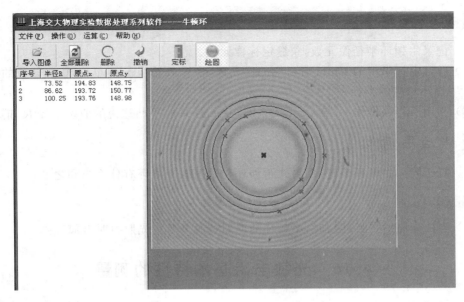

图 4-48　绘圆

（2）移动光标，在狭缝像的左边缘选取两点成一直线，再在狭缝像的右边缘再选取两点成另一直线（注意：两直线尽量平行），屏幕上显示的即为狭缝像宽度所对应的像元数。如上所述，分别在狭缝像的上、中和下三个部位取值，如图 4-49 所示，计算 1 mm 所对应的像元数的平均值。

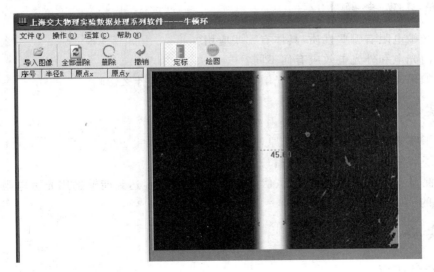

图 4-49　狭缝定标

【注意事项】

（1）注意平行光产生的条件如何在实验中得到保证。

（2）牛顿圆环不得小于 9 环，否则无法做直线。

【实验数据】

（1）记录牛顿环半径像元数，狭缝定标像元数。

（2）通过定标求出的 1 mm 所对应的像元数，将 r'_n 换算成 mm 单位，由已知像的半径分别算出牛顿环对应的半径 r_n。

（3）利用所得数据作 r_n^2 与 $n-1$ 关系图，并求斜率 k、平凸透镜的曲率半径 R 和 d_0。

【课后思考题】

（1）对于同一牛顿环装置，反射式干涉环与透射式干涉环有什么异同之处？

（2）在公式 $d = \dfrac{r^2}{2R} - d_0$ 中，d_0 表示什么意义？

（3）当白光照射牛顿环仪时，牛顿环的反射条纹与单色光照射时有何不同？

4.16　光敏电阻基本特性的测量

光电传感器是一种将光信号转换为电信号的传感器，它的物理基础就是光电效应。光电效应分为外光电效应和内光电效应两大类。它可用于检测直接引起光强度变化的非电量，如光强、光照度、辐射测温、气体成分分析等；也可以用于检测能转换成光量变化的其他非电量，如零件直径、表面粗糙度、位移、速度、加速度及物体形状、工作状态识别等。光敏传感器具有非接触、响应快、性能可靠等优点，因而在监测和控制领域获得广泛应用。

【预习思考题】

（1）光敏电阻有哪些性质，具体有哪些应用？

（2）内光电和外光电效应有何不同？

（3）如果光路没有调好，会对光敏电阻的光照特性有什么影响？

【实验目的】

（1）了解光敏电阻的基本工作原理及相关的特性。

（2）了解简单光路的调整原则和方法。

（3）测量光敏电阻的光照特性、伏安特性等基本特性，达到能够选用光敏电阻进行光电检测的目的。

【实验原理】

1. 光电效应

光电传感器的物理基础是光电效应。通常光电效应可分为外光电效应和内光电效应两大类。在光辐射作用下电子逸出材料的表面，产生光电子发射称为外光电效应，基于这种效应的光电器件有光电管、光电倍增管等；电子并不逸出材料表面的则是内光电效应，如光电导效应就属于内光电效应。光电导效应是指当光照射到某些半导体材料上时，其电子吸收光子的能量，从原来的束缚态变成导电的自由态，这时在外电场的作用下，流过半导体的电流会增大,即半导体的电导会增大的现象。

2. 光敏电阻的工作原理

光敏电阻就是基于内光电效应的光电元件。当发生内光电效应时,光敏电阻电导率的改变量为

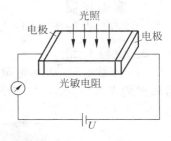

图 4-50　光敏电阻工作原理

$$\Delta\sigma = \Delta pe\mu_p + \Delta ne\mu_n \qquad (4\text{-}90)$$

式中,e 为电荷电量;Δp 为空穴浓度的改变量;Δn 为电子浓度的改变量,μ_p 为空穴的迁移率,μ_n 为电子迁移率。

当光敏电阻两端加上电压 U 后(见图 4-50),光电流为

$$I_{\mathrm{ph}} = \frac{A}{d}\Delta\sigma U \qquad (4\text{-}91)$$

其中 A 为与电流垂直的截面积,d 为电极间的距离。由式(4-90)和式(4-91)可知,当光照强度一定时,光敏电阻两端所加电压与光电流为线性关系,呈电阻特性。该直线经过零点,其斜率可反映在该光照下的阻值状态。

3. 光敏电阻的主要参数

(1) 暗电阻

光敏电阻在不受光照射时的阻值称为暗电阻,此时流过的电流称为暗电流。

(2) 亮电阻

光敏电阻在受光照射时的电阻称为亮电阻,此时流过的电流称为亮电流。

(3) 光电流

亮电流与暗电流之差称为光电流。

(4) 灵敏度

灵敏度是指光敏电阻不受光照射时的电阻值(暗电阻)与受光照射时的电阻值(亮电阻)的相对变化值。

4. 光敏电阻的基本特性

光敏电阻的基本特性包括伏安特性、光照特性、光电灵敏度、光谱特性、频率特性和温度特性等。伏安特性是指在一定照度下,加在光敏电阻两端的电压和光电流之间的关系,如图 4-51 所示。光照特性是指在一定外加电压下,光敏电阻的光电流与光通量的关系,如图 4-52 所示。

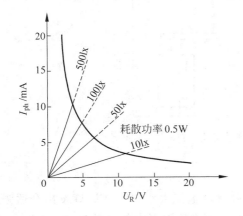

图 4-51　光敏电阻的伏安特性曲线

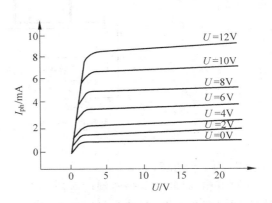

图 4-52　光敏电阻的光照特性曲线

【仪器设备】

1. 实验仪器

光学导轨及底座，LED 光源，直流恒流源，透镜，光敏电阻，稳压电源，万用表各一个。

2. 仪器介绍

（1）光敏电阻：光敏电阻的灵敏度易受潮湿的影响，因此要将光电导体严密封装在带有玻璃的壳体中，如图 4-53 所示。

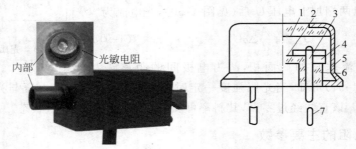

图 4-53   光敏电阻结构图

1—玻璃；2—光电导层；3—电极；4—绝缘衬底；5—金属壳；6—黑色绝缘玻璃；7—引线

（2）LED 光源：有红光和绿光两种。注意通过电流不得高于 20 mA。

（3）万用表：3 位半。

【实验内容】

1. 调节各光学元件到同轴等高

（1）按图 4-54 自搭实验装置。

（2）在光学导轨上依次将光源、透镜和光敏电阻靠拢放置，目测调节各光学元件的中心与光源的中心轴大致等高，并处于同一轴线上，再拉开调节至合适位置。

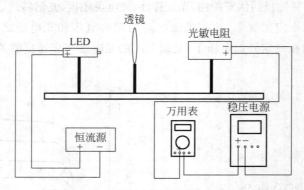

图 4-54   光敏电阻特性测量实验装置

2. 调节光斑

打开恒流源（确保恒流源的电流最小），并通过调节其电流大小，使 LED 灯发出合适强度的光进行光路调节，确保经透镜会聚的光斑完全照射在光敏电阻内部电极上。

3. 光敏电阻阻值与光强的关系的测量

测量在不同的照明光强下的光敏电阻阻值,用坐标纸绘出关系曲线并对曲线进行说明。

4. 伏安特性的测量

测定在不同光照下(I_{LED} 分别取 5 mA、10 mA、15 mA)光电流 I_{ph} 随电压 U 的变化,用坐标纸绘出光敏电阻的伏安特性曲线并对曲线进行说明。

5. 光照特性的测量

测定在不同外加电压 U(U 分别取 5 V、10 V、15 V)下,光电流 I_{ph} 随光照的变化,用坐标纸绘出光敏电阻的光照特性曲线并对曲线进行说明。

【注意事项】

(1) 万用表测量电压、电流时接线部分是关键(正接正,负接负),线路接正确后才能打开电源。

(2) LED 灯上所加电流不能超过 20 mA。

【实验数据】

用坐标纸绘出各测量特性曲线并对曲线进行说明。

【课后思考题】

(1) 实验中要求调节各元件到同轴等高状态,若未达到等高状态,将对实验结果有何影响?

(2) 试把光敏电阻工作原理和光电效应作比较,分析两种现象的异同点。

4.17　电桥和电阻测量

电阻的阻值范围一般很大,可以分为三大类型进行测量。惠斯通电桥法是测量中值电阻($10\sim10^6\,\Omega$)的常用方法之一。它通过在平衡条件下,将待测电阻与标准电阻相比较以确定待测电阻的数值。

对于低电阻($10\,\Omega$ 以下),不能应用通常的惠斯通电桥测量,其主要矛盾是在接触处存在接触电阻(大小在 $10^{-2}\,\Omega$ 的数量级)。当待测电阻值在 $10^{-1}\,\Omega$ 甚至 $10^{-1}\,\Omega$ 以下时,显然接触电阻和引线电阻将使测量完全失去其正确性。因此,对于低值电阻,须采用可消除接触电阻和引线电阻的测量方法——四端接法进行测量(也可采用开尔文电桥法进行测量)。四端接法是国际上通用的测量低值电阻的标准方法之一,它是通过测量待测电阻两端电压和流经的电流来确定其数值的。四端接法具有直接,且可克服触点电阻和引线电阻等特点,适宜各类电阻的测量,尤其是低电阻的测量。

而对于高值电阻($>10^6\,\Omega$)的测量,一般可用兆欧表和数字万用表。

【预习思考题】

(1) 什么叫电桥达到平衡？在实验中如何判断电桥达到了平衡？

(2) 说明用万用表粗测被测电阻 R_x 的重要性。

【实验目的】

(1) 掌握惠斯通电桥测量电阻的原理和方法。

(2) 掌握四端接法测量电阻的原理和方法。

(3) 通过电阻的测量,学习电学实验的实验方法及常用仪器使用方法。

【实验原理】

1. 惠斯通电桥测量原理

惠斯通电桥的原理如图 4-55 所示。标准电阻 R_1、R_2、R_3 和待测电阻 R_x 连成四边形,每一条边称为电桥的一个臂。在对角 A 和 C 之间接电源 E,在对角 B 和 D 之间接检流计 G。因此电桥由 4 个臂、电源和检流计三部分组成。当开关 K_E 和 K_G 接通后,各条支路中均有电流通过,检流计支路起了沟通 ABC 和 ADC 两条支路的作用,好像一座"桥"一样,故称为"电桥"。

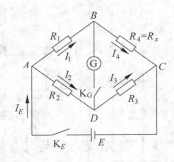

图 4-55 惠斯通电桥测量原理

适当调整各臂的电阻值,可以使流过检流计的电流为零,即 $I_G = 0$。这时,电桥达到平衡,平衡时 B、D 两点的电势相等。根据分压器原理可知

$$V_{BC} = V_{AC} \frac{R_4}{R_1 + R_4} \tag{4-92}$$

$$V_{DC} = V_{AC} \frac{R_3}{R_2 + R_3} \tag{4-93}$$

平衡时,$V_{BC} = V_{DC}$,即

$$\frac{R_4}{R_1 + R_4} = \frac{R_3}{R_2 + R_3}$$

或

$$R_4 = \frac{R_1}{R_2} \cdot R_3 = R_x \tag{4-94}$$

利用电桥可以测量未知电阻 R_x。通常将 R_1 / R_2 称为比率臂,将 R_3 称为比较臂,$R_4 = R_x$ 称为测量臂。所以电桥由四臂、检流计和电源三部分组成。

2. 四端接法测量电阻的原理

如果已知流过待测电阻 R_x 的电流 I(可通过测量标准电阻 R_n 上的电压获得),且测量得到了待测电阻 R_x 的端电压 U_x,那么,待测电阻 R_x 的值为

$$R_x = \frac{U_x}{I} \tag{4-95}$$

　　四端接法的基本特点是恒流源通过两个电流引线极将电流供给待测低值电阻,而数字电压表则通过两个电压引线极来测量由恒流源所供电流而在待测低值电阻上所形成的电位差 U_x。由于两个电流引线极在两个电压引线极之外,因此可排除电流引线极接触电阻和引线电阻对测量的影响;又由于数字电压表的输入阻抗很高,电压引线极接触电阻和引线电阻对测量的影响可忽略不计。

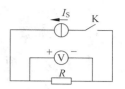

图 4-56 所示原理图中电源为恒流源,用万用表作为电压表测量电压。

图 4-56 　四端接线法原理图

【仪器设备】

1. 实验仪器

　　直流稳压电源,恒流源,万用表,检流计,电阻箱 3 个,阻值数量级不同的待测电阻 5 个,电键两个,九孔板 1 块,连接导线若干。

2. 仪器介绍

（1）直流稳压源提供 0～20 V 的直流电压。

（2）恒流源提供 0～200 mA 的直流电流。

（3）万用表作电流表和电压表使用。

（4）检流计最小分度值为 10^{-7} mA。

（5）电阻箱有 4 挡和 6 挡两种,提供 0～9999 Ω 和 0～99 999.9 Ω 的电阻。

【实验内容】

1. 利用惠斯通电桥测量待测电阻

（1）参照本书 3.4 节电学实验操作规程中的接线方法,按照图 4-55 自搭电桥（建议先接 R_1、R_2、R_3、R_x 环路,再在对角线接检流计和电源分路）。

（2）适当选取比率臂,以保证待测电阻得到要求的有效位数。（建议先用万用表粗测一下待测电阻的阻值。然后按式(4-94)初步确定 R_3 的值。当 R_x 值和 R_3 接近时,可取 $\dfrac{R_1}{R_2} = 1$；当 R_x 值大于 R_3 的最大值时,则可取 $\dfrac{R_1}{R_2} = 10$ 或 100 去测量；当测得的 R_3 的有效位数不足时,可取 $\dfrac{R_1}{R_2} = 0.1$ 或 0.01,把电阻箱的阻值按上述要求放好。）

（3）电源电压一般不宜取得太高,可取 3～5 V。

（4）接通电键 K_E 和 K_G,观察检流计指针偏转方向和大小,改变 R_3 再观察,根据观察的情况正确调整 R_3,直至检流计指针无偏转,记下 R_3 值(注意有效数值)。

（5）利用式(4-94)计算待测电阻 R_x 的阻值。

（6）用上述方法测量 3 个待测电阻阻值并记录。

2. 利用四端接法测量低值电阻

(1) 参照图 4-56,自搭实验线路。

(2) 改变恒流源的电流输出值,同时测量待测电阻上电压值。测 10 组并记录。

【注意事项】

(1) 电源电压不可调得太高,桥臂的分流电流不可超过电阻箱的允许电流,特别在测小电阻的情况。

(2) 测小电阻时,时间要短,以免发热影响电阻阻值的稳定性。

(3) 恒流源的供给电流不大于 200 mA。

(4) 电源应预热 10 min 后,方可进行测量。

(5) 开始接线时,应在电源未开启或把电源都调到 0 时方可接线;而拆线时,应关闭电源开关,方可拆线。

【实验数据】

(1) 惠斯通电桥测量电阻数据记录时,比例臂要记录 R_1、R_2 的具体数值。

(2) 惠斯通电桥测量电阻,利用式(4-94)计算待测电阻 R_x 的阻值,用不确定度表示测量结果。注意电阻的单位习惯用 Ω、$k\Omega$ 或 $M\Omega$,一般不用 $\times 10^2 \Omega$ 或 $\times 10^4 \Omega$ 等。

(3) 四端法测量低值电阻,用作图法处理得到相应的阻值。

【课后思考题】

(1) 用电桥测量电阻过程中,如何正确使用检流计?

(2) 通过实验现象,分析说明为什么数字电压表的高输入阻抗可消除电压引线极接触电阻和引线电阻对测量的影响。

【附录】

1. 惠斯通电桥的灵敏度

用电桥测量电阻时的精度主要取决于电桥的灵敏度,电桥的灵敏度表示为

$$S = \frac{n}{\dfrac{\Delta R_3}{R_3}} \tag{4-96}$$

上述公式的含义:若使比较臂 R_3 改变一微小量 ΔR_3,电桥将偏离平衡,检流计偏转 n 格。如果以 R_x 和 $\Delta R'_x$ 代替 R_3 和 ΔR_3,以检流计的最小可分辨偏转量 Δn(一般认为 $\Delta n = 0.2$ 格)代替 n,则由电桥灵敏度引入的被测电阻值的相对误差为

$$\frac{\Delta R'_x}{R_x} = \frac{\Delta n}{S} \tag{4-97}$$

由电桥灵敏度引入的被测电阻值的绝对误差为

$$\Delta R'_x = \frac{\Delta n}{S} \cdot R_x \tag{4-98}$$

(说明:因灵敏度引起的误差较小,本实验不再考虑。)

2. 影响电桥灵敏度的因素

（1）电桥灵敏度与检流计的电流灵敏度 S_i 成正比。但是如 S_i 过大，电桥灵敏度太大电桥就不易稳定，平衡调节比较困难，所以要选择适当。

（2）电桥灵敏度与电源的电动势 E 成正比。但要注意 E 过大，测小电阻时，有可能桥臂的分流电流超过电阻箱的允许电流而使电阻箱损坏。

（3）电桥灵敏度大致与桥臂的分流电流成正比，即与 $R_1 + R_4$ 和 $R_2 + R_3$ 的阻值成反比。

（4）电桥灵敏度与检流计和电源所接的位置有关。以图 4-55 的接法为例，当 $V_{BC} = V_{AC}/2$ 时，电桥灵敏度将获得最大值，而当 V_{BC} 由 $V_{AC}/2 \to 0$ 时，电桥灵敏度也由最大值 $\to 0$。

4.18　示波器的使用

示波器是一种用途十分广泛的电子测量仪器。它能把肉眼看不见的电信号变换成看得见的图像，便于人们研究各种电现象的变化过程。示波器利用狭窄的、由高速电子组成的电子束，打在涂有荧光物质的屏面上，就可产生细小的光点。在被测信号的作用下，电子束就好像一支笔的笔尖，可以在屏面上描绘出被测信号的瞬时值的变化曲线。利用示波器能观察各种不同信号幅度随时间变化的波形曲线，还可以用它测试各种不同的电量，如电压、电流、频率、相位差、调幅度等。配合各种传感器，还可以用于各种非电量的测量，如压力、声光信号和人体各种生理参数。它是实验室和生产设备中最常用的仪器设备之一。

【预习思考题】

（1）如果示波器是良好的，但由于各个旋钮位置并未调好，荧光屏上看不见亮点，问哪几个旋钮位置不合适可能会造成这种情况？应该怎样操作才能找到亮点？

（2）示波器和信号发生器都良好，但显示屏始终显示是两条直线，这是什么原因造成的？如何解决？

【实验目的】

（1）了解示波器显示波形的原理，了解示波器各主要组成部分及它们之间的联系和配合。

（2）熟悉使用示波器的基本方法，学会用示波器测量波形的电压幅度和周期。

（3）观测李萨如图形。

【模拟示波器的结构及工作原理】

模拟示波器由阴极射线管、扫描同步系统、Y 轴和 X 轴放大系统和触发系统四部分组成，其原理框图如图 4-57 所示。下面只介绍前两部分的作用。

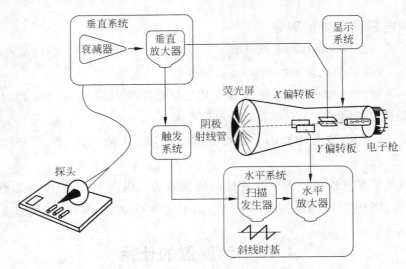

图 4-57　模拟示波器结构原理图

1. 阴极射线管

　　阴极射线管的结构如图 4-58 所示,左端为一电子枪,电子枪加热后发出一束电子,电子经电场加速以高速打在右端的荧光屏上,屏上的荧光物质发光形成一亮点。在电子枪和荧光屏间装有两对相互垂直的平行板,称为偏转板,如果板上加有电压,则电子束通过偏转板时受正电极吸引,受负电极排斥,从而使电子束在荧光屏上的亮点位置也随之改变。在一定范围内,亮点的位移与偏转板上所加电压成正比。两对偏转板的符号如图 4-59 所示,其中水平方向的一对称为 X 轴偏转板,纵方向的一对称为 Y 轴偏转板。

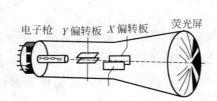

图 4-58　阴极射线管结构简图

图 4-59　阴极射线管内的偏转板

2. 扫描与同步的作用

　　如果在 Y 轴偏转板上加正弦电压,而 X 轴偏转板不加任何电压,则电子束的亮点在纵方向随时间作正弦式振荡,在横方向不动。我们看到的将是一条垂直的亮线,如图 4-60(a)所示。

　　如果在 X 轴偏转板加上波形为锯齿形的电压,而 X 轴偏转板不加任何电压,电子束在荧光屏上的亮点在波形线性上升时由左匀速地向右运动,当电压突然返回 $t=t_0$ 时,亮点到达右端后马上回到左端。这一过程不断重复,亮点只在横方向运动,在荧光屏上看

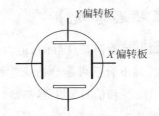
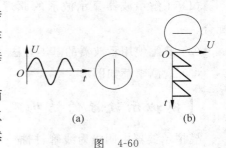

图　4-60

(a)只在 Y 轴偏转板上加正弦电压的情形;

(b)只在 X 轴偏转板加锯齿形电压的情形

到的是一条水平线,如图 4-60(b)所示。

如果在 Y 轴偏转板上加正弦电压,又在 X 轴偏转板上加锯齿形电压,则荧光屏上的亮点将同时进行方向互相垂直的两种位移,其合成原理如图 4-61 所示,描述了正弦图形。如果正弦波与锯齿波的周期(频率)相同,这个正弦图形将稳定地停在荧光屏上。但如果正弦波与锯齿波的周期稍有不同,则第二次所描出的曲线将和第一次的曲线位置稍微错开,在荧光屏上将看到不稳定的图形或不断地移动的图形,甚至很复杂的图形。

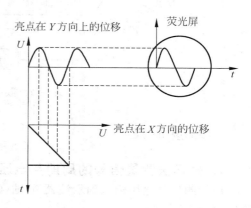

图 4-61　示波器显示波形的原理

要想看到 Y 轴偏转板电压的图形,必须加上 X 轴偏转板电压把它展开,这个过程称为扫描。如果要使显示的波形不畸变,扫描必须是线性的,即必须加锯齿波。

要使显示的波形稳定,Y 轴偏转板电压频率与 X 轴偏转板电压频率的比值必须是整数,即

$$\frac{f_y}{f_x} = n, \quad n = 1,2,3,\cdots \tag{4-99}$$

示波器内部加装了自动频率跟踪的装置,称为"同步"。这样扫描电压的周期就能准确地等于待测电压周期的整数倍,从而获得稳定的波形。

3. 水平与垂直轴放大器

加在水平与垂直偏转板上的信号电压必须足够大,才能使电子束偏转一定角度。因此,必须将输入的弱信号经放大器放大,并用水平及垂直增幅旋钮来调节放大量。如输入信号过强,则需用分压电路进行衰减。

【数字示波器的结构及工作原理】

数字存储示波器(digital storage oscilloscope,DSO)因为在捕捉单次或瞬变信号、自动测量等方面具有模拟示波器无法比拟的优越性而越来越多地被人们所采用。

所谓数字存储就是在示波器中以数字编码的形式来储存信号。在数字存储示波器中,输入信号接头和 CRT(阴极射线管)之间的电路并不只有模拟电路,输入信号的波形在 CRT 上获得之前先要存储到存储器中去。它用 A/D(模/数)变换器将模拟波形转换成数字信号,然后存储在存储器 RAM 中,需要时再将 RAM 中存储的内容调出,通过相应的 A/D(数/模)变换器,再将数字信号恢复为模拟量,显示在 CRT 的屏幕上。在数字存储示波器中,信号处理功能和信号显示功能是分开的。我们在示波器的屏幕上看到的波形总是由所采集到的数据重建的波形,而不是输入连接端上所加信号的立即的、连续的波形显示。数字示波器的结构原理如图 4-62 所示。

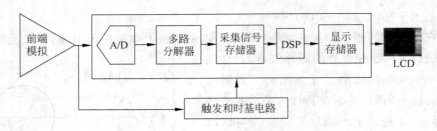

图 4-62　数字示波器结构原理图

【实验原理】

1. 坐标法测量信号的周期和电压峰峰值

把待测信号电压输入到示波器 Y 轴（CH1 或 CH2）的输入端，调节使示波器上显示一稳定波形。

（1）周期测量

根据示波屏上的坐标刻度，读出时间值/每格（t/Div），选取周期数 n，读出 n 个周期所占坐标长度值 ΔT，则周期 $T=\Delta T\times$ t/Div/n，频率 $f=1/T$。

（2）电压的峰峰值测量

根据示波屏上的坐标刻度，读出电压值/每格（U/Div），读出波形的峰-峰所占坐标高度值 ΔU，电压的峰峰值 $U_{PP}=\Delta U\times U$/Div，如图 4-63 所示（$U_{PP}=10\times4.20=42.0$ mV）。

在测量被测信号的电压时，应通过调节衰减率（U/Div）使其幅度尽量放大，但是不能超出显示屏幕。

2. 光标法测量信号的周期和电压峰峰值

把待测信号电压输入到示波器 Y 轴（CH1 或 CH2）的输入端，调节使示波器上显示一稳定波形。

（1）周期测量

根据示波器内设光标，调控示波器的光标模块，使光标处于垂直位置，并使二光标刚好处于波形 n 个周期的两端，从显示屏上读出相应的数值 ΔT，则周期 $T=\Delta T/n$，如图 4-64 所示（$T=\Delta T/n=3.85/1=3.85$ ms）。

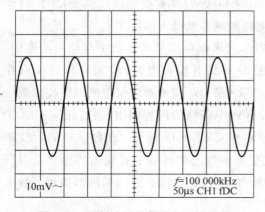

图 4-63　坐标法测量信号电压峰峰值

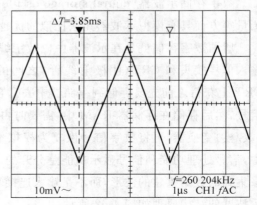

图 4-64　光标法测量信号周期值

（2）电压的峰峰值测量

根据示波器内设光标，调控示波器的光标模块，使光标处于水平位置，并使二光标刚好处于波形的最上端和最下端，从显示屏上读出相应的数值 ΔU，则电压的峰峰值 $U_{PP}=\Delta U$。

3. 李萨如图形的观测

李萨如图是相互垂直的两个振动的合成轨迹。但是，如果这两个相互垂直的振动的频率为任意值，那么它们的合成轨迹就会比较复杂，而且轨迹是不稳定的。然而，如果两个振动的频率成简单的整数比，这样就能合成一个稳定、封闭的曲线图形，这就是李萨如图形。

示波器上李萨如图形形成过程：在示波器的 X 轴偏转板和 Y 轴偏转板输入频率相同或成简单整数比的两个正弦信号，则屏上将呈现李萨如图形，如表 4-2 所示。

表 4-2　李萨如图形举例表

$f_y : f_x$	1:1	1:2	1:3	2:3	3:2	3:4	2:1
李萨如图形							

若以 n_x 和 n_y 分别表示李萨如图形与水平外切线和垂直外切线的切点数，则其切点数与 Y 轴和 X 轴输入的两正弦信号的频率 f_y 和 f_x 之间有如下关系：

$$\frac{f_y}{f_x} = \frac{n_x}{n_y} \tag{4-100}$$

利用式（4-100）可测量未知信号的频率。

【仪器设备】

1. 实验仪器

GOS6021 型二踪示波器，DF1641D 型数字函数信号发生器，数据传输线 2 根。

2. 仪器介绍

详细了解示波器和函数信号发生器各旋钮的功能和作用，见本书 3.4 节。

【实验内容】

1. 示波器的调整和正弦波形的显示

（1）熟读示波器的使用说明，掌握示波器的性能及使用方法。

（2）把信号发生器的输出接到示波器的 Y 轴（CH1 通道或 CH2 通道）输入上，接通电源开关，把示波器和信号发生器的各旋钮调到正常使用位置，使在荧光屏上显示便于观测的稳定波形。

2. 示波器的定标和波形电压、周期的测量

（1）把 Y 轴放大和扫描频率的旋钮都放在校准位置。

（2）把校准信号输出端接到 Y 轴（CH1 通道或 CH2 通道）输入插座。

（3）选择不同频率的 3 种正弦波，用示波器荧屏的坐标和示波器内设的光标测量正弦电压的周期，并和信号发生器上显示的频率值比较，记下测量结果。

（4）选择不同幅值的 3 种正弦波，用示波器荧屏的坐标和示波器内设的光标测量正弦电压的峰峰值，并和信号发生器上显示的电压值比较，记下测量结果。

3. 观测李萨如图形

（1）将正弦电压输入到 Y 轴（CH1 通道）和 X 轴（CH2 通道），垂直方式按下 X-Y 按键，水平方式选择开关按下 X-Y 按键。

（2）调节 CH1 和 CH2 中偏转因数开关及微调使荧光屏上两路显示的波形幅度相近。

（3）调节信号发生器的频率，记下 3 种频率比的李萨如图形及相应的信号发生器显示的频率值。

【注意事项】

（1）必须熟知示波器各旋钮的功能，不得随意乱拨光屏。

（2）不要使光点长时间停留在荧光屏上一点，避免烧坏示波器的荧光屏。

（3）电子仪器一般要避免频繁开机、关机，示波器也是这样。

（4）关机前先将辉度调节旋钮沿逆时针方向转到底，使亮度减到最小，然后再断开电源开关。

【实验数据】

（1）周期测量要记录频率参考值、周期数、时间值，坐标法还要记录时间格数及单位时间值。

（2）电压测量要记录电压参考值、电压值，坐标法还要记录电压格数及单位电压值。

（3）李萨如图形测量要记录图形、图形水平外切线的切点数、垂直外切线的切点数，已知信号频率 f_x（或 f_y）。

（4）求出示波器测量的正弦信号周期、频率。与信号发生器频率比较，求百分差。

（5）求出示波器测量的正弦信号电压峰峰值。与信号发生器电压峰峰值比较，求百分差。

（6）李萨如图形求未知信号的频率，与参考值（$f_0 = 50$ Hz）比较，求百分差。

【课后思考题】

（1）如何使图像稳定？主要调节哪几个旋钮？

（2）示波器的扫描频率远大于或远小于 Y 轴正弦波信号的频率时，屏上图形将是什么情形？

4.19　霍尔法测量线圈的磁场

霍尔效应是导电材料中的电流与磁场相互作用而产生电动势的效应。1879 年美国霍普金斯大学研究生霍尔在研究金属导电机理时发现了这种电磁现象，故称霍尔效应。近年来，霍尔效应实验不断有新发现。1980 年原西德物理学家冯·克利青研究二维电子气系统的输运特性,在低温和强磁场下发现了量子霍尔效应,这是凝聚态物理领域最重要的发现之一。目前对量子霍尔效应正在进行深入研究,并取得了重要应用,例如用于确定电阻的自然基准,可以极为精确地测量光谱精细结构常数等。

在磁场、磁路等磁现象的研究和应用中,霍尔效应及其元件是不可缺少的,利用它观测磁场直观、干扰小、灵敏度高、效果明显。

【预习思考题】

(1) 若磁感应强度与霍尔元件平面不完全正交,则算出的磁感应强度比实际值大还是小? 要准确测定磁场,实验应怎样进行呢?

(2) 用霍尔传感器测量磁场时,如何确定磁感应强度方向?

【实验目的】

(1) 学习用霍尔传感器测量磁场的思想方法。

(2) 测量单个通电圆线圈中的磁感应强度。

(3) 测量亥姆霍兹线圈轴线上各点的磁感应强度。

【实验原理】

1. 单线圈的磁场

根据毕奥-萨伐尔定律,载流线圈在轴线(通过圆心并与线圈平面垂直的直线上某点)的磁应强度为

$$B = \frac{\mu_0 R^2}{2(R^2 + x^2)^{3/2}} NI \tag{4-101}$$

式中 I 为通过线圈的电流强度,N 为线圈的匝数,R 为线圈平均半径,x 为圆心到该点的距离,μ_0 为真空磁导率。因此,圆心处的磁感应强度 B_0 为

$$B_0 = \frac{\mu_0}{2R} NI \tag{4-102}$$

轴线外的磁场分布计算公式较复杂,这里从略。

2. 亥姆霍兹线圈的磁场

亥姆霍兹线圈是一对匝数和半径相同的共轴平行放置的圆线圈,两线圈间的距离 d 正好等于圆形线圈的半径 R。这种线圈的特点是能在其公共轴线中点附近产生较广的均匀磁场区,故在生产和科研中有较大的实用价值,其磁场合成示意图如图 4-65 所示。当两通电线圈的通电电流方向一样时,线圈内部形成的磁场方向也一致,这样两线圈之间的部分就形成均匀磁场。根据霍尔效应:探测头置于磁场中,运动的电荷受洛伦兹力,运动方向发生偏转。在探测头导体一端会有电荷积累,这样探测头两端就形成电势差。通过测电势差就可知道其磁场的大小。

设 Z 为亥姆霍兹线圈中轴线上某点离中心点 O 处的距离,则亥姆霍兹线圈轴线上任意点的磁感应强度为

$$B = \frac{1}{2} \mu_0 NIR^2 \left\{ \left[R^2 + \left(\frac{R}{2} + Z \right)^2 \right]^{-3/2} + \left[R^2 + \left(\frac{R}{2} - Z \right)^2 \right]^{-3/2} \right\} \tag{4-103}$$

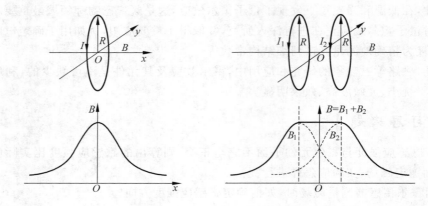

图 4-65　导电线圈和亥姆霍兹线圈磁场分布图

而在亥姆霍兹线圈轴线上中心 O 处磁感应强度 B'_O 为

$$B'_O = \frac{\mu_0 NI}{R} \times \frac{16}{5^{3/2}} \qquad (4\text{-}104)$$

在 $I = 0.5\text{A}, N = 500, R = 0.110\text{m}$ 的实验条件下，单个线圈圆心处的磁场强度为

$$B_0 = \frac{\mu_0}{2R} NI = 4\pi \times 10^{-7} \times 500 \times 0.5/(2 \times 0.110) = 1.43(\text{mT})$$

当两圆线圈间的距离 d 正好等于圆形线圈的半径 R，组成亥姆霍兹线圈时，轴线上中心 O 处磁感应强度 B'_O 为

$$B'_O = \frac{\mu_0 NI}{R} \times \frac{16}{5^{3/2}} = \frac{4\pi \times 10^{-7} \times 500 \times 0.5}{0.110} \times \frac{16}{5^{3/2}} = 2.05(\text{mT})$$

当两圆线圈间的距离 d 不等于圆形线圈的半径 R 时，轴线上中心 O 处磁感应强度 B_O 按本实验所述的公式(4-103)计算。

3. 霍尔元件的灵敏度

霍尔元件的灵敏度受温度及其他因素的影响较大，所以实验仪器提供的灵敏度仅供参考。霍尔元件的实际灵敏度可由实验测得。根据霍尔效应原理

$$K_H = \frac{U_{H0}}{I_s B_0}$$

其中 U_{H0} 为 $I = 0.5\text{A}, N = 500, R = 0.110\text{m}$ 的实验条件下，$B_0 = 2.05\text{mT}$ 时的霍尔电压。可以测量出不同三维位置时的 U_H 值，这样再根据公式 $U_H = K_H I_s B\cos\theta = K_H I_s B$ 可知

$$B = \frac{U_H}{K_H I_s} \qquad (4\text{-}105)$$

从而求得不同三维位置的磁感应强度 B。

【仪器设备】

1. 实验仪器

DH4501A 型亥姆霍兹磁场实验仪，线圈磁场架。

2. 仪器介绍

（1）DH4501A 型亥姆霍兹磁场实验仪由可调恒流源和测量磁场的高斯计两部分组成。

① 内置恒流源部分：输出电流 $0\sim0.5$ A，3 位半数显表，最小分辨率 1 mA。最大电压 24 V。

② 内置磁场测量部分（高斯计）：当与亥姆霍兹线圈架内的霍尔传感器相配套工作时，测量磁场范围 $0\sim2.2$ mT，最小分辨率 0.001 mT。

（2）线圈磁场架如图 4-66 所示。

主要技术参数如下：

① 两个励磁线圈：线圈有效半径 110 mm；单个线圈匝数 500 匝；两线圈中心间距 110 mm。

② 移动装置：轴向可移动距离 230 mm，径向可移动距离 75 mm，距离分辨率 1 mm。

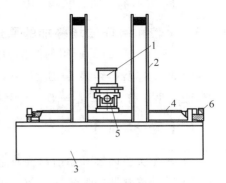

图 4-66　线圈磁场架
1—测量磁场传感器（SS495A 型霍尔元件）；
2—励磁线圈；3—机箱架；4—移动装置 1；
5—移动装置 2；6—手轮

【实验内容】

在开机前先将工作电流 I_S 和励磁电流 I_M 调节到最小，即逆时针方向将电位器调节到最小，以防冲击电流将霍尔传感器损坏。开机预热 10 min 再做实验。

1. 测量单个通电圆线圈 X 轴线上磁感应强度的分布

测量前将亥姆霍兹线圈的距离设为 R，即 110 mm 处；铜管位置至 R 处；Y 向导轨置于 0，并紧固相应的螺母，这样使霍尔元件位于亥姆霍兹线圈轴线上。

（1）测量单个通电圆线圈 Ⅰ X 轴线上磁感应强度的分布

① 连线电控箱和圆线圈部分，其中霍尔传感器的信号插头连接到测试架后面板的专用四芯插座。

② 调节励磁电流 I_M 为零，再调节面板上的调零电位器旋钮，使毫伏表显示为 0.00。

③ 在励磁电流 $I_\mathrm{M}=0.5$A 时，测量单个圆线圈 Ⅰ 的霍尔电压与 X 轴线上位置变化的关系（可以每隔 10 mm 测量一个数据）。

④ 记录数据，并绘出 B_I-x 图，即圆线圈轴线上 B 的分布图。

（2）测量单个通电圆线圈 Ⅱ X 轴线上磁感应强度的分布。要求同 1（1）。

2. 测量亥姆霍兹线圈轴线上磁感应强度的分布

（1）测量亥姆霍兹线圈 X 轴线上磁感应强度的分布

测量前将亥姆霍兹线圈的距离设为 R，即 110 mm 处；铜管位置至 R 处；Y 向导轨置于 0，并紧固相应的螺母，使霍尔元件位于亥姆霍兹线圈轴线上。

① 将圆线圈 Ⅰ 和 Ⅱ 同向串联，连线电控箱和圆线圈部分。

② 调节励磁电流 I_M 为零，再调节面板上的调零电位器旋钮，使毫伏表显示为 0.00。

③ 在励磁电流 $I_\mathrm{M}=0.5$ A 时，测量亥姆霍兹线圈的霍尔电压与 X 轴线上位置变化的关系（可以每隔 10 mm 测量一个数据）。

④ 记录数据,并绘出 $B(R)$-x 图,即亥姆霍兹线圈 X 轴线上 B 的分布图。

(2) 同 2(1)的思路,测量亥姆霍兹线圈 Y 轴线上磁感应强度的分布。

3. 比较和验证磁场叠加的原理

(1) 将 1(1)和 1(2)所得的结果 $B_{(1)}$、$B_{(2)}$ 相加,绘制 $[B_{(1)}+B_{(2)}]$-x 图。

(2) 将上述所得结果的 $[B_{(1)}+B_{(2)}]$-x 图与 2(1)所得的结果 $B(R)$ 绘制的 $B(R)$-x 图比较,证明是否符合式 $B_{(1)}+B_{(2)}=B(R)$。

【注意事项】

(1) 每个实验内容开始前都要对毫伏表调零。

(2) 霍尔传感器的信号插头与专用四芯插座一定要插好,否则数据混乱。

【实验数据】

(1) 在同一坐标系里,作出单个通电圆线圈 X 轴线上的磁感应强度分布图和亥姆霍兹线圈 X、Y 轴线上各点的磁感应强度分布图。

(2) 用计算和作图比较和验证磁场叠加的原理。

【课后思考题】

(1) 霍尔传感器是如何实验测磁场的?

(2) 霍尔效应还能应用于什么领域?

4.20 集成霍尔传感器的特性测量与应用

1879 年,霍尔在一个用来判断导体中载流子符号的实验中发现了一种电磁现象,即霍尔效应。后来人们发现半导体、导电流体等也有这种效应,而且半导体的霍尔效应比金属强很多。基于霍尔效应测定的霍尔系数,可用于确定半导体材料的导电类型、载流子浓度及迁移率等参数。导电流体中的霍尔效应也是目前正在研究中的"磁流体发电"的理论基础。近年来,霍尔效应实验不断有新发现。1980 年,德国物理学家冯·克利青在低温和强磁场下发现了量子霍尔效应,这是近年来凝聚态物理领域最重要的发现之一。克利青也因这一重要发现而获得 1985 年的诺贝尔物理学奖。近三十多年以来,基于霍尔效应用具有高载流子迁移率的半导体材料制成的霍尔传感器的制造技术和应用得到了全面发展。新的制造技术,如集成电路技术和分子束外延技术的应用,使得霍尔传感器具有高的可靠性、高的灵敏度和良好的温度稳定性,而在汽车、电力电子技术、无刷直流电机、电能管理、遥控、遥测、计算机数据采集以及医疗仪器等方面形成了广泛的产业性应用。

【预习思考题】

(1) 本实验研究的内容是什么?

(2) 霍尔电压产生的条件是什么? 实验中如何实现这一条件?

【实验目的】

（1）了解霍尔效应原理和集成霍尔传感器的工作原理。

（2）通过测量螺线管励磁电流与集成霍尔传感器输出电压的关系，证明霍尔电势差与磁感应强度成正比。

（3）用通电螺线管中心点处磁感应强度的理论计算值校准集成霍尔传感器的灵敏度。

（4）测量螺线管内磁感应强度沿螺线管中轴线的分布，并与相应的理论曲线比较。

【实验原理】

1. 霍尔效应

将一导电体(金属或半导体)薄片放在磁场中，并使薄片平面垂直于磁场方向(如图 4-67 所示)。当薄片纵向端面有电流 I 流过时，在与电流 I 和磁场 B 垂直的薄片横向端面 a、b 间就会产生一电势差，这种现象称为霍尔效应(Hall effect)，所产生的电势差叫做霍尔电势差或霍尔电压，用 U_H 表示。

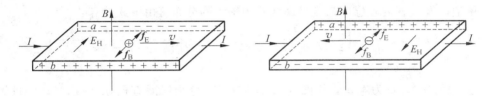

图 4-67　不同载流子的霍尔效应原理图

霍尔效应是由运动电荷(载流子)在磁场中受到洛伦兹力的作用引起的。洛伦兹力 f_B 使载流子发生偏转，在薄片横向端面上聚积电荷形成不断增大的横向电场 E_H(称霍尔电场)，从而使载流子又受到一个与洛伦兹力 f_B 反向的电场力 f_E。直到 f_E 与 f_B 相等时，载流子不再发生偏转，在 a、b 间形成一个稳定的霍尔电场。这时，两横向端面 a、b 间的霍尔电压就达到一个稳定数值 U_H。端面 a、b 间霍尔电压的符号与载流子电荷的正负有关。因此，通过测量霍尔电压的正负，即可判断半导体材料的导电类型。

实验表明，在外磁场不太强时，霍尔电压 U_H 与工作电流 I 和磁感应强度 B 成正比，与薄片厚度 d 成反比，即

$$U_H = R_H \cdot \frac{IB}{d} = K_H IB \tag{4-106}$$

式中比例系数 R_H 和 $K_H(=R_H/d)$ 分别称为霍尔系数和霍尔元件的灵敏度。用霍尔效应测量磁场是在霍尔元件的灵敏度 K_H 和工作电流 I 已知的条件下，通过测量霍尔电压 U_H，再由式(4-106)求出磁感应强度 B。

2. 集成霍尔传感器

SS495A 型集成霍尔传感器(线性测量范围 $0 \sim 67\text{mT}$，灵敏度 31.25 V/T)由霍尔元件、放大器和薄膜电阻剩余电压补偿器组成(见图 4-68)。测量时输出信号大，不必考虑剩

余电压的影响。工作电压 $V_S = 5V$，在磁感应强度为零时，输出电压为 $U_o \approx 2.5V$。它的输出电压 U 与磁感应强度 B 的关系如图 4-69 所示。该关系可以用下式表示：

$$B = (U - U_o)/K \tag{4-107}$$

式中 U 为集成霍尔传感器输出电压，K 为该传感器的灵敏度。

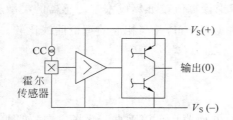

图 4-68　SS495A 型集成霍尔传感器示意图

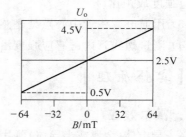

图 4-69　输出电压与磁感应强度的关系图

3. 螺线管内磁场分布

单层通电螺线管内磁感应强度沿螺线管中轴线的分布可由下式计算：

$$B(x) = \mu_0 \frac{N}{L} I_M \left(\frac{L + 2x}{2[D^2 + (L + 2x)^2]^{1/2}} + \frac{L - 2x}{2[D^2 + (L - 2x)^2]^{1/2}} \right) \tag{4-108}$$

$$= C(x) I_M$$

式中 N 为绕线匝数，L 为螺线管长度，I_M 为励磁电流，D 为线圈直径，$\mu_0 = 4\pi \times 10^{-7} \mathrm{H/m}$ 为真空磁导率，x 为以螺线管中心作为坐标原点时的位置。

实验中所用的螺线管是由 10 层绕线组成的。根据每层绕线的实际位置，由式(4-108)可以计算每层绕线的 $B(x)$ 值，将 10 层绕线的 $B(x)$ 值求和，即可得到螺线管内的磁场分布。表 4-3 给出励磁电流 $I_M = 0.1A(100 \text{ mA})$ 时螺线管内磁感应强度的理论计算值。由表 4-3 可以容易地得到不同励磁电流 I_M 时螺线管内磁感应强度的理论计算值。

表 4-3　励磁电流 $I_M = 0.1A$ 时螺线管内磁感应强度的理论计算值

x/cm	B/mT	x/cm	B/mT
0	1.4366	±8.0	1.4057
±1.0	1.4363	±9.0	1.3856
±2.0	1.4356	±10.0	1.3478
±3.0	1.4343	±11.0	1.2685
±4.0	1.4323	±11.5	1.1963
±5.0	1.4292	±12.0	1.0863
±6.0	1.4245	±12.5	0.9261
±7.0	1.4173	±13.0	0.7233

4. 输出电压为零($U_。=0$)的补偿电路(见图 4-70)

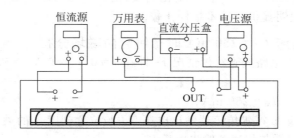

图 4-70　输出电压为零($U_。=0$)的补偿电路

【仪器设备】

1. 实验仪器

霍尔效应实验仪,万用表,恒流源,稳压电源。

2. 仪器介绍

(1) SS495A 型集成霍尔传感器

工作电压(DC)4.5～5.5 V,磁场测量范围−67～67 mT(指线性使用范围),零点电压(零磁场时)(2.500 ± 0.075)V,灵敏度 $K=(31.25\pm1.25)$V/T。

(2) 螺线管

长度 $L=260$ mm,内径为 25 mm,外径为 45 mm,绕线层数为 10 层,绕线匝数为(3000 ± 20)匝,螺线管中央均匀磁场范围>100 mm。

(3) 电源和数字电压表

① 数字直流恒流源 0～1000 mA 连续可调,最大输出电压为 20 V。

② 直流稳压电源

(a) 5V(工作电源),0～20V 连续可调。

(b) 2.5V(可微调补偿电源)。

③ 四位半数字万用表 200 mV、2 V、20 V,DC 挡。

【实验内容】

1. 测量螺线管励磁电流 I_M 与集成霍尔传感器输出电压 U_H 的关系

(1) 使集成霍尔传感器处于螺线管内中心点($x=0$)。

(2) 按图 4-70 连接好补偿电路。

(3) 在集成霍尔传感器处于零磁场和 $V_S=5$ V 条件下,调节电路使电路达到补偿,即将万用表负端导线接到直流分压盒 2.4～2.6 V 输出端正极,调整粗调和细调旋钮,使得 $U_。=0$。

(4) 螺线管通以励磁电流 I_M,并在 0～500 mA 电流输出范围内变化,测量集成霍尔传感器输出电压 U_H,记录 U_H-I_M 关系数据。

(5) 利用上述测量数据,以通电螺线管中心点磁感应强度 $B(x=0)$ 的理论计算值为标准值,校准实验装置上集成霍尔传感器的灵敏度 K(用式(4-107)求出 K 值)很容易得到在 $x=0$ 时 $U=KCI_M$ 值,画出 U 值随 I_M 变化曲线,由斜率即可求出 K 值。将这样确定的灵敏度 K 值与该产品说明提供的技术指标比较。

2. 测量励磁电流 $I_M=250$ mA 时螺线管内磁场分布

(1) 在实验内容 1 电路达到补偿情况下,即在 $x=0$,$I_M=0$,$V_S=5$ V 条件下输出电压为零($U_o=0$)。

(2) 调节励磁电流 $I_M=250$ mA。

(3) 测量并记录集成霍尔传感器输出电压 U_H 与位置刻度 x 的关系数据。要求每移动 1 cm,测量相应的集成霍尔传感器输出电压 U_H。

(4) 画出通电螺线管内磁感应强度的实验和理论计算曲线,实验测量数据和理论计算曲线分别用实圆点和实线表示,坐标原点选在螺旋管中心处(须对 x 轴进行坐标平移)。

【注意事项】

(1) 在实验电路中集成霍尔元件的正、负极不能接反,否则将损坏元件。

(2) 仪器接通电源后,应预热数分钟再开始测量数据。

(3) 拆除接线前应先关闭电源。

(4) 关闭恒流源、稳压电源前,应调节输出电流、电压至零,然后关闭电源。

【实验数据】

用坐标纸或 Origin 软件绘图。

【课后思考题】

(1) 补偿电路的作用是什么?

(2) 在磁感应强度为零时,集成霍尔元件的输出电压为 $U_o=2.5$ V,这个电压是霍尔电压吗? 为什么?

(3) 根据实验介绍以及相应的原理,尝试分析实验的可能误差来源。

(4) 判断霍尔传感器灵敏度 K 主要由什么决定?

4.21 用弯曲法测固体的杨氏模量

测量杨氏模量有拉伸法、梁的弯曲法、振动法、内耗法等,本实验采用梁的弯曲法测量杨氏模量。弯曲法测金属杨氏模量实验仪的特点是待测金属薄板只需受较小的力 F,便可产生较大的形变 Δz,测量结果准确度高。

该实验仪器是在弯曲法测量固体材料杨氏模量的基础上,加装霍尔位置传感器而成的。通过霍尔位置传感器测量微小位移量,有利于科研与生产实际相联系,使学生了解和学习微小位移的非电量电测新方法。

【预习思考题】

(1) 在实验中杨氏模量的测量公式成立的条件是什么?

(2) 在实验中最需要保证的实验条件是什么?

（3）在实验中如何确定支撑横梁的两刀口是否平行？

【实验目的】

（1）学习霍尔位置传感器测量微小位移的方法；
（2）掌握用弯曲法测量固体材料的杨氏模量；
（3）正确选择和使用常规测长仪器。

【实验原理】

1. 固体材料的杨氏模量

一根粗细均匀的金属棒，长度为 L，截面积为 S，在受到沿长度方向的外力 F 的作用时发生形变，伸长 ΔL。根据胡克定律，在弹性限度内，其应力 F/S（单位截面积上的力）与应变 $\Delta L/L$（相对伸长量）成正比，

$$\frac{F}{S} = E\frac{\Delta L}{L} \tag{4-109}$$

式中 E 称为该固体棒的杨氏模量（或称弹性模量），它只取决于材料的性质，反映材料的抗拉或抗压能力，与长度 L、截面积 S 无关。单位为 $\mathrm{N \cdot m^{-2}}$。

2. 弯曲法测量横梁的杨氏模量

设梁的厚度为 a，梁的宽度为 b，梁两端自由置于一对平行刀口上，两刀口之间的距离为 L，梁中间加质量为 m 的砝码。梁中心下降距离为 Δz，在弹性限度内，当 Δz 远远小于 L 时，如图 4-71 所示，梁的杨氏模量 E 可以用下式表示：

$$E = \frac{L^3 mg}{4a^3 b \Delta z} \tag{4-110}$$

其中，g 为重力加速度。公式的具体推导见附录。

3. 霍尔位置传感器测量微小位移

（1）霍尔效应

将一导电体（金属或半导体）薄片放在磁场中，并使薄片平面垂直于磁场方向（如图 4-72 所示）。当薄片纵向端面有电流 I 流过时，在与电流 I 和磁场 B 垂直的薄片横向端面间就会产生一电势差，这种现象称为霍尔效应（Hall effect），所产生的电势差叫做霍尔电压，用 U_{H} 表示。霍尔电压 U_{H} 与工作电流 I 和磁感应强度 B 成正比，即

$$U_{\mathrm{H}} = K \cdot I \cdot B \tag{4-111}$$

式中 K 为元件的霍尔灵敏度。

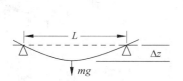

图 4-71　横梁弯曲示意图

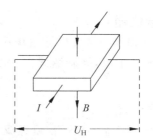

图 4-72　霍尔效应原理

（2）测量微小位移

如果保持霍尔元件的电流 I 不变,而使其在一个均匀梯度的磁场中移动时,则输出的霍尔电势差变化量为

$$\Delta U_{\mathrm{H}} = K \cdot I \cdot \frac{\mathrm{d}B}{\mathrm{d}z} \cdot \Delta z \tag{4-112}$$

式(4-112)中 Δz 为位移量,霍尔电压 ΔU_{H} 与 Δz 成正比。

为实现均匀梯度的磁场,如图 4-73 所示选用两块相同的磁铁(磁铁截面积及表面磁感应强度相同),并使 N 极与 N 极相对地放置,两磁铁之间留一等间距间隙,霍尔元件平行于磁铁放在该间隙的中轴上。间隙大小要根据测量范围和测量灵敏度要求而定,间隙越小,磁场梯度就越大,灵敏度就越高。磁铁截面要远大于霍尔元件的面积,以尽可能地减小边缘效应影响,提高测量精确度。

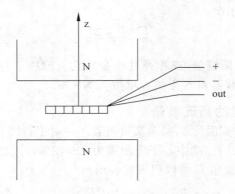

图 4-73　实现均匀梯度的磁场示意图

由于磁铁间隙内中心截面处的磁感应强度为零,霍尔元件处于该处时,输出的霍尔电势差应该为零。当霍尔元件偏离中心沿 z 轴发生位移时 Δz,由于磁感应强度不再为零,霍尔元件也就产生相应的电势差输出,其大小可以用数字电压表测量。由此可以将霍尔电势差为零时元件所处的位置作为位移参考零点。

霍尔电势差与位移量之间存在一一对应关系,当位移量较小时(<2mm),这一对应关系具有良好的线性。由于该固体棒的应变量较小(<2mm),因此,用其测量固体棒的应变量 Δz,从而得到固体棒杨氏模量的测量。

【仪器设备】

1. 实验仪器

FD-HY-I 霍尔位置传感器法杨氏模量测定仪,直流数字电压表,米尺,游标卡尺,螺旋测微器,被测黄铜样品,被测锻铸铁样品。

2. 仪器介绍

霍尔位置传感器测杨氏模量组成如图 4-74:其中:1—铜架上的基线,2—读数显微镜,3—刀口,4—横梁,5—铜杠杆(顶端

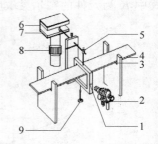

图 4-74　霍尔位置传感器测杨氏模量组成图

装有 95A 型集成霍尔传感器),6,7—磁铁(N 极相对放置),8—调节架,9—砝码。

【实验内容】

1. 仪器调整

(1)调节三维调节架的调节螺丝,使集成霍尔位置传感器探测元件处于磁铁中间的位置。

(2)用水准器观察,调节底座螺丝使设备水平。

(3)调节霍尔位置传感器的毫伏表使毫伏表读数为零。

磁铁盒下的调节螺丝可以使磁铁上下移动,当毫伏表数值很小时,停止调节固定螺丝,最后调节调零电位器使毫伏表读数为零。

2. 基本内容

弯曲法测量黄铜样品的杨氏模量和对霍尔位置传感器的定标。

(1)调节读数显微镜,使眼睛观察十字线及分划板刻度线和数字清晰。然后移动读数显微镜前后距离,使能够清晰看到铜架上的基线。转动读数显微镜的鼓轮使刀口架的基线与读数显微镜内十字刻度线吻合,记下初始读数值。

(2)在砝码盘上逐次增加一个 10g 砝码 m_i 共 8 次,相应从读数显微镜上读出梁的弯曲位移 Δh_i 及数字电压表相应的读数值 U_i(单位 mV)。

(3)选择合适的测长仪器测量横梁两刀口间的长度 L 及测量不同位置横梁宽度 b 和梁厚度 a;长度 L 做一次测量,横梁宽度 b 做 6 次测量,梁厚度 a 做 6 次测量。

(4)计算黄铜的杨氏模量;计算出霍尔位置传感器的灵敏度。

3. 选做内容

测量可锻铸铁的杨氏模量

(1)在砝码盘上逐次增加一个 10g 砝码 m_i 共 8 次,从数字电压表相应的读取数值 U_i(单位 mV)。

(2)用上面计算出霍尔位置传感器的灵敏度,计算可锻铸铁的杨氏模量。

【注意事项】

(1)实验开始前,检查横梁是否有弯曲,如有,应矫正。

(2)在进行测量之前,检查杠杆的水平、刀口的垂直、挂砝码的刀口处于梁中间,要防止外加风的影响,杠杆安放在磁铁的中间,注意不要与金属外壳接触。

(3)定标前,要先将霍尔传感器输出调零;同时,使霍尔位置传感器的探头处于两块磁铁的正中间稍偏下的位置,这样测量数据更可靠一些。

(4)加减砝码时,要稳定不要晃动,电压值达到稳定值时读数;同时,加减砝码时不要使中间刀口移位,否则会造成较大的实验误差。

【实验数据】

(1)已知黄铜的杨氏模量参考值 $E_{0黄铜} = 10.55 \times 10^{10} \, N/m^2$;已知可锻铸铁的杨氏模量

参考值 $E_{0锻铁} = 18.15 \times 10^{10} \, \text{N/m}^2$。

(2) 用逐差法处理样品在 $m = 40.00\text{g}$ 的作用下产生的位移量 Δz。

(3) 计算样品的杨氏模量的测量值,用不确定度表示测量结果;并与参考值比较求百分差。

(4) 计算霍尔位置传感器的灵敏度,并与参考值进行比较。

【课后思考题】

(1) 本实验中影响实验结果的因素有哪些?

(2) 为什么要有限制地增加砝码?

(3) 本实验中 Δz 还可以用哪些方法测量得到?

(4) 什么是霍尔效应?什么是霍尔元件?什么是霍尔传感器?

【附录】弯曲法测量杨氏模量公式的推导

固体、液体及气体在受外力作用时,形状与体积会发生或大或小的改变,这统称为形变。当外力不太大,因而引起的形变也不太大时,撤掉外力,形变就会消失,这种形变称为弹性形变。弹性形变分为长变、切变和体变三种。

一段固体棒,在其两端沿轴方向施加大小相等、方向相反的外力 F,其长度 L 发生改变 ΔL,以 S 表示横截面面积,称 F/S 为应力,相对长度变 $\Delta L/L$ 为应变。在弹性限度内,根据胡克定律有

$$\frac{F}{S} = E \frac{\Delta L}{L}$$

E 称为杨氏模量,其数值与材料性质有关。本实验采用弯曲法测量,杨氏模量公式为

$$E = \frac{L^3 mg}{4a^3 b \Delta z}$$

以下具体推导此式。

在横梁发生微小弯曲时,梁中存在一个中性面,面上部分发生压缩,面下部分发生拉伸,所以整体说来,可以理解横梁发生长变,即可以用杨氏模量来描写材料的性质。

如图 4-75 所示,虚线表示弯曲梁的中性面,易知其既不拉伸也不压缩,取弯曲梁长为 $\text{d}x$ 的一小段。设其曲率半径为 $R(x)$,所对应的张角为 $\text{d}\theta$,再取中性面上部距为 y,厚为 $\text{d}y$ 的一层面为研究对象,那么,梁弯曲后其长变为 $(R(x) - y) \cdot \text{d}\theta$,所以,变化量为 $(R(x) - y) \cdot \text{d}\theta - \text{d}x$,又

$$\text{d}\theta = \frac{\text{d}x}{R(x)}$$

所以

$$(R(x) - y) \cdot \text{d}\theta - \text{d}x = (R(x) - y) \frac{\text{d}x}{R(x)} - \text{d}x = -\frac{y}{R(x)} \text{d}x$$

则应变为

$$\varepsilon = -\frac{y}{R(x)}$$

根据胡克定律,有

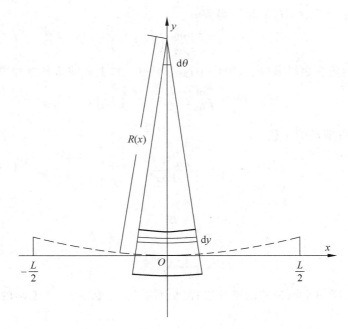

图 4-75　横梁发生微小弯曲

$$\frac{\mathrm{d}F}{\mathrm{d}S} = -E\frac{y}{R(x)}$$

又

$$\mathrm{d}S = b \cdot \mathrm{d}y$$

所以

$$\mathrm{d}F(x) = -\frac{Eby}{R(x)}\mathrm{d}y$$

对中性面的转矩为

$$\mathrm{d}\mu(x) = \left|\mathrm{d}F(x)\right| \cdot y = \frac{E \cdot b}{R(x)}y^2 \cdot \mathrm{d}y$$

积分得

$$\mu(x) = \int_{-\frac{a}{2}}^{\frac{a}{2}} \frac{Eb}{R(x)}y^2 \cdot \mathrm{d}y = \frac{Eba^3}{12R(x)} \tag{4-113}$$

对梁上各点,有

$$\frac{1}{R(x)} = \frac{y''(x)}{\left[1 + y'(x)^2\right]^{\frac{3}{2}}}$$

因梁的弯曲微小,可认为 $y'(x) = 0$,所以有

$$R(x) = \frac{1}{y''(x)} \tag{4-114}$$

梁平衡时,梁在 x 处的转矩应与梁右端支撑力 $\frac{mg}{2}$ 对 x 处的力矩平衡,所以有

$$\mu(x) = \frac{mg}{2}\left(\frac{L}{2} - x\right) \tag{4-115}$$

根据式(4-113)、(4-114)、(4-115)可以得到

$$y''(x) = \frac{6mg}{Eba^3}\left(\frac{L}{2} - x\right)$$

据所讨论问题的性质有边界条件：$y(0) = 0, y'(0) = 0$；解上面的微分方程得到

$$y(x) = \frac{3mg}{Eba^3}\left(\frac{L}{2}x^2 - \frac{1}{3}x^3\right)$$

将 $x = \frac{L}{2}$ 代入，得右端点的 y 值

$$y = \frac{mg \cdot L^3}{4Eba^3}$$

又

$$y = \Delta z$$

所以，杨氏模量为

$$E = \frac{L^3 \cdot mg}{4a^3 \cdot b \cdot \Delta z}$$

希望在实验之前学习上面公式的推导过程，从而对物理概念有一个明晰的认识。

第5章

综合设计性实验

5.1　用玻尔共振仪研究受迫振动

振动是物体运动的一种普遍现象。比较生动与直观的机械振动在科研与生活中随处可见。而广义地说,物质或物理量在某一数值附近作周期性的变化都叫做振动。所以活塞的往复机械运动是振动,电磁学领域中空间电场的电场强度随时间作周期性的变化是振动,微观领域中和微观物质的原子运动也是振动。研究振动与受迫振动与所导致的共振现象是重要的工程物理的课题。在机械制造和建筑工程等科技领域中振动与共振现象既有破坏作用,比如大桥由于共振招致垮塌;也有有利的一面,比如很多电声器件,是运用共振原理设计制作的;利用核磁共振和顺磁共振研究物质结构还是在微观科学领域研究振动的重要手段。所以,研究振动与受迫振动是一个很有意义的物理实验项目。

表征受迫振动性质的是受迫振动的振幅-频率特性和相位-频率特性(简称幅频和相频特性)。本实验中,采用玻尔共振仪定量测定机械受迫振动的幅频特性和相频特性,并利用频闪方法来测定动态的物理量——相位差。数据处理与误差分析方面内容也较丰富。

【预习思考题】

(1) 何为频闪法? 它有什么特点?

(2) 在测量幅频特性与相频特性过程中,阻尼可否为零? 为什么?

【实验目的】

(1) 研究玻尔共振仪中弹性摆轮受迫振动的幅频特性和相频特性。

(2) 研究不同阻尼力矩对受迫振动的影响,观察共振现象。

(3) 学习用频闪法测定物体振动时的相位差。

【实验原理】

1. 受迫振动和共振

振动系统在周期外力作用下发生的振动称为受迫振动,这种周期性的外力称为强迫力。如果外力是按简谐振动规律变化,那么稳定后的受迫振动也是简谐振动,此时,振幅保持恒定,振幅的大小与强迫力的频率和原振动系统无阻尼时的固有振动频率以及阻尼系数有关。在受迫振动状态下,系统除了受到强迫力的作用外,同时还受到回复力和阻尼力的作用,所以在稳定状态时物体的位移、速度变化与强迫力变化不是同相位的,存在一个相位差。当强迫力频率 ω 与系统的固有频率 ω_0 满足 $\omega=\sqrt{\omega_0^2-2\beta^2}$ 时产生位移共振,其中 β 是阻尼系数,此时振幅最大,相位差为 $90°$。

2. 玻尔共振仪的实验原理

本实验采用的玻尔共振仪摆轮系统在弹性力矩作用下可以自由摆动,而加上电磁强迫力矩和电磁阻尼力矩作用可以产生很好的受迫振动,由此研究受迫振动特性可直观地显示振动中的一些特有物理现象。

实验所采用的玻尔共振仪的外形结构如图 5-3 所示。当摆轮受到周期性强迫外力矩 $M=M_0\cos\omega t$ 的作用,并在有空气阻尼和电磁阻尼的媒质中运动时$\left(\text{阻尼力矩为}-b\dfrac{\mathrm{d}\theta}{\mathrm{d}t}\right)$其运动方程为

$$J\frac{\mathrm{d}^2\theta}{\mathrm{d}t^2}=-k\theta-b\frac{\mathrm{d}\theta}{\mathrm{d}t}+M_0\cos\omega t \tag{5-1}$$

式中,J 为摆轮的转动惯量;$-k\theta$ 为弹性力矩,M_0 为强迫力矩的幅值;ω 为强迫力的圆频率。令

$$\omega_0^2=\frac{k}{J}, \quad 2\beta=\frac{b}{J}, \quad m=\frac{M_0}{J}$$

则式(5-1)变为

$$\frac{\mathrm{d}^2\theta}{\mathrm{d}t^2}+2\beta\frac{\mathrm{d}\theta}{\mathrm{d}t}+\omega_0^2\theta=m\cos\omega t \tag{5-2}$$

当 $m\cos\omega t=0$ 时,式(5-2)即为阻尼振动方程。

当 $m\cos\omega t=0$ 且 $\beta=0$,即在无阻尼情况时式(5-2)变为简谐振动方程,ω_0 即为系统的固有频率。

方程(5-2)的通解为

$$\theta=\theta_1\mathrm{e}^{-\beta t}\cos(\omega_f t+\alpha)+\theta_2\cos(\omega t+\varphi_0) \tag{5-3}$$

由式(5-3)可见,受迫振动可分成两部分:

第一部分,$\theta_1\mathrm{e}^{-\beta t}\cos(\omega_f t+\alpha)$ 表示阻尼振动,经过一定时间后衰减消失。

第二部分,说明强迫力矩对摆轮做功,向振动体传送能量,最后达到一个稳定的振动状态。其中振幅

$$\theta_2=\frac{m}{\sqrt{(\omega_0^2-\omega^2)^2+4\beta^2\omega^2}} \tag{5-4}$$

它与强迫力矩之间的相位差 φ 为

$$\varphi=\arctan\frac{2\beta\omega}{\omega_0^2-\omega^2} \tag{5-5}$$

由式(5-4)和式(5-5)可以看出,振幅 θ_2 与相位差 φ 的数值取决于强迫力矩 m、频率 ω、系统的固有频率 ω_0 和阻尼系数 β 四个因素,而与振动起始状态无关。

由 $\dfrac{\partial}{\partial\omega}[(\omega_0^2-\omega^2)^2+4\beta^2\omega^2]=0$ 这一极值条件可得出,当强迫力的圆频率 $\omega=\sqrt{\omega_0^2-2\beta^2}$ 时,产生共振,θ 有极大值,若共振时圆频率和振幅分别用 ω_r、θ_r 表示,则

$$\omega_r=\sqrt{\omega_0^2-2\beta^2} \tag{5-6}$$

$$\theta_r = \frac{m}{2\beta \sqrt{\omega_0^2 - \beta^2}} \qquad (5\text{-}7)$$

式(5-6)、式(5-7)表明,阻尼系数 β 越小,共振时圆频率越接近于系统固有频率,振幅 θ_r 也越大。图 5-1 和图 5-2 表示在不同 β 时受迫振动的幅频特性和相频特性。

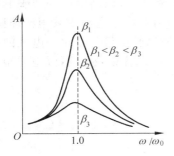

图 5-1　受迫振动的幅频特性

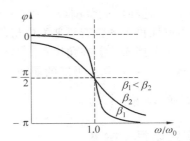

图 5-2　受迫振动的相频特性

【仪器设备】

1. 实验仪器

BG-2 型玻尔共振仪,由振动仪与电器控制箱两部分组成。

2. 仪器介绍

BG-2 型玻尔共振仪部分如图 5-3 所示。由铜质圆形摆轮安装在机架上,弹簧的一端与摆轮的轴相联,另一端可以固定在机架支柱上,在弹簧弹性力的作用下,摆轮可绕轴自由往复摆动。在摆轮的外围有一圈槽型缺口,其中一个长凹槽比其他凹槽长出许多。在机架上对准长凹槽处有一个光电门。它与电气控制箱相联结,用来测量摆轮的振幅(角度值)和摆

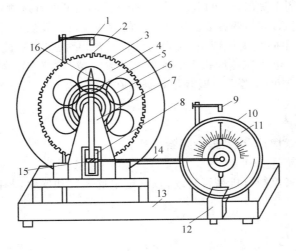

图 5-3　BG-2 型玻尔共振仪部分结构简图

1—光电门;2—长凹槽;3—短凹槽;4—铜质摆轮;5—摇杆;6—蜗卷弹簧;

7—支承架;8—阻尼线圈;9—光电门;10—角度盘;11—有机玻璃转盘;12—闪光灯;

13—底座;14—连杆;15—摇杆调节螺丝;16—弹簧夹持螺钉

轮的振动周期。在机架下方有一对带有铁芯的线圈,摆轮恰巧嵌在铁芯的空隙。利用电磁感应原理,当线圈中通过电流后,摆轮受到一个电磁阻尼力的作用。改变电流的数值即可使阻尼大小相应变化。为使摆轮作受迫振动。在电动机轴上装有偏心轮,通过连杆机构带动摆轮,在电动机轴上装有带刻线的有机玻璃转盘,它随电机一起转动。由它可以从角度读数盘读出相位差 φ。调节控制箱上的十圈电机转速调节旋钮,可以精确改变加于电机上的电压,使电机的转速在实验范围(30~45 r/min)内连续可调,由于电路中采用特殊稳速装置、电动机采用惯性很小的带有测速发电机的特种电机,所以转速极为稳定。电机的有机玻璃转盘上装有两个挡光片。在角度读数盘中央上方(90°处)也装有光电门(强迫力矩信号),并与控制箱相连,以测量强迫力矩的周期。

【实验内容】

1. 测定阻尼系数 β

将阻尼选择开关拨向实验时位置(通常选取 2、3 处),此开关位置选定后,在实验过程中不能任意改变,或将整机电源切断,否则由于电磁铁剩磁现象将引起 β 变化。只有在某一阻尼系数 β 的所有实验数据测试完毕,要改变 β 值时才允许拨动此开关,这点至关重要。

从振幅显示窗连续读出摆轮作阻尼振动时的振幅数值 $\theta_0, \theta_1, \theta_2, \cdots, \theta_n$,利用公式

$$\ln \frac{\theta_0 \mathrm{e}^{-\beta t}}{\theta_0 \mathrm{e}^{-\beta(t+nT)}} = n\beta T = \ln \frac{\theta_0}{\theta_n} \tag{5-8}$$

求出 β 值。式中 n 为阻尼振动的周期次数;θ_n 为第 n 次振动时的振幅;T 为阻尼振动周期的平均值,此值可以由连续测出每次振幅时的振动周期值,然后取平均值得到。

进行本实验内容时,电机开关必须切断,指针 F 放在 0°位置,θ_0 通常选取在 130°~150°之间。

2. 测定受迫振动的幅频特性和相频特性曲线

保持阻尼选择开关在原位置,改变电动机的转速,即改变强迫力矩频率 ω。当受迫振动稳定后,读取摆轮振幅值,并利用闪光灯测定受迫振动位移与强迫力矩的相位差。强迫力矩的频率可从摆轮振动周期算出,也可以将周期选择开关向"10"处直接测定强迫力矩的 10 个周期后算出,在达到稳定状态时,两者数值应相同。前者为 4 位有效数字,后者为 5 位有效数字。

在共振点附近由于曲线变化较大,因此测量数据要相对密集些,此时电机转速极小变化会引起 $\Delta\varphi$ 很大改变。电机转速旋钮上的读数是一参考值,建议在不同 ω 时记下此值,以便实验中需重新测量数据时参考。一般测量数据应在 12 组以上。

【注意事项】

(1) 不要将摆随意摆动,以及捏动蜗卷弹簧。

(2) 摆转动不要超过 180°。

(3) 电机开关用来控制电机是否转动,在测定阻尼系数和摆轮固有频率 ω_0 与振幅关系时,必须将电机关断。

【实验数据】

1. 阻尼系数 β 的计算

利用式(5-8)对所测数据按逐差法处理,求出 $\ln \dfrac{\theta_i}{\theta_{i+5}}$ 值:

$$5\beta T = \ln \frac{\theta_i}{\theta_{i+5}} \qquad\qquad (5\text{-}9)$$

再由式(5-9)求出 β 值。

2. 幅频特性和相频特性测量

依照实验数据做出幅频特性和相频特性曲线,并由幅频特性$(\theta/\theta_r)^2$-ω 曲线求 β 值。在阻尼系数较小(满足 $\beta^2 \ll \omega_0^2$)和共振位置附近($\omega = \omega_0$),由于 $\omega_0 + \omega = 2\omega_0$,从式(5-4)和式(5-7)可得出

$$\left(\frac{\theta}{\theta_r}\right)^2 = \frac{4\beta^2\omega_0^2}{4\omega_0^2(\omega-\omega_0)^2 + 4\beta^2\omega_0^2} = \frac{\beta^2}{(\omega-\omega_0)^2 + \beta^2}$$

当 $\theta = \frac{1}{\sqrt{2}}\theta_r$,即 $\left(\frac{\theta}{\theta_r}\right)^2 = \frac{1}{2}$ 时,由上式可得

$$\omega - \omega_0 = \pm\beta$$

此 ω 对应于图 $\left(\frac{\theta}{\theta_r}\right)^2 = \frac{1}{2}$ 处两个值 ω_1、ω_2。由此得出

$$\beta = \frac{\omega_2 - \omega_1}{2}$$

将此法与逐差法求得之 β 值作一比较并讨论。

【课后思考题】

(1) 摆轮上方的光电门为什么能同时测出摆轮转动的振幅与周期?

(2) 如实验中阻尼电流不稳定,会有什么影响?

(3) 实验结果幅频曲线为什么要作 $\left(\frac{\theta}{\theta_r}\right)^2$-$\omega$ 图,而不作 θ-ω 图?

(4) 频闪法测相位差的原理是什么? 两次频闪如稍有差异,是什么原因?

【附录】实验误差分析

因为本仪器中采用石英晶体作为计时部件,所以测量周期(圆频率)的误差可以忽略不计,误差主要来自阻尼系数 β 的测定和无阻尼振动时系统的固有振动频率 ω_0 的确定。且后者对实验结果影响较大。

在前面的原理部分中我们认为弹簧的弹性系数 k 为常数,它与扭转的角度无关。实际上由于制造工艺及材料性能的影响,k 值随着角度的改变而略有微小的变化(3%左右),因而造成在不同振幅时系统的固有频率 ω_0 有变化。如果取 ω_0 的平均值,则将在共振点附近使相位差的理论值与实验值相差很大。为此可测出振幅与固有频率 ω_0 的相应数值。在公式 $\varphi = \arctan\dfrac{2\beta\omega}{\omega_0^2 - \omega^2}$ 中的 ω_0 采用对应于某个振幅的数值代入,这样可使系统误差明显减小。

振幅与固有频率 ω_0 相对应值的测量可采用如下方法:

将电机开关切断,阻尼挡位打到 0,角度盘指针 F 放在"0"处,用手将摆轮拨动到较大处($140° \sim 160°$),然后放手,此时摆轮作衰减振动,读出每次振幅值相应的摆动周期即可。此法重复几次即可作出 θ_n 与 T_{0n} 的对应表。此项应在实验刚开始时进行。

5.2　集成电路温度传感器的特性测量

随着科学技术的发展,各种新兴的集成电路温度传感器件不断涌现,并大批量生产和扩大应用。这类集成电路测温器件有以下几个优点:①温度变化引起输出量的变化呈良好的线性关系;②抗干扰能力强;③互换性好,使用简单方便。因此,这类传感器已在科学研究、工业和家用电器等方面被广泛用于温度的精确测量和控制。本实验要求测量电流型和电压型集成电路温度传感器的输出电流与温度的关系、输出电压与温度的关系,熟悉该传感器的基本特性。

【预习思考题】

集成电路温度传感器有哪些特性?

【实验目的】

(1) 了解几种常用的接触式温度传感器的原理及其应用范围。
(2) 测量这些温度传感器的特征物理量随温度的变化曲线。

【实验原理】

1. 集成电路温度传感器

集成电路温度传感器实质上是一种半导体集成电路,它是利用晶体管的 b-e 结压降的不饱和值 V_{BE} 与热力学温度 T 和通过发射极电流 I 的下述关系实现对温度的检测:

$$V_{BE} = \frac{kIT}{q}\ln I \tag{5-10}$$

式中,k 为波耳兹曼常数;q 为电子电荷绝对值。

集成温度传感器具有线性好、精度适中、灵敏度高、体积小、使用方便等优点,得到广泛应用。集成温度传感器的输出形式分为电压输出和电流输出两种。电压输出型的灵敏度一般为 10 mV/K,温度为 0℃时输出为 0,25℃时输出 2.982 V。电流输出型的灵敏度一般为 1 mA/K。

2. 电流型集成电路温度传感器 AD590

AD590 集成电路温度传感器由多个参数相同的三极管和电阻组成。当该器件的两引出端加有某一定直流工作电压时(一般工作电压可在 4.5～20 V 范围内),它的输出电流与温度满足如下关系:

$$I = Bt + A \tag{5-11}$$

式中,I 为其输出电流,单位 μA;t 为摄氏温度;B 为斜率(一般 AD590 的 $B=1\ \mu A/℃$,即如果该温度传感器的温度升高或降低1℃,传感器的输出电流增加或减少 1 μA);A 为 0℃温度时输出电流值,该值恰好与冰点的热力学温度 273K 相对应。(对市售一般 AD590,其 A 值从 273～278 μA 略有差异。)

3. 电压型集成温度传感器 LM35

LM35 是由 National Semiconductor 所生产的集成温度传感器,该器件有三个引出端,其输出电压值与摄氏温标呈如下线性关系：

$$U_0 = 10 \times T (\text{mV}) \tag{5-12}$$

在 0℃时其电压输出为 0 V，温度每升高 1℃时其电压输出就增加 10 mV。在常温下，LM35 不需要额外的校准处理，其精度就可达到±1/4℃。LM35 的测温范围是－55～150℃。

【仪器设备】

1. 实验仪器

恒温控制器；恒温槽；电阻箱 1 个；AD590 集成电路温度传感器；LM35 温度传感器。

2. 仪器介绍

（1）传感器 AD590 的技术特性

① 工作温度：－55～150℃。

② 工作电压：4.5～24 V。

③ 灵敏度：1 μA/℃，线性元件。

④ 0℃时输出电流约 273 μA。

（2）传感器 LM35 的技术特性

① 工作温度：－55～150℃。

② 常用的室温精度：±1/4℃。

③ 在－55～150℃额定工作温度范围的精度：±3/4℃。

【实验内容】

1. 温度传感器 AD590 特性测量

（1）温度传感器 AD590 的引脚及其功能如图 5-4 所示（为其封装图）。

（2）参照图 5-6 温度传感器 AD590 用于测量热力学温度的基本应用电路接线。

（3）通过温控仪加热，在不同的温度下，观察温度传感器 AD590 的变化，从室温到 120℃，每隔 5℃（或自定度数）测一个数据，将测量数据逐一记录在表格内。

2. 温度传感器 LM35 特性测量

（1）温度传感器 LM35 的引脚及其功能如图 5-5 所示（为其封装图）。

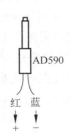

图 5-4　AD590 封装图

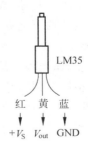

图 5-5　LM35 封装图

（2）参照图 5-7 连线做实验。根据关系式 $R_1 = -V_s/50\ \mu A$，自行选择取样电阻 R_1 和电源电压 V_s。例如：电源电压 $V_s = 5V$，则 $-V_s = -5V$；根据关系式 $R_1 = -V_s/50\mu A$，$R_1 = 100k\Omega$，R_1 的阻值可以用 $99k\Omega$ 电阻与 $2.2k\Omega$ 电位器串联来实现。

（3）通过温控仪加热，在不同的温度下，观察温度传感器 LM35 的变化，从室温到 120℃，每隔 5℃（或自定度数）测一个数据，将测量数据逐一记录在表格内。

（4）以温标为横轴，以电流或电压为纵轴，作出 $I\text{-}t$ 曲线和 $U\text{-}t$ 曲线。

图 5-6　AD590 测温应用电路图　　　　　图 5-7　LM35 测温应用电路图

【注意事项】

（1）集成温度传感器的正负极性不能接错，红线表示接电源正极。
（2）集成温度传感器不能直接放入水中或冰水混合物中测温度。

【实验数据】

用坐标纸或 Origin 软件绘图。

【课后思考题】

（1）分析比较 AD590 和 LM35 的温度特性。
（2）用集成温度传感器设计摄氏温度测量电路。

5.3　迈克耳孙干涉仪的调节和使用

光的干涉现象是光的波动性的一种表现，是物理光学的重要研究对象之一。迈克耳孙干涉仪是美国物理学家迈克耳孙（A. A. Michelson）在 1881 年为研究当时虚构的光传播介质——"以太"而精心设计的。迈克耳孙干涉仪是一种利用分割光波振幅的方法实现干涉的精密光学仪器，其主要特点是两相干光束完全分开，这就很容易通过改变一光束的光程来改变两相干光束的光程差，而光程差是可以以光波的波长为单位来度量的。迈克耳孙干涉仪结构简单、光路直观、精度高，其调整和使用具有典型性，因此在近代物理和计量技术中有着广泛的应用。例如，可用迈克耳孙干涉仪测量光波的波长、微小长度、光源的相干长度，用相干性较好的光源可对较长的长度作精密测量，以及可用它来研究温度、压力对光传播的影响等。

【预习思考题】

（1）简要叙述调出等倾干涉条纹的条件与步骤。
（2）用迈克耳孙干涉仪观察到的圆条纹与牛顿环的圆条纹有何本质的不同？

【实验目的】

（1）了解迈克耳孙干涉仪的结构原理和调节方法。
（2）观察等倾干涉、等厚干涉现象。
（3）测量氦氖激光的波长。

【实验原理】

1. 迈克耳孙干涉仪的结构原理

迈克耳孙干涉仪的典型光路图如图 5-8 所示。图中 M_1 和 M_2 是两个互相垂直的平面反射镜。两个平面镜 M_1、M_2 及其调节架安装在平台式的基座上，利用镜架背后的螺丝可以调节镜面的倾角。M_1 是可移动镜，它的移动量由螺旋测微器 MC 读出，经过传动比为 20∶1 的机构，从读数头上读出的最小分度值相当于动镜 0.0005 mm 的移动。G_1、G_2 是两块完全相同的玻璃，在 G_1 的后表面为镀有半透明的银膜，能使入射光分为振幅相等的反射光和透射光，称为分光板。G_2 与 M_1 和 M_2 成 45°角倾斜安装。由光源发出的光束，通过分光板 G_1 分成反射光束 1 和透射光束 2，分别射向 M_1 和 M_2 上，经平面镜反射至 G_1，由于两光束是相干光，从而产生干涉。干涉仪中 G_2 称为补偿板，是为了使光束 2 也同光束 1 一样地三次通过玻璃板，以保证两束光间的光程差大致相等。

由于 G_1 后表面银膜的反射，使在平面镜 M_1 附近形成 M_2 的虚像 M_2'。因此光束 1 和光束 2 的干涉等效于由 M_1 和 M_2' 间的空气膜产生的干涉图像。

2. 等倾干涉和氦氖激光波长的测定

迈克耳孙干涉仪所产生的两相干光束是从 M_1 和 M_2 反射而来，因此可以先画出 M_2 被 G_1 反射所成的虚像 M_2'，研究干涉花样时，M_2' 和 M_2 完全等效。如图 5-9 所示，波长为 λ 的光束 y 经间隔为 d 的上下两平面 M_1 和 M_2' 反射，反射后的光束分别为 y_1 和 y_2。

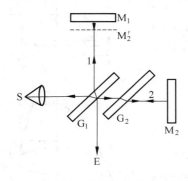

图 5-8　简化光路

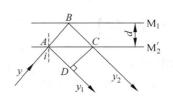

图 5-9　等倾干涉光路图

设 y_1 经过的光程为 l，y_2 经过的光程为 $l+\Delta l$，Δl 即为这两束光的光程差（$\Delta l=\overline{AB}+\overline{BC}-\overline{AD}$），如果入射角为 i，则

$$\Delta l = 2d\cos i \tag{5-13}$$

当

$$\Delta l = 2d\cos i = k\lambda, \quad k = 0,1,2,3,\cdots \tag{5-14}$$

时，y 为明纹；当

$$\Delta l = 2d\cos i = (2k-1)\frac{\lambda}{2}, \quad k = 1,2,3,\cdots \tag{5-15}$$

时，y 为暗纹。

M_1 和 M_2' 的上下表面平行时，可以观察到明暗相间的圆条纹，这种干涉称等倾干涉。M_1 镜每移动增加或减少 $\lambda/2$ 距离，视场中心就吐出一个环纹或吞进一个环纹。视场中干涉条纹变化或移动过的数目 ΔN 与 M_1 移动距离 Δd 间的关系是

$$\Delta d = \Delta N \times \lambda/2 \tag{5-16}$$

上式表明，已知 M_1 移动的距离，并记录 ΔN，就可确定光的波长。

观察干涉圆环的环心，如增大 d，k 也增大，环心的级次也增大，环心不断吐出环纹，环纹增多变密；如减小 d，则发生相反的情景，环心不断吞进环纹，条纹减少变疏。

如果 M_1 和 M_2' 不平行，这时就能观察到等厚直条纹（有时微有弯曲，见图 5-10）。其中图 5-10(a)、(b) 为等倾干涉，图 5-10(c)、(d) 为等厚干涉。

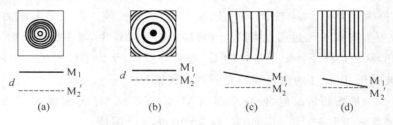

图 5-10　干涉图样

(a) d 较大，条纹细而密；(b) d 较小，条纹粗而疏；(c) 条纹直微弯；(d) 条纹直

3. 非定域干涉

如图 5-11 所示，一个点光源 S 发出的光束经干涉仪 M_1 和 M_2' 反射后，相当于由两个虚光源 S_1 和 S_2 发出的相干光束，S_1 和 S_2 间的距离为 M_1 和 M_2' 间距的两倍，将观察屏放入光场叠加区的任何位置处，都可观察到干涉条纹，这种条纹称为非定域干涉条纹。

【仪器设备】

1. 实验仪器

SGM-1 型迈克耳孙干涉仪（见图 5-12），WSM-100 迈克耳孙干涉仪（见图 5-13），氦氖激光器，多束光纤维激光器。

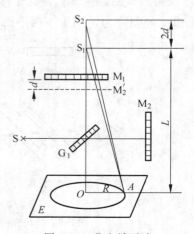

图 5-11　非定域干涉

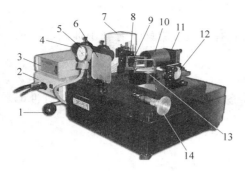

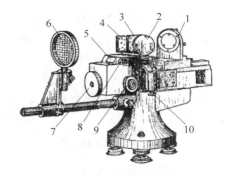

图 5-12　SGM-1 型迈克耳孙干涉仪

1—橡胶球；2—钠钨灯电源；3—He-Ne 激光电源；

4—He-Ne 激光管；5—气压(血压)表；6—毛玻璃；

7—钠钨双灯；8—扩束器；9—分束器；10—气室；

11—参考镜；12—动镜；13—补偿板；14—螺旋测微器

图 5-13　WSM-200 型迈克尔逊干涉仪

1—反射镜 M_1；2—反射镜 M_2；3—补偿板 G_2；

4—分光板 G_1；5—读数窗口；6—观察屏；

7—粗调手轮；8、10—反射镜 M_2 的微调装置；

9—微调鼓轮

2. 仪器介绍

（1）SGM-1 型迈克耳孙干涉仪主要技术参数

① 分束器和补偿板平面度：$\leqslant \frac{1}{20}\lambda$。

② 微动测量分度值：相当于 0.0005 mm。

③ 波长测量准确度：当条纹计数 100 时，相对误差 <2%。

（2）WSM-200 型迈克耳孙干涉仪主要技术参数

① 移动镜行程：100 mm。

② 微动手轮分度值：0.0001 mm。

③ 波长测量精度：当条纹计数为 100 时，测定单色光波长的相对误差 <2%。

【实验内容】

1. 调节迈克耳孙干涉仪获得干涉条纹

（1）调节 SGM-1 型迈克耳孙干涉仪

① 将扩束器置入光路，调节 He-Ne 激光器支架及其上 6 个螺钉，从分束器平面的中心入射，使光束平行于仪器的台面，使各光学镜面的入射和出射点至台面的距离约为 70 mm，在两面反射镜中间得到合适的光斑。

② 将扩束器转移到光路以外，调节平面镜 M_1 和 M_2 后面的 4 个螺钉，使毛玻璃屏中央两组光点重合。

③ 将扩束器置入光路，即可在毛玻璃屏上获得干涉条纹。

（2）调节 WSM-200 型迈克耳孙干涉仪

① 调节激光器，使激光束水平地入射到 M_1 和 M_2 反射镜中部并基本垂直于仪器导轨。

② 调节 M_1 和 M_2 反射镜背后的 6 个方位螺钉，使毛玻璃屏中央两组光点重合，即可在毛玻璃屏上获得干涉条纹。

2. 测量氦氖激光束的波长

(1) 轻轻转动微调手轮,使平面镜 M_1 移动,此时可在观察屏上看到干涉圆纹一个一个地从中心吐出(或吞进)。

(2) 开始记数时,记录平面镜 M_1 的位置读数 d_0。

(3) 同方向继续转动微调手轮,数到中心圆条纹向外吐出(或吞进)25 个时,再记录平面镜 M_1 的位置读数 d。

(4) 重复上述步骤 12 次。

3. 观察等厚条纹

(1) 移动 M_1,使 M_1 和 M_2' 大致重合。调节 M_2 的微调螺丝,使 M_1 和 M_2' 有一很小的夹角,视场中出现直线干涉条纹。干涉条纹的间距与交角成反比。如交角太大,则条纹变得很密,甚至观察不到干涉条纹。条纹的间距取 1 mm 左右,移动 M_1,观察干涉条纹从弯曲变直再变弯曲。

(2) 在干涉条纹变直的位置换上白炽灯光源。缓慢地移动 M_1,在某一位置可以观察到彩色的直线花纹。花纹的中心就是 M_1、M_2' 的交线。此时 M_1 的位置准确地和 M_2' 重合。由于白光的干涉条纹只有数条,所以必须耐心细致地调节才能观察到,如果 M_1 移动得太快,干涉条纹就会一晃而过。

【注意事项】

(1) 在做各项测量实验之前,先要检查动镜的移动方向是否正常:使测微螺旋单向转动约 20 mm,等倾干涉条纹的中心位置应无移动;否则须调节两个平面镜的倾斜度,直到满足这个条件。

(2) 调节时要注意眼睛不要正对着激光束观察,以免损伤视力(如要正对,必须通过针屏)。

(3) 测量必须严格消除空程差。

【实验数据】

(1) 记录 12 组 25 圆条纹变化的相关数据。

(2) 用逐差法算出波长的平均值 $\bar{\lambda}$,并用不确定度表示测量结果。

(3) 与公认值 $\lambda_0 = 633\text{nm}$(SGM-1 型)或与公认值 $\lambda_0 = 632.8\text{nm}$(WSM-200 型)相比较,计算百分差。

【课后思考题】

(1) 为什么由平面镜 M_2 反射回来的亮点不是一个,而是几个?

(2) 如果不用激光光源,从一开始就用钠光,试拟定调出等倾干涉条纹的主要步骤。

(3) 操作中如何避免干涉仪的回程差?

5.4 用分光计研究衍射光栅特性

衍射光栅是利用光的衍射原理使光波发生色散的光学元件,它由大量相互平行、等宽、等间距的狭缝(或刻痕)组成。以衍射光栅为色散元件组成的摄谱仪或单色仪是物质光谱分析的基本仪器之一,在研究谱线结构、特征谱线的波长和强度,特别是在研究物质结构和对元素作定性与定量的分析中有极其广泛的应用。

【预习思考题】

(1) 用式(5-17)测量 d 值应保证什么前提条件? 实验时如何保证这些条件?

(2) 按图 5-17 的方法放置光栅有什么好处?

【实验目的】

(1) 了解光栅的主要特征,测量其光栅常数、分辨本领和角色散。

(2) 用光栅测光波波长。

(3) 了解光栅分光的特点。

【实验原理】

1. 光的衍射现象

光作为一种电磁波,在传播中若遇到尺寸比它的波长大得多的障碍物时,它就不再遵循直线传播的规律,而会传到障碍物的阴影区并形成明暗相间的条纹。这就是光的衍射现象。

2. 菲涅耳衍射和夫琅禾费衍射

菲涅耳衍射:光源或显示衍射图样的屏,与衍射孔(或障碍物)之间的距离是有限的。

夫琅禾费衍射:光源或显示衍射图样的屏,都移到无穷远处。

3. 光栅

由大量等宽、等距离的平行狭缝构成的光学元件就是光栅(透射式光栅)。衍射光栅有透射光栅和反射光栅两种,它们都相当于一组数目很多、排列紧密均匀的平行狭缝,透射光栅是用金刚石刻刀在一块平面玻璃上刻成的,而反射光栅则把刻缝刻在磨光的硬质合金上。实验教学用的是复制光栅(透射式),由明胶或动物胶在金属反射光栅上印下痕线,再用平面玻璃夹好,以免损坏。

4. 光栅衍射

设光栅的总缝数为 N,缝宽为 a,缝间不透光部分宽度为 b,则缝距 $d=a+b$ 称为光栅常数,见图 5-14(a)。根据夫琅禾费衍射理论,当一束平行光垂直地投射到光栅平面上时,每条缝都要发生衍射,且 N 条缝的 N 条衍射条纹通过透镜后将完全重合,如图 5-14(b)所示。凡衍射角 φ 满足条件

$$d \cdot \sin\varphi = k\lambda, \quad k = 0, \pm 1, \pm 2, \cdots \tag{5-17}$$

时光将会加强,形成细而亮的主极大明条纹;其他方向将完全抵消。式中 k 是光谱的级数。如果用会聚透镜把这些衍射后的平行光会聚起来,则在透镜焦面上将出现亮线,称为谱线。在 $\varphi=0$ 的方向上可以观察到中央极强,

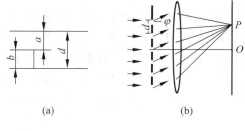

图 5-14　光栅衍射光路图

称为零级谱线。其他级数的谱线对称地分布在零级谱线的两侧。

5．光栅光谱

单色光经过光栅衍射后形成各主极大的细亮线称为这种单色光的光栅衍射谱。如果用白光照射光栅，则各种波长的单色光将产生各自的衍射条纹；除中央明纹由各色光混合仍为白光外，其两侧的各级明纹都由紫到红对称排列着，这些彩色光带叫做衍射光谱。由于波长短的光的衍射角小，波长长的光的衍射角大，所以紫光靠近中央明纹，红光远离中央明纹。同时级数较高的光谱中有部分谱线是彼此重叠的。

6．光栅光谱的特点

除中央明纹是一条外，其他各级明纹都在两侧对称地排列着（由光的衍射角决定的）。所得光谱线的亮度比用棱镜分光时要小些，但光栅的分辨本领比棱镜大。光栅不仅适用于可见光，还能用于红外和紫外光波，常用在光谱仪上。

7．光栅的分辨本领和色散率

评定光栅好坏的标志是色散率和它的分辨本领。

（1）角色散率 ψ 定义为两条谱线偏向角之差 $\Delta\varphi$ 与其波长 $\Delta\lambda$ 之比：

$$\psi = \frac{\Delta\varphi}{\Delta\lambda} \tag{5-18}$$

由 $d \cdot \sin\varphi = k\lambda$ 可知

$$\psi = \frac{\Delta\varphi}{\Delta\lambda} = \frac{k}{d\cos\varphi} \tag{5-19}$$

角色散率是光栅、棱镜等分光元件的重要参数，它还可理解为在一个小的波长间隔内两单色入射光之间所产生的角间距的量度。由式（5-19）可知，d 越小，角色散率越大，即单位长度光栅的缝数越多，其角色散率也越大。此外，在不同的光谱级内，角色散率也不同，k 越大，角色散率越大。

（2）分辨本领 R 定义为两条刚可被分开的谱线的波长差 $\Delta\lambda$ 除该波长 λ，即

$$R = \frac{\lambda}{\Delta\lambda} \tag{5-20}$$

按照瑞利条件，所谓两条刚可被分开谱线可规定为：其中一根谱线的极强应落在另一根谱线的极弱上，如图 5-15 所示，由此条件可推得，光栅的分辨本领

$$R = kN \tag{5-21}$$

式中 N 是光栅的总刻痕数，k 是谱线的级数。因为级数不会高，所以光栅的分辨本领主要决定于狭缝数目 N。为了达到高分辨率，人们制造了刻线很多的光栅。

若入射光束不是垂直入射至光栅平面（见图 5-16），则光栅的衍射光谱的分布规律将有所变化。理论指出：当入射角为 i 时，光栅方程变为

$$d(\sin\varphi \pm \sin i) = k\lambda, \quad k = 0, \pm 1, \pm 2, \cdots \tag{5-22}$$

式（5-22）中，正号表示衍射光与入射光在法线同侧，负号表示衍射光与入射光在法线异侧。

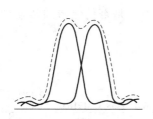

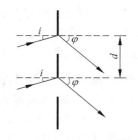

图 5-15　两条光谱刚好被分开　　　　　图 5-16　斜入射时光栅的衍射

【仪器设备】

1. 实验仪器

JJY 型分光计(附件：变压器 6.3 V/220 V)，平面反射镜，手持照明放大镜，平面全透射光栅。

2. 仪器介绍

JJY 型分光计使用方法见(本书 4.14 节)分光计的调整和使用。

【实验内容】

1. 光栅的调节

(1) 调节分光计，使望远镜对准无穷远处，望远镜轴线与分光计中心轴线相垂直，平行光管出射平行光。调节方法见光学实验常用仪器部分。狭缝宽度调至约 1 mm。

(2) 安置光栅，要求入射光垂直照射光栅表面，平行光管狭缝与光栅刻痕相平行。调节方法是先把平行光管的狭缝照亮，把望远镜叉丝对准狭缝，固定住望远镜，然后把光栅放置在载物平台上，放置的位置如图 5-17 所示，尽可能做到使光栅平面垂直平分 B_1B_2。然后以光栅面作为反射面，用自准法调节光栅面与望远镜轴线相垂直。(注意：望远镜已调好，不能再动。可调节螺丝紧固。)

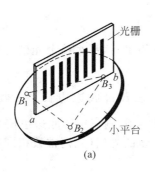

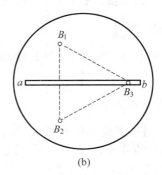

图 5-17　光栅放置在载物平台上

(a) 立体图；(b) 俯视图

(3) 调节光栅使其刻痕与转轴平行。移动分光计使平行光管光轴对准汞灯，以保证有足够的光强照射到光栅上。然后转动望远镜，一般就可以看见一级和二级谱线，正负分别位于零级两侧。注意观察叉丝交点是否在各条谱线中央,如果不是,可调节图 5-17 中螺丝 B_3(注意不要再动 B_1、B_2)予以改正,调好后,再检查光栅平面是否仍保持和转轴平行。如有了改变,就要反复多次,直到两个要求都满足为止。

2. 测定光栅常数及分辨本领

(1) 以汞灯为光源,其光谱如图 5-18 所示。测出 $k=\pm 1$ 波长为 5460.7Å 的绿光衍射角 φ,代入式(5-17)求出 d 值。但应注意 $+1$ 与 -1 级的衍射角相差不能超过几分,否则应重新检查汞灯发出的光是否垂直于光栅。

(2) 用游标卡尺测出光栅宽度 L,算出 N,代入式 $R=kN$ 求分辨本领。

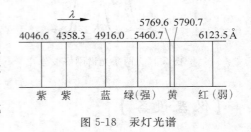

图 5-18　汞灯光谱

3. 测定未知光波波长及色散率

重复上述步骤,测出 $k=\pm 2$ 时水银的两条黄线 λ_1 及 λ_2 的衍射角,并代入式(5-17)求出 λ_1 及 λ_2 并算出 $\Delta\lambda$,再由式(5-19)求出光栅的角色散率。

4. 观察 N 和分辨本领的关系

设法挡住光栅的一部分,人为减少刻痕数目 N,观察钠光两条黄色谱线随 N 的减少而发生什么变化。

5. 测定汞灯光谱

测出用分光计能够观察到的 1～2 级汞灯光谱谱线波长。

【注意事项】

望远镜调焦手轮旋不动时,不要再旋,应换个方向旋转,以免损坏望远镜。

【实验数据】

(1) 求出光栅常数 d,并用不确定度表示。

(2) 求出汞灯光谱谱线波长,并与参考值比较,计算其百分误差。

【课后思考题】

(1) 如果光栅平面和转轴平行,但刻缝和转轴不平行,那么整个光谱有什么异常? 对测量结果有无影响?

(2) 三棱镜的分辨本领 $R=b\dfrac{\mathrm{d}n}{\mathrm{d}\lambda}$,其中 b 是三棱镜底边边长。一般三棱镜的 $\dfrac{\mathrm{d}n}{\mathrm{d}\lambda}$ 为 $1000/\text{cm}$,要想达到与本实验用的光栅相同的分辨本领,则三棱镜底边边长为多少?

(3) 仍用本实验的分光计,但换一个刻痕数更多的光栅(光栅常数相同),能否提高分辨本领,从而分辨开来更加精细的谱线?

5.5　用 CCD 观测单缝衍射光强分布

光波的波振面受到阻碍时,光绕过障碍物偏离直线而进入几何阴影区,并在屏幕上出现光强不均匀分布的现象,叫做光的衍射。研究光的衍射不仅有助于进一步加深对光的波动性的理解,同时还有助于进一步学习近代光学实验技术,如光谱分析、晶体结构分析、全息照相、光信息处理等。衍射使光强在空间重新分布,通过光电转换来测量光的相对强度,是近代测试技术的一个常用方法。光的衍射分菲涅耳近场衍射和夫琅禾费远场衍射两大类,其中夫琅禾费衍射在理论上处理较为简单。本实验仅研究单缝夫琅禾费衍射。

【预习思考题】

(1) 夫琅禾费衍射属于近场衍射还是远场衍射?
(2) 衍射条纹有什么特点?
(3) 衍射法测量细丝直径的原理是什么?

【实验目的】

(1) 学习光路的调整,观测单缝衍射光强分布。
(2) 学习用示波器观测光学量和定标等测量手段。

【实验原理】

1. 夫琅禾费单缝衍射的光强分布规律

如图 5-19 所示,将单色点光源 S 置于透镜 L_1 的前焦点上,从 L_1 中射出的平行光垂直照射在宽度为 a 的狭缝上,通过狭缝所形成的衍射光经透镜 L_2 会聚到位于其后焦平面的观察屏上,衍射光在观察屏上形成一组明暗相间的条纹。中央条纹最亮,其宽度约为其他亮条纹宽度的两倍,这组条纹就是夫琅禾费单缝衍射条纹。

设中央亮纹的光强为 I_0,可以导出夫琅禾费单缝衍射的光强分布规律为

$$I_\theta = I_0 \frac{\sin^2\varphi}{\varphi^2} \tag{5-23}$$

若为平行光垂直射向单缝,则 $\varphi = (\pi a \sin\theta)/\lambda$;式中 λ 是单色光的波长;a 是为单缝的宽度;θ 是衍射角。

由式(5-23)可得单缝衍射的特征如下(见图 5-20):

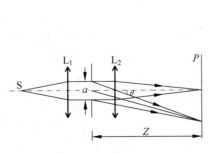

图 5-19　夫琅禾费单缝衍射

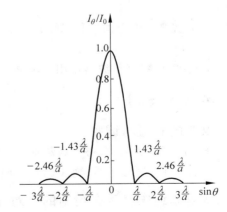

图 5-20　单缝衍射的相对光强分布

（1）当 $\theta=0$ 时，$I_\theta=I_0$，为中央主极大的强度，光强最强，绝大部分的光能都落在中央明纹上。

（2）当 $\sin\theta=\dfrac{K\lambda}{a}(K=\pm1,\pm2,\cdots)$ 时，$I_\theta=0$，为第 K 级暗纹。由于夫琅禾费衍射时 θ 很小，有 $\theta\approx\sin\theta$，因此暗纹出现的条件为

$$\theta=\frac{K\lambda}{a} \tag{5-24}$$

（3）从式（5-24）可见，当 $K=\pm1$ 时，为主极大两侧第一级暗条纹的衍射角，由此决定了中央明纹的宽度 $\Delta\theta_0=\dfrac{2\lambda}{a}$，其余各级明纹角宽度 $\Delta\theta_K=\dfrac{\lambda}{a}$，所以中央明纹宽度是其他各级明纹宽度的二倍。

（4）除中央主极大外，相邻两暗纹间都有一个次极大。通过理论计算可知，这些次极大出现在 $\sin\theta=\pm1.43\lambda/a,\pm2.46\lambda/a,\pm3.47\lambda/a,\cdots$ 处，它们的强度与主极大强度之比 I_θ/I_0 依次约为 $0.0472,0.0165,0.008\cdots$。

2. 光强测量原理

本实验用光强分布仪作接收器，它采用了有高速运转速度的"时序-空序"转换器，当衍射花样的光强照射在采光窗上后，通过"时序-空序"转换器，把衍射花样的相对光强按空间位置变化的函数变为按时间变化的函数，并变成与光强呈线性关系的光电流，将电信号适当放大后送到示波器供显示和测量。

【仪器设备】

1. 实验仪器

光具座、激光器、组合光栅、LM601 CCD 光强分布测量仪和 DS1022C 数字示波器。

2. 仪器介绍

（1）激光器：小功率的半导体激光器，其波长 λ 为 650 nm。激光器的上盖和侧壁分别有两个调节旋钮，用于调节激光束的上下俯仰和左右偏转，后面板上还有一个旋钮用于调节光强。

（2）CCD 光强分布测量仪：线阵 CCD 器件；CCD 器件的光敏面至光强仪前面板距离为 4.5 mm。

（3）组合光栅：由光栅片和二维调节架构成，光栅片上部为单缝（$a=0.12$ mm），下部为单丝（0.12 mm）。

（4）DS1022C 数字示波器使用见本书 3.4 节。

【实验内容】

1. 仪器的布置与调整

（1）按图 5-21 所示，自搭实验装置，关闭光强仪上的电源开关。

（2）光路调整，将激光器、缝、CCD 光强仪调整为等高共轴。

2. 测量单缝夫琅禾费衍射的相对光强分布

在示波器上读取并记录衍射曲线上每个特殊点与中央极大点的横向位置之差 X 值，以及此点的纵向高度 Y 值和缝到 CCD 光敏面的垂直距离 Z。注意记录示波器的格数。

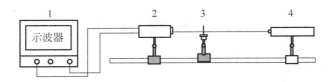

图 5-21　LM601 CCD 单缝夫琅禾费衍射的相对光强分布实验装置

1—示波器；2—LM601/501 CCD 光强仪；3—置于光栅架上的组合光栅片；4—激光器

可将中央主极大移至 CCD 采光窗外，以取得更多的数据，提高测量精度。

3. 衍射法测量细丝直径

细丝用"组合光栅"上的两条单丝来代替，调整方法同实验内容 1。为了不使激光束的光斑和中央主极大一起落在 CCD 器件上，以致引起器件饱和，我们把中央主极大移出采光窗外（向正或向负方向移动），让更高级次的暗纹出现在屏幕上。测量时，细心移动光标，读出每一条暗纹的 x 值，列表记录。每一暗纹读 3～5 次，取其平均值。再计算出相邻暗纹间距的平均值。注意，此平均值为原始数据，必须乘以 CCD 光敏元的线阵有效长才是暗纹的真实间距。

【注意事项】

（1）在测量 CCD 器件至单缝间距离 Z 时，要考虑到 CCD 器件的受光面在光强仪前面板后 4.5 mm。

（2）如较高级与较低级次暗纹间的 Y 读数相差较大，说明尚未满足远场条件；如正方向与负方向暗纹的 Y 读数相差较大，说明单缝与 CCD 器件还没有满足垂直条件。

（3）测量相对光强比时，一定要用 Y 值减去扫描基线的 Y 值，不能直接用 Y 值相比较。

（4）LM 各型 CCD 光强仪有很高的光电灵敏度，在一般室内光照条件下已趋饱和，需在暗环境中使用。

【实验数据】

（1）求解所用单缝的缝宽 a。

（2）求解各级明纹和暗纹的衍射角和相对光强，与理论值相比较，求出百分误差，作出误差分析。

（3）由单缝衍射公式 $\phi = \dfrac{\lambda}{\sin\theta} \approx \dfrac{\lambda}{\Delta \bar{x}} \cdot Z$（$Z$ 为单丝至 CCD 光敏面的距离）得出细丝直径 ϕ，并作出误差分析。

【课后思考题】

（1）如较高级次暗纹与较低级次暗纹的 Y 读数相差较大，说明尚未满足什么条件？

（2）如正方向与负方向暗纹的 Y 读数相差较大，说明什么没调好？

（3）图形左右不对称，这主要是什么原因引起的？如何调节？

（4）光强曲线出现"削顶"（"平顶"），主要是什么原因引起的？如何调节？

（5）单缝衍射曲线主极大顶部出现凹陷，是什么原因引起的？

（6）曲线不圆滑、不漂亮是由什么原因引起的？如何调节？

5.6　旋　光　实　验

【预习思考题】

(1) 什么是旋光现象？物质的旋光度与哪些因素有关？物质的旋光率怎么定义？

(2) 如何用实验的方法确定旋光物质是左旋还是右旋？

【实验目的】

(1) 观察旋光现象，了解旋光物质的旋光性质。

(2) 组装旋光仪，熟悉旋光仪的原理和使用方法。

(3) 测定糖溶液的旋光率和浓度的关系。

【实验原理】

线偏振光通过某些物质的溶液后，偏振光的振动面将旋转一定的角度，这种现象称为旋光现象。旋转的角度称为该物质的旋光度。通常用旋光仪来测量物质的旋光度。溶液的旋光度与溶液中所含旋光物质的旋光能力、溶液的性质、溶液浓度、样品管长度、温度及光的波长等有关。当其他条件均固定时，旋光度 θ 与溶液浓度 C 呈线性关系，即

$$\theta = \beta C \tag{5-25}$$

式中，比例常数 β 与物质旋光能力、溶剂性质、样品管长度、温度及光的波长等有关，C 为溶液的浓度。

物质的旋光能力用比旋光度即旋光率来度量。旋光率用下式表示：

$$[\alpha]_\lambda^t = \frac{\theta}{lC} \tag{5-26}$$

式中，$[\alpha]_\lambda^t$ 右上角的 t 表示实验时温度（单位：℃），右下角的 λ 是指旋光仪采用的单色光源的波长（单位：nm）；θ 为测得的旋光度（°）；l 为样品管的长度（单位：dm）；C 为溶液浓度（单位：g/100mL）。

由式(5-26)可知：

① 偏振光的振动面是随着光在旋光物质中向前行进而逐渐旋转的，因而振动面转过角度 θ 与透过的长度 l 成正比。

② 振动面转过的角度 θ 不仅与透过的长度 l 成正比，而且还与溶液浓度 C 成正比。

如果已知待测溶液浓度 C 和液柱长度 l，只要测出旋光度 θ 就可以计算出旋光率。如果已知液柱长度 l 为固定值，可依次改变溶液的浓度 C，就可以测得相应旋光度 θ，并作旋光度 θ 与浓度的关系直线 θ-C，从直线斜率、液柱长度 l 及溶液浓度 C，可计算出该物质的旋光率；同样，也可以测量旋光性溶液的旋光度 θ，确定溶液的浓度 C。

旋光性物质还有右旋和左旋之分。当面对光射来方向观察，如果振动面按顺时针方向旋转，则称右旋物质；如果振动面向逆时针方向旋转，称左旋物质。书后附表中给出了一些药物在温度 $t = 20$℃，偏振光波长 $\lambda \approx 589.3$nm（相当于太阳光中的 D 线）时的旋光率。

【仪器设备】

1. 实验仪器

该实验的仪器主要由以下几部分组成：钠光源，导轨 1 根，移动座（专用）1 只，带度盘（起偏、检偏）偏振片 2 个，接收屏 1 个，蔗糖溶液管（带底座）2 套，光电探头（MT 数字检流计）1 个。

2. 仪器介绍

实验装置如图 5-22 所示。

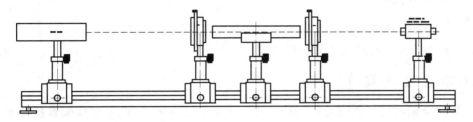

图 5-22　旋光实验装置

【实验内容】

1. 观察光的偏振现象

在导轨上先将半导体激光器发出的激光束与起偏器、光功率计探头调节成等高同轴。调节起偏器转盘，使输出偏振光最强（半导体激光器发出的是部分偏振光）。再将检偏器放在光具座的滑块上，使检偏器与起偏器等高同轴（检偏器与起偏器平行）。调节检偏器转盘使从检偏器输出的光强为零（一般调不到零，只能调到最小），此时检偏器的透光轴与起偏器的透光轴相互垂直，继续调节检器转盘，使从检偏器输出光强再次为零或者最小，分别读出这两次光强为零时检偏器转盘的读数，应该相差 180°。

2. 观察蔗糖水溶液的旋光特性

将样品管（内有蔗糖溶液）放于支架上，用白纸片观察偏振光入射至样品管的光点和从样品管出射光点形状是否相同，以检验玻璃是否与激光束等高同轴。调节检偏器转盘，观察蔗糖溶液的旋光特性，看是右旋还是左旋。

3. 用自己组装的旋光仪测量葡萄糖水溶液的浓度

将已经配置好的装有不同浓度（单位：g/100mL）的蔗糖水溶液的样品管放到样品架上，测出不同浓度 C 下旋光度 θ 值。并同时记录环境温度 t 和记录激光波长 λ。

将蔗糖水溶液的浓度配制成 C_0、$C_0/2$、$C_0/4$、$C_0/8$、0（纯水，浓度为零），共 5 种试样，浓度 C_0 取 30% 左右为宜。分别将不用浓度溶液注入相同长度的样品试管中。测量不同浓度样品的旋光度（多次测量取平均）。

用最小二乘法对旋光度、溶液浓度进行直线拟合（可以将 C_0 作为 1 个单位考虑），计算出蔗糖的旋光率。也可以以溶液浓度为横坐标、旋光度为纵坐标绘出蔗糖溶液的旋光直线，由此直线斜率代入式（5-26），求得蔗糖的旋光率 $[\alpha]_{650}^{t}$。

4. 测未知浓度的蔗糖溶液样品的浓度

用旋光仪测出未知浓度的蔗糖溶液样品的旋光度,再根据旋光直线确定其浓度。

【注意事项】

(1) 由于偏振片的分度值为 1°,所以在旋转偏振片时一定要慢,每次旋转幅度要小,不然很容易就错过消光角度了。

(2) 溶液管安装要靠近偏振片(如实验装置图所示)。

【实验数据】

(1) 用最小二乘法或作图法求得蔗糖的旋光率 $[\alpha]_{650}^{t}$。

(2) 根据旋光直线确定未知蔗糖浓度。

【课后思考题】

为何用检偏器透过光强为零(消光)的位置来测量旋光度,而不用检偏器透过光强为最大值(P_1 和 P_2 透光轴平行)的位置定旋光度?

【附录】误差产生的原因

(1) 由于该蔗糖溶液浓度是不饱和状态,所以在长时间不用后浓度分布变得不均匀,因此在实验前要摇晃试管,使浓度分布变得均匀。注意,不摇晃就做实验所取的数值与摇晃后再做实验所取的数值明显不一样。

(2) 细小气泡的影响。由于摇晃试管,便产生细小气泡,虽然浓度均匀了,但是细小气泡分布在试管内壁和两端,对实验仍然产生大的影响。此时需要静置一会儿,让气泡减少。如果不静置就做实验的话,测量的数值依然不准确。

(3) 对光心。两个偏振器要紧靠试管的两端面。

5.7　阿贝成像原理和空间滤波

研究一个随时间变化的信号,可以在时间域进行,也可以在频率域进行。实现这种信号从时域到频域或从频域到时域变换的方法称为傅里叶分析(变换)。类似地,光学系统的成像过程既可以从信号空间分布的特点来理解,也可以从所谓"空间频率"的角度来分析和处理,这就是所谓的光学傅里叶变换。由此产生了一个新的光学研究领域——以傅里叶变换光学为基础的信息光学。由于会聚透镜对相干光信号具有傅里叶变换的特性,光信号的频域表示就从抽象的数学概念变成了物理现实。

早在 1874 年,阿贝(E. Abbe,1840—1905)在德国蔡司光学器械公司研究如何提高显微镜的分辨本领问题时,就认识到相干成像的原理。他的发现不仅从波动光学的角度解释了显微镜的成像机理,明确了限制显微镜分辨本领的根本原因,而且由于显微镜(物镜)两步成像的原理本质上就是两次傅里叶变换,被认为是现代傅里叶光学的开端。

通过本实验可以把透镜成像与干涉、衍射联系起来,初步了解透镜的傅里叶变换性质,从而有助于对现代光学信息处理中的空间频谱和空间滤波等概念的理解。

【预习思考题】

(1) 傅里叶变换在光学系统成像中的物理意义是什么？

(2) 简述阿贝成像原理的物理思想和空间频率的概念。

【实验目的】

(1) 了解光学傅里叶变换的原理。掌握正透镜作为光学傅里叶元件在实验上对傅里叶变换的实现。

(2) 对光学空间谱和滤波、调制等光学信息处理手段有一定感性认识。

(3) 掌握阿贝成像原理的物理机制，了解透镜孔径对分辨率的影响。

【实验原理】

1. 傅里叶变换在光学成像系统中的应用

在信息光学中，常用傅里叶变换来表达和处理光的成像过程。

设一个 xy 平面上的光场的振幅分布为 $g(x,y)$，可以将这样一个空间分布展开为一系列基元函数 $\exp[i2\pi(f_x x + f_y y)]$ 的线性叠加。即

$$g(x,y) = \int_{-\infty}^{\infty}\!\!\int G(f_x f_y)\exp[2\pi(f_x x + f_y y)]\mathrm{d}f_x \mathrm{d}f_y \qquad (5\text{-}27)$$

式中，f_x、f_y 分别为 x、y 方向的空间频率，量纲为 L^{-1}；$G(f_x,f_y)$ 是相应于空间频率为 f_x、f_y 的基元函数的权重，也称为光场的空间频率。$G(f_x,f_y)$ 可由下式求得：

$$G(x,y) = \int_{-\infty}^{\infty}\!\!\int g(x,y)\exp[-2i\pi(f_x x + f_y y)]\mathrm{d}x\mathrm{d}y \qquad (5\text{-}28)$$

$g(x,y)$ 和 $G(f_x,f_y)$ 实际上是对同一光场的两种本质上等效的描述。

当 $g(x,y)$ 是一个空间的周期性函数时，其空间频率就是不连续的。例如空间频率为 f_0 的一维光栅，其光振幅分布展开成级数：

$$g(x) = \sum_{n=-\infty}^{\infty} G_n\exp[i2\pi n f_0 x] \qquad (5\text{-}29)$$

相应的空间频率为 $f=0, f_0, f_0$。

2. 阿贝成像原理

傅里叶变换在光学成像中的重要性，首先在显微镜的研究中显示出来。阿贝在 1873 年提出了显微镜的成像原理，并进行了相应的实验研究。阿贝认为，在相干光照明下，显微镜的成像可分为两个步骤，第一个步骤是通过物的衍射光在物镜后焦面上形成一个初级衍射（频谱图）图；第二个步骤则为物镜后焦面上的初级衍射图向前发出球面波，干涉叠加为位于目镜焦面上的像，这个像可以通过目镜观察到。即阿贝成像原理：物是一系列不同空间频率的集合。入射光经物平面发生夫琅禾费衍射，在透镜焦面（频谱面）上形成一系列衍射光斑，各衍射光斑发出的球面次波在相面上相干叠加，形成像。

成像的这两步骤本质上就是两次傅里叶变换，如果物的振幅分布是 $g(x,y)$，可以证明在物镜后面焦面 x'、y' 上的光强分布正好是 $g(x,y)$ 的傅里叶变换 $G(f_x,f_y)$（只要令 $f_x = \dfrac{x'}{\lambda F}$,

$f_y = \dfrac{y'}{\lambda F}$，$\lambda$ 为波长，F 为物镜焦距）。所以第一步骤起的作用就是把一个光场的空间分布变成空间频率分布；而第二步骤则是又一次傅氏变换，将 $G(f_x, f_y)$ 又还原到空间分布。

图 5-23 显示了成像的这两个步骤，为了方便起见，我们假设物是一个一维光栅，平行光照在光栅上，经衍射分解成为向不同方向的很多束平行光（每一束平行光相应于一定的空间频率）。经过物镜分别聚集在后焦面上形成点阵，然后代表不同空间频率的光束又重新在像平面上复合而成像。

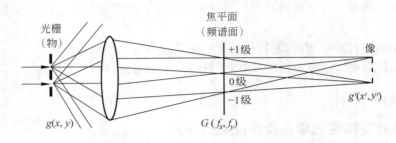

图 5-23　阿贝成像原理

但一般说来，像和物不可能完全一样，这是由于透镜的孔径是有限的，总有一部分衍射角度较大的高次成分（高频信息）不能进入到物镜而被丢弃，所以像的信息总是比物的信息要少一些。高频信息主要是反映物的细节的，如果高频信息受到了孔径的阻挡而不能到达像平面，则无论显微镜有多大的放大倍数，也不可能在像平面上分辨出这些细节，这是显微镜分辨率受到限制的根本原因。特别当物的结构非常精细（例如很密的光栅），或物镜孔径非常小时，有可能只有 0 级衍射（空间频率为 0）能通过，则在像平面上就完全不能形成图像。

3. 光学空间滤波

上面我们看到在显微镜中物镜的孔径实际上起着高频滤波的作用，这就启示我们，如果在焦平面上人为地插上一些滤波器（吸收板或移相板）以改变焦平面上光振幅和位相就可以根据需要改变像平面上的频谱，这就叫做空间滤波。最简单的滤波器就是把一些特殊形式的光阑插到焦平面上，使一个或几个频率分量能通过，而挡住其他频率分量，从而使像平面上的图像只包括一种或几种频率分量，对这些现象的观察能使我们对空间傅里叶变换和空间滤波有更明晰的概念。

【仪器设备】

1. 实验仪器

实验装置如图 5-24 所示。

2. 仪器介绍

光学平台是常用光学实验装置。上有标尺，用来读出光学元件的位置；上面配有一套磁性底座，有一维、二维、三维和通用底座之分，可按要求选用并进行上下、左右、前后的调节。

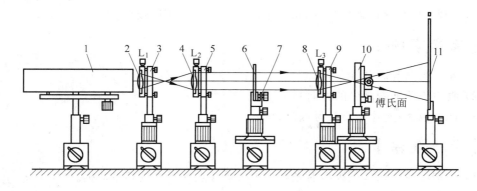

图 5-24　自搭实验装置图

1—He-Ne 激光器(632.8 nm)；2—扩束镜($f_1=4.5$ mm)；3、5、9—二维调整架 2 个；

4—准直镜($f_2=190$ mm)；6——维光栅($L=25$/mm)；7—干板架；

8—傅里叶透镜($f_3=150$ mm)；10—频谱滤波器；11—白屏

【实验内容】

用扩束镜、准直镜组成扩束系统,使其出射的平行激光光束垂直地照射在其狭缝沿铅直方向放置的一维光栅上。前后移动变换傅里叶透镜,使光栅(物)清晰地成像于离物 2 m 以外的墙壁上。此时光栅位置接近于透镜的前焦面,故透镜的后焦面就为其傅氏面,该面上光强的分布即为物的空间频谱。用白屏在透镜的后焦面附近慢慢移动,在透镜后焦面上可以观察到水平排列的一些清晰光点。这些光点相应于光栅的 $0, \pm1, \pm2, \cdots$ 级衍射极大值,用米尺大约测出各光点与中央最亮点的距离 x',从 x' 以及透镜的焦距 F、光波波长 λ,试求出这些光点相应的空间频率。

1. 必做

(1) 在傅里叶透镜后焦面(傅氏面)处放入频谱滤波器,挡去 0 级以外的各点,观察像面上有无光栅条纹。

(2) 调节光阑,使通过 0 级和 ±1 级最大值,观察像面上的光栅条纹像;把光阑拿去,让更高级次的衍射光都能通过,再观察像面上的光栅条纹像,试比较这两种情况的光栅条纹像的宽度有无变化。

(3) 把频谱滤波器旋转 90°,让包含 0 级的水平的一排光点通过,观察像平面上一维条纹像的方向。

(4) 把频谱滤波器旋转 45°,再观察像面上条纹像的方向。

(5) 用网格字替换二维光栅,观察网格字的像的构成。

2. 选做

(1) 把一维光栅换成二维正交光栅,再前后移动变换傅里叶透镜,使光栅(物)清晰地成像于离物 2 m 以外的墙壁上。这时在透镜后焦面上观察到二维的分立光点阵(即正交光栅的频谱)。在傅氏面处加一频谱滤波器,使通过光轴的一系列光点通过,观察像平面上一维条纹像的方向。

(2) 再将一个可变圆孔光阑放在傅氏面上,逐步缩小光阑,直到只让光轴上一个光点通过为止,再观察网格字的像的构成,试与未滤波之前的字相比较。

【注意事项】

(1) 保证光路等高共轴。
(2) 眼睛不要逆着激光的方向看。
(3) 调制板、滤光片不要夹得过紧。

【实验数据】

(1) 分别记录一、二、三级衍射光点与中央最亮点的距离的测量数据。
(2) 求出各级衍射点相应的空间频率。

【课后思考题】

(1) 如何从阿贝成像原理来理解显微镜的分辨本领? 提高物镜的放大倍数能够提高显微镜的分辨本领吗?
(2) 阿贝成像原理与光学空间滤波有什么关系?

5.8　全息照相

1948 年伽伯曾提出一种无透镜两步成像法,即用一个合适的相干参考波与一个物体的散射波叠加,则此散射波的振幅和相位的分布就以干涉图样的形式被记录在感光板上,被记录的干涉图称全息图。用相干光照射全息图,透射光的一部分就能重新模拟出原物的散射波波前,于是重现一个与原物非常逼真的三维图像。因为当时没有足够好的相干光源,所以几乎没有引起人们的注意。1960 年激光的出现促进了全息术的发展,并使这一想法付诸实现。激光全息照相是利用记录介质将物光波和参考光波的干涉条纹记录下来——形成全息图,用激光束照射全息图,还原出原始物体的三维像。目前全息术已从光学发展到微波、X 射线和声波等其他波动过程,成为科学技术的一个新领域。

【预习思考题】

(1) 简要说明全息照相与普通照相的区别。
(2) 全息照相的特点主要有哪些?

【实验目的】

(1) 加深理解全息照相的基本原理。
(2) 学会拍摄全息照片,观察物体的再现像(虚像和实像)。

【实验原理】

全息照相原理是 1948 年由伽伯为了提高电子显微镜的分辨本领而提出的。"全息"是指物体发出光波的全部信息:既包括振幅或强度,也包括相位。全息照相与普通照相有着本质上的区别,普通照相是应用几何光学原理,利用光学透镜把物体光波会聚成物体的像,记录在照相底片上，它只能记录和重现物体光波的振幅信息即光强的不同。而全息照相是应用物理光学的原理，分全息记录和再现两步进行，首先利用光束干涉的方法，把物体光波的振幅和相位信息全部记录在全息干板上。其方法是：把一束激光分成两束，其中的一束直接照射到全息干板，称为参考光 R；另一束光照到被摄物体上，经物体反射后再照射到全息干板，称为物光 O。这两束光在全息干板上相遇产生干涉，而全息干板上记录的是物光和参考光的复杂的干涉条纹，经显影、定影后成为全息图，如图 5-25 所示。再现过程是再用激光照射全息图，即可观察到被摄物体的全息像。全息照相在记录物光的相位和强度分布时，利用了光的干涉。在全息照相中就是引进了一束与物光相干的参考光，使这两束光在感光底片处发生干涉叠加，感光底片将与物光有关的振幅和位相分别以干涉条纹的反差和条纹的间隔形式记录下来，经过适当的处理，便得到一张全息照片。全息照相记录的是物体光波的波前，再现时得到的是如同物体存在时一样的波前，因此可以真实地反映物体各点在空间的相对位置和相对强度。所以通过全息图再现的是真正的物体像。

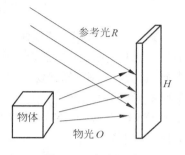

图 5-25　全息记录

本实验是投射式全息照相。投射式全息照相是指重现时所观察的是全息图透射光的成像。下面对平面全息图的情况作具体的数学描述。

1. 全息记录

设来自物体的单色光波在全息干板（平面）上的复振幅分布为

$$O(x,y) = A_O(x,y)\exp[i\varphi_O(x,y)] \tag{5-30}$$

称为物光波；同一波长的参考光波在平板平面上的复振幅分布为

$$R(x,y) = A_R(x,y)\exp[i\varphi_R(x,y)] \tag{5-31}$$

称为参考光波。平板上总的复振幅分布为

$$U(x,y) = O(x,y) + R(x,y) \tag{5-32}$$

干板上的光强分布为

$$I(x,y) = U(x,y)U^*(x,y) \tag{5-33}$$

将式（5-30）～式（5-32）代入式（5-33）中，得

$$I(x,y) = A_O^2 + A_R^2 + A_O A_R \exp[i(\varphi_O - \varphi_R)] + A_R A_O \exp[i(\varphi_R - \varphi_O)] \tag{5-34}$$

适当控制曝光量和冲洗条件，可以使全息图的振幅透过率 $t(x,y)$ 与曝光量 E（与光强 I 成正比）呈线性关系，即 $t(x,y) \propto I(x,y)$，设

$$t(x,y) = \alpha + \beta I(x,y) \tag{5-35}$$

式中，α、β 为常数。这就是全息图的记录过程。

由上面的描述可知，底片上干涉条纹的反衬度为

$$\beta = \frac{I_{max} - I_{min}}{I_{max} + I_{min}}$$

其中

$$I_{max} = |A_O + A_R|^2, \quad I_{min} = |A_O - A_R|^2$$

干涉条纹的间距则决定于 $(\varphi_R - \varphi_O)$ 随位置变化的快慢。对一定的 φ_R、A_R 来说，干涉条纹的明暗对比反映了物光波的振幅大小，即强度因子；干涉条纹的形状间隔反映了物光波

的位相分布。因此底片记录了干涉条纹,也就记录了物光波前的全部信息——振幅和位相。

2. 波前重视

用与参考光完全相同的光束照射全息图,透过光的复振幅分布为

$$U_t(x,y) = R(x,y)t(x,y) \tag{5-36}$$

将式(5-31)、式(5-35)代入上式,整理得

$$U_t(x,y) = A_O[\alpha + \beta(A_O^2 + A_R^2)]\exp(i\varphi_R)$$
$$+ A_O^2 A_R\exp(i\varphi_O) + A_R A_O\exp[i(2\varphi_R - \varphi_O)] \tag{5-37}$$

式(5-37)中的第一项,具有再现光的特性,是衰减了的再现光,这是 0 级衍射。式(5-37)中的第二项,是原来的物光波乘一系数,它具有原来物光波的特性,如果用眼睛接收到这个光波,就会看到原来的“物”。这个再现像是虚像,称为原始像。式(5-37)中的第三项,具有与原物光波共轭的位相 $\exp(-i\varphi_O)$,说明它代表一束会聚光,应形成一个实像。因为有一位相因子 $\exp(2i\varphi_R)$ 存在,这个实像不在原来的方向上。这个像叫共轭像,如图 5-26 所示。通常把形成原始像的衍射光称为 +1 级衍射,把形成共轭像的衍射光称为 -1 级衍射。

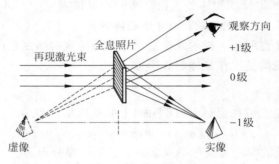

图 5-26　波前重现

在参考光为球面波的情况下,重现光的点光源和原记录时参考光的点光源必须在相同位置(相对于底片),才能得到无畸变虚像。否则,重现像的位置不同于原来“物”的位置,重现像的放大倍数也不等于 1。参考光距干板愈远,像愈大,反之像缩小。要得到无畸变实像,应以参考光的共轭光——一束会聚在原参考光点光源的会聚光——照明底片。

3. 全息照相的主要特点和应用

全息照片具有许多有趣的特点:

(1) 片上的花纹与被摄物体无任何相似之处,在相干光束的照射下,物体图像却能如实重现。

(2) 立体感很明显(三维再现性),如某些隐藏在物体背后的东西,只要把头偏移一下,也可以看到。视差效应很明显。

(3) 全息图打碎后,只要任取一小片,照样可以用来重现物光波。犹如通过小窗口观察物体那样,仍能看到物体的全貌。这是因为全息图上的每一个小的局部都完整地记录了整个物体的信息(每个物点发出的球面光波都照亮整个感光底片,并与参考光波在整个底片上发生干涉,因而整个底片上都留下了这个物点的信息)。当然,由于受光面积减少,成像光束的强度会相应地减弱;而且由于全息图变小,边缘的衍射效应增强而必然会导致像质的下降。

(4) 在同一张照片上,可以重叠数个不同的全息图。在记录时或改变物光与参考光之

间的夹角,或改变物体的位置,或改变被摄的物体等,一一曝光之后再进行显影与定影,再现时能一一重现各个不同的图像。

由于具有这些特点,全息照相术现在已经得到了广泛的应用。如前面提到的全息信息存储和全息干涉分析就是分别应用了上面所述特点(3)、(4)。

【仪器设备】

1. 实验仪器

He-Ne 激光器 L(632.8nm),分光镜 S(半透半反镜)三维调整架,平面反射镜(M_1、M_2),二维调整架(4 个),扩束镜($f_{L1}=15$ mm、$f_{L2}=4.5$ mm),小物体、载物台,全息干板 P,二维干板架,二维底座(3 个)、三维底座(1 个)、一维底座(3 个)、通用底座(2 个),毛玻璃屏。

2. 仪器介绍

(1) 全反镜:使激光束改变方向,可作高度、左右、俯仰三维调节。

(2) 分束镜:使激光束分成二束,一束透射,另一束反射,可作三维调节。

(3) 扩束镜:将激光管射出的细小光束扩大,以照明整个被摄物体和感光板,可作垂直、左右调节。

【实验内容】

1. 投射式全息图的记录

(1) 将所有器件按图 5-27 的相对位置摆放在平台上布置好光路,调至等高,拿去扩束镜 L_1、L_2,打开激光器调好光路。注意此时不能放上全息干板,先用毛玻璃屏代替。

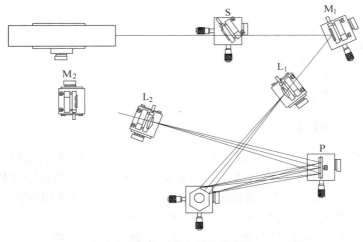

图 5-27　全息照相设备

(2) 将物光光束与参考光光束的光程调至基本相等,光程差接近于 0,并使两者的夹角在 $30°\sim40°$ 之间。

(3) 调平面反射镜 M_1 的倾角,使物光光束照射在物的中间位置;调平面反射镜 M_2 的倾角,使参考光光束照射在白纸的中间。

(4) 加入 L_1,调至其上下、左右、前后位置,使光团刚好照全物体,加入 L_2,调节其上下、左右、前后位置,使光团照在毛玻璃屏上,并使其与物光的光强比在 2∶1～5∶1 之间。

（5）关上照明灯,用黑纸挡住激光器的出光口。把干板底片夹到干板架上,应使乳胶面对着光入射的方向。先静置激光器 2～3 min 后移开黑纸,对干板进行曝光,曝光时间约为 3～10 s,然后,在弱绿光下进行显影和定影,显影时间 2～3 min,定影时间为 3～5 min。然后晾干,此时的干板上得到的就是全息图(显影时间和定影时间应依照显影液和定影液的浓度和温度而定)。

2. 投射式全息图的重现

（1）用透镜将激光器扩速后照明全息图,使光照方向沿原参考光的方向,仔细观察虚像。撤掉物光波,从全息图的背面观察原物位置,在原物所在方位即发生波前再现,可见一个三维立体虚像。

（2）改变全息图到光源的远离,观察再现像大小的改变。

（3）用一张有 $\phi=5$ mm 的小孔的黑纸贴近全息底片,人眼通过小孔观察全息虚像,看到的是再现像的全部还是局部? 移动小孔的位置,看到虚像。转动全息图的角度,在另一侧用毛玻璃或白屏寻找实像并记录其相对位置。

【注意事项】

（1）绝不可用眼睛直视未扩束的激光束,以免造成视网膜的永久损伤。

（2）为了保证物光和参考光之间良好的相干性,应尽量使两束光的光程相同,二路光强(物光∶参考光)在 1∶2～1∶4 左右。

（3）曝光时保持安静,不能走动,不能触碰全息台。

（4）在化学处理过程及其前后,应拿住全息片的边缘。注意不要触摸药膜面,以免碰伤全息片。

【实验数据】

（1）记录实验过程。

（2）总结成败经验。

【课后思考题】

（1）将处理后的干板按原方位装在干板夹上(注意正反面)。移走原物,并挡住物光束。仅用参考光照射干板。按图 5-26 或图 5-27 所示迎着原物光束方向观察原物虚像,感受其立体感。改变观察角度,又发现了什么新情况? 大致确定在多大的角度范围内观察图像较清晰。

（2）改变上述参考光强的大小,所看到的像有何变化?

（3）将一黑纸挖一小孔,然后遮住全息干板,使激光只照到部分干板,你看到了什么? 移动小孔位置,你又看到了什么? 可得出什么结论?

5.9　磁性材料基本特性的研究

磁性材料通常是指由过渡元素铁、钴、镍及其合金等能够直接或间接产生磁性的物质。按磁化后去磁的难易可将磁性材料分为软磁性材料和硬磁性材料。磁化后容易去掉磁性的物质叫软磁性材料,不容易去磁的物质叫硬磁性材料。磁滞回线和居里温度是表征磁性材料的两个基本特性。磁滞回线反映磁性材料在外磁场中的磁化特性,而居里温度则是磁性材料由铁磁性转变为顺磁性的相变温度。

现代磁性材料已经广泛地用于我们的日常生活之中,应用最多的是永磁材料,即经外磁场磁化以后,即使在相当大的反向磁场作用下,仍能保持一部分或大部分原磁化方向的磁性。永磁材料有多种用途:①基于电磁力作用原理的应用主要有扬声器、话筒、电表、按键、电机、继电器、传感器、开关等;②基于磁电作用原理的应用主要有磁控管和行波管等微波电子管、显像管、钛泵、微波铁氧体器件、磁阻器件、霍尔器件等;③基于磁力作用原理的应用主要有磁轴承、选矿机、磁力分离器、磁性吸盘、磁密封、磁黑板、标牌、密码锁、复印机、控温计等。其他方面的应用还有磁疗、磁化水、磁麻醉等。可以说,磁性材料与信息化、自动化、机电一体化、国防、国民经济的方方面面紧密相关。

本实验通过对软磁铁氧体材料居里温度及动态磁滞回线的测量,加深对磁性材料基本特性的理解。

磁性材料基本特性的研究(一)

【预习思考题】

(1) 这一实验主要研究磁性材料与什么物理量之间的关系?

(2) 何为居里温度? 在实验中你认为应怎样才能正确找到居里温度?

【实验目的】

测定所给定的铁磁材料的居里温度。

【实验原理】

1. 磁化性质

一切可被磁化的物质叫做磁介质。磁介质的磁化规律可用磁感应强度 B、磁化强度 M、磁场强度 H 来描述,它们满足以下关系:

$$B = \mu_0(H + M) = (\chi_m + 1)\mu_0 H = \mu_r \mu_0 H = \mu H \tag{5-38}$$

式中,μ_0(单位为 H/m)为真空磁导率;χ_m 为磁化率;$\mu_r = \chi_m + 1 = \dfrac{B}{\mu_0 H}$ 为相对磁导率,是一个无量纲的系数;μ 为绝对磁导率。对于顺磁性介质,磁化率 $\chi_m > 0$,μ_r 略大于 1;对于抗磁性介质,$\chi_m < 0$,一般 χ_m 的绝对值在 $10^{-4} \sim 10^{-5}$ 之间,μ_r 略小于 1;而铁磁性介质的 $\chi_m \gg 1$,所以,$\mu_r \gg 1$。

对非铁磁性的各向同性的磁介质,H 和 B 之间满足线性关系,$B = \mu H$;而铁磁性介质的 μ、B 与 H 之间有着复杂的非线性关系。一般情况下,铁磁质内部存在自发的磁化强度,温度越低自发磁化强度越大。图 5-28 是典型的磁化曲线(B-H 曲线),它反映了铁磁质的共同磁化特点:随着 H 的增加,开始时 B 缓慢地增加,此时 μ 较小;而后随 H 的增加 B 急剧增大,μ 也迅速增加;最后随 H 增加,B 趋于饱和,而此时的 μ 值在到达最大值后又急剧减小。图 5-28 表明磁导率 μ 是磁场 H 的函数。从图 5-29 中可以看到,磁导率 μ 还是温度 T

的函数,当温度升高到某个值时,铁磁质由铁磁状态转变成顺磁状态,在曲线突变点所对应的温度就是居里温度 T_C。

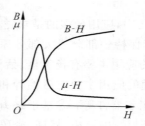

图 5-28 磁化曲线和 μ-H 曲线

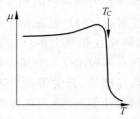

图 5-29 μ-T 曲线

2. 用交流电桥测量居里温度

铁磁材料的居里温度可用任何一种交流电桥测量。交流电桥种类很多,如麦克斯韦电桥、欧文电桥等,但大多数电桥都可归结为如图 5-30 所示的四臂阻抗电桥,电桥的四个臂可以是电阻、电容、电感的串联或并联的组合。调节电桥的桥臂参数,使得 CD 两点间的电位差为零,电桥达到平衡,则有

$$\frac{Z_1}{Z_2} = \frac{Z_3}{Z_4} \tag{5-39}$$

若要上式成立,必须使复数等式的模量和辐角分别相等,于是有

$$\frac{|Z_1|}{|Z_2|} = \frac{|Z_3|}{|Z_4|} \tag{5-40}$$

$$\varphi_1 + \varphi_4 = \varphi_2 + \varphi_3 \tag{5-41}$$

由此可见,交流电桥平衡时,除了阻抗大小满足式(5-40)之外,阻抗的相角还要满足式(5-41),这是它和直流电桥的主要区别。

本实验采用如图 5-31 所示的 RL 交流电桥,在电桥中输入电源由信号发生器提供,在实验中应适当选择较高的输出频率,ω 为信号发生器的角频率。其中 Z_1 和 Z_2 为纯电阻,Z_3 和 Z_4 为电感(包括电感的线性电阻 r_1 和 r_2),其复阻抗为

$$Z_1 = R_1, \quad Z_2 = R_2, \quad Z_3 = r_1 + j\omega L_1, \quad Z_4 = r_2 + j\omega L_2 \tag{5-42}$$

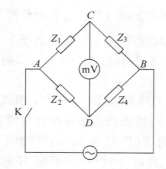

图 5-30 交流电桥的基本电路

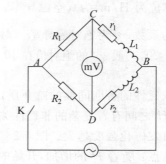

图 5-31 RL 交流电桥

当电桥平衡时有

$$R_1(r_2 + j\omega L_2) = R_2(r_1 + j\omega L_1) \tag{5-43}$$

实部与虚部分别相等,得

$$r_2 = \frac{R_2}{R_1} r_1, \quad L_2 = \frac{R_2}{R_1} L_1 \tag{5-44}$$

选择合适的电子元件相匹配,在未放入铁氧体时,可直接使电桥平衡,但当其中一个电感放入铁氧体后,电感大小发生了变化,则引起电桥不平衡。随着温度上升到某一个值时,铁氧体的铁磁性转变为顺磁性,CD 两点间的电位差发生突变并趋于零,电桥又趋向于平衡,这个突变的点对应的温度就是居里温度。可通过桥路电压与温度的关系曲线,求其曲线突变处的温度,并分析研究在升温与降温时的速率对实验结果的影响。

由于被研究的对象铁氧体置于电感的绕组中,被线圈包围,则空间温度将与铁氧体实际温度不同(加温时,铁氧体温度低于空间温度;降温时,铁氧体温度高于空间温度),这种滞后现象在实验中必须加以重视。只有在动态平衡的条件下,磁性突变的温度才精确等于居里温度。

【仪器设备】

1. 实验仪器
数字万用表,铂电阻温度计,管式加热器,实验接线板和实验配件等。

2. 仪器介绍
铂电阻温度计用来测量加热管中的温度。

管式加热器通过外界的电流实现管中温度升高。

【实验内容】

用电桥法测量铁氧体的居里温度 T_C。

(1) 按图 5-31 自连电路,调节电路。

(2) 在其中的一个电感里放入铁氧体。

(3) 对铁氧体加热,测量桥路电压与温度的关系。

【注意事项】

为了准确地测量铁氧体的温度,铂电阻温度计必须与铁氧体在同一位置。

【实验数据】

(1) 根据实验内容的要求,记录电桥各臂阻抗、加热时桥路电压和温度。

(2) 在坐标纸上绘出桥路电压与温度的关系曲线,求出居里温度。

【课后思考题】

(1) 温度达到居里温度时有什么现象?

(2) 你认为这一实验引起的误差主要是什么原因? 如何使误差减少?

磁性材料基本特性的研究(二)

磁性材料在外加磁场 H 作用下,必有相应的磁感应强度 B,B 随磁场强度 H 的变化曲线称为磁化曲线。通过实验可以理解磁性材料的磁化特点,加深认识磁性材料的物理特性。

【预习思考题】

(1) 何为剩磁?何为退磁?何为矫顽力?
(2) 示波器为什么能反映外部磁场强度 H 和磁感应强度 B?

【实验目的】

利用示波器观察并测量磁化曲线与磁滞回线。

【实验原理】

1. 磁滞性质

铁磁材料除了具有高的磁导率外,另一重要的特性是磁滞现象。当铁磁材料磁化时,磁感应强度 B 不仅与当时的磁场强度 H 有关,而且与磁化的历史有关,如图 5-32 所示。曲线 OA 表示铁磁材料从没有磁性开始磁化,B 随 H 的增加而增加,称为磁化曲线。当 H 到达某一个值 H_S 时,B 值几乎不再增加,磁化趋于饱和。如使得 H 减小,B 将不再沿着原路返回,而是沿另一条曲线 $AC'A'$ 下降,当 H 从 $-H_S$ 增加时,B 将沿着 $A'CA$ 曲线到达 A 形成一闭合曲线。其中 $H=0$ 时,$|B|=B_r$,B_r 称为剩余磁感应强度。要使得 B_r 为零,就必须加一反向磁场,当反向磁场强度增加到 $H=-H_C$ 时,磁感应强度 B 为零,达到退磁,H_C 称为矫顽力。各种铁磁材料有不同的磁滞回线,主要区别在于矫顽力的大小,矫顽力大的称为硬磁材料,矫顽力小的称为软磁材料。

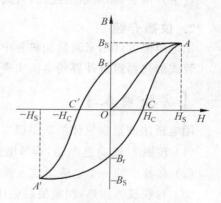

图 5-32 磁化曲线和磁滞回线

2. 用示波器测量动态磁化曲线和磁滞回线

图 5-33 为用示波器测量动态磁化曲线和磁滞回线的电路图。本实验研究的是闭合状的铁磁圆环样品,铁磁样品平均磁路为 L,励磁线圈的匝数为 N_1。励磁电流为 i_1 时,在样品内根据安培环路定律,有

$$HL = N_1 i_1 \tag{5-45}$$

则示波器 X 轴偏转板输入电压

$$U_{R1} = R_1 i_1 = \frac{R_1 L}{N_1} H \tag{5-46}$$

式中的 R_1、L、N_1 均为常数,这表明 X 轴输入电压的大小 U_{R1} 与磁场强度 H 成正比。

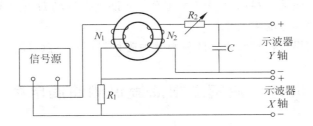

图 5-33　用示波器测量动态磁化曲线和磁滞回线的电路图

设样品的截面积为 S，根据电磁感应定律，在匝数为 N_2 的次级线圈中，感应电动势为

$$\varepsilon_2 = -N_2 S \frac{\mathrm{d}B}{\mathrm{d}t} \tag{5-47}$$

考虑带次级线圈的匝数 N_2 较少，自感电动势可忽略。在 R_2、C 所构成的回路中适当地选取 R_2、C 值使得 $R_2 \gg 1/C$，则

$$\varepsilon_2 = R_2 i_2 \tag{5-48}$$

将 $i = \dfrac{\mathrm{d}q}{\mathrm{d}t} = C \dfrac{\mathrm{d}u_C}{\mathrm{d}t}$ 代入式(5-48)，并利用式(5-47)可得

$$U_C = -\frac{N_2 S}{R_2 C} B \tag{5-49}$$

上式表明 Y 轴输入电压的大小 U_C 与磁感应强度 B 成正比。

【仪器设备】

数字万用表，实验接线板，功率函数信号发生器，双踪示波器和实验配件等。

【实验内容】

观测磁环的磁化曲线和磁滞回线：

(1) 按图 5-33 自连电路，在示波器上调节出饱和的磁化曲线和磁滞回线。

(2) 按 1∶1 的比例在坐标纸上画出饱和的 U_R-U_C 关系图。

(3) 记录下示波器 X、Y 轴的单位量，测出饱和点、剩磁点、去磁点应测的各物理量。

(4) 求出剩余磁感应强度 B_r，矫顽力 H_C，饱和磁感应强度 B_S 和磁场强度 H_S。

(5) 画出 B-H 关系图。

【注意事项】

(1) 磁化曲线和磁滞回线要达到饱和。

(2) 测量过程中，应保持示波器的灵敏度 S_X 和 S_Y 不变。

【实验数据】

完成实验内容(3)、(4)部分，用坐标纸作出 B-H 关系图。

【课后思考题】

(1) 如何正确调试磁滞回线？关键步骤是哪些？

（2）磁化过程中磁性材料的磁感应强度 B 是否随外部磁场 H 增大而增大？为什么？

（3）试讨论实验误差的主要来源。

（4）根据实验结果分析实验所用的材料是硬磁材料还是软磁材料。

5.10 用密立根油滴仪测油滴电荷

密立根（R. A. Milliken）在 1907 年及以后的七年时间内，用油滴法直接证实了电量的不连续性，并测定了电子的电荷。这不仅为电子论建立了直接的实验基础，而且通过电子电荷这一基本物理常数的测定，为从实验上测定其他许多基本物理量提供了可能性。

密立根油滴仪是通过对带电油滴在重力场中和静电场中运动的测量，验证电荷的不连续性，并测定基本电荷电量的物理实验仪器。油滴实验用一小油滴作电的载体，在测量带电油滴的运动时，可以避免 m_e 作为运动方程式的参量，代之以油滴质量 $m(m \gg m_e)$。

目前公认的电子电量 e 最准确值为 $e = (1.602\ 177\ 33 \pm 0.000\ 000\ 49) \times 10^{-19}\ \mathrm{C}$。

【预习思考题】

（1）如何判断油滴盒内平行极板是否水平？如不水平对实验结果有何影响？

（2）何谓合适的待测油滴，其选取原则是什么？

【实验目的】

（1）学习密立根油滴实验的设计思想。

（2）验证电荷的不连续性及测量基本电荷电量。

（3）通过对实验仪器的调整，油滴的选择、跟踪和测量，以及实验数据处理等，培养学生严谨的科学实验态度。

【实验原理】

一个质量为 m、带电量为 q 的油滴处在两块平行极板之间，在平行极板未加电压时，油滴受重力作用而加速下降。由于空气阻力的作用，下降一段距离后，油滴将作匀速运动，速度为 v_g，这时重力与阻力平衡（空气浮力忽略不计），如图 5-34 所示。根据斯托克斯定律，粘滞阻力为

$$f_r = 6\pi a \eta v_g$$

式中 η 是空气的粘滞系数，a 是油滴的半径，这时有

$$6\pi a \eta v_g = mg \tag{5-50}$$

当在平行极板上加电压 U 时，油滴处在场强为 E 的静电场中，设电场力 qE 与重力相反（如图 5-35 所示），使油滴受电场力加速上升。由于空气阻力作用，上升一段距离后，油滴所受的空气阻力、重力与电场力达到平衡（空气浮力忽略不计），则油滴将以匀速上升，此时速度为 v_e，则有

$$6\pi a \eta v_e = qE - mg \tag{5-51}$$

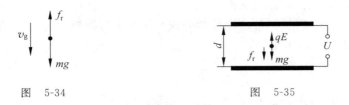

图　5-34　　　　　　　　　　　　图　5-35

又因为

$$E = \frac{U}{d} \tag{5-52}$$

由式(5-50)～式(5-52)可解出

$$q = mg \frac{d}{U} \left(\frac{v_g + v_e}{v_g} \right) \tag{5-53}$$

为测定油滴所带电荷 q，除应测出 U、d 和速度 v_e、v_g 外，还需知油滴质量 m。由于在空气中悬浮和表面张力作用，可将油滴看作圆球，其质量为

$$m = \frac{4}{3} \pi a^3 \rho \tag{5-54}$$

其中 ρ 是油滴的密度。

由式(5-50)和式(5-54)，可得油滴的半径

$$a = \left(\frac{9\eta v_g}{2\rho g} \right)^{\frac{1}{2}} \tag{5-55}$$

考虑到油滴非常小，空气已不能看成连续媒质，空气的粘滞系数 η 应修正为

$$\eta' = \frac{\eta}{1 + \dfrac{b}{pa}} \tag{5-56}$$

式中 b 为修正系数；p 为空气压强；a 为未经修正过的油滴半径，由于它在修正项中，不必计算得很精确，由式(5-55)计算就够了。

实验时取油滴匀速下降和匀速上升的距离相等，都设为 l，测出油滴匀速下降的时间 t_g，匀速上升的时间 t_e，则

$$v_g = \frac{l}{t_g}, \quad v_e = \frac{l}{t_e} \tag{5-57}$$

将式(5-54)～式(5-57)代入式(5-53)，可得

$$q = \frac{18\pi}{\sqrt{2\rho g}} \left[\frac{\eta l}{1 + \dfrac{b}{pa}} \right]^{\frac{3}{2}} \frac{d}{U} \left(\frac{1}{t_e} + \frac{1}{t_g} \right) \left(\frac{1}{t_g} \right)^{\frac{1}{2}}$$

令

$$K = \frac{18\pi}{\sqrt{2\rho g}} \left[\frac{\eta l}{1 + \dfrac{b}{pa}} \right]^{\frac{3}{2}} \times d$$

得

$$q = K \left(\frac{1}{t_e} + \frac{1}{t_g} \right) \left(\frac{1}{t_g} \right)^{\frac{1}{2}} \Big/ U \tag{5-58}$$

此式是动态(非平衡)法测油滴电荷的公式。

下面导出静态(平衡)法测油滴电荷的公式。调节平行极板间的电压,使油滴不动,$v_e=0$,即 $t_e\to\infty$。由式(5-58)可得

$$q = K\left(\frac{1}{t_g}\right)^{\frac{3}{2}}\times\frac{1}{U_B} \tag{5-59}$$

上式即为静态法测油滴电荷的公式,其中 U_B 为平衡电压。

为了求电子电荷 e,对实验测得的各个电荷 q 求最大公约数,就是基本电荷 e 的值,即电子电荷 e;也可以测得同一油滴所带电荷的改变量 Δq(可以用紫外线或放射源照射油滴,使它所带电荷改变),这时 Δq 应近似为某一最小单位的整数倍,此最小单位即为基本电荷 e。

【仪器设备】

1. 实验仪器

OM99 型密立根油滴仪(附喷雾器、油等)。

2. 仪器介绍

主要由油滴盒、CCD 电视显微镜、电路箱、监视器等组成。

(1) 主要技术指标

平行极板间可视距离	$d=(2.00\pm0.01)$mm
电视显微镜放大倍数	$60\times$
分划板刻度	分八格,每格值 0.25 mm
极板间电压	$\pm$DC 0~700 V 可调
提升电压	200~300 V
电源	AC 220 V、50 Hz

(2) 油滴盒是个重要部件,对其加工要求很高。其结构见图 5-36。

从图 5-36 可见,上下电极直接用精加工的平板垫在胶木圆环上,极板间的不平行度、极板间的间距误差都可以控制在 0.01 mm 以下。在上电极板中心有一个直径 0.4 mm 的油雾落入孔,在胶木圆环上开有显微镜观察孔、照明孔和汞灯射入孔。在胶木圆环的外侧装有照明室,内置高亮度发光二极管,作上下电极间油滴照明用。在胶木圆环的外侧还装有冷阴极低压石英汞灯,点亮时能辐射出 $\lambda=253.7$ nm 的紫外光线,该光线通过胶木圆环上的汞灯射入孔后,使油滴中的空气电离,从而使油滴所带的电量发生变化。在油滴盒外套有防风罩,罩上放置一个可取下的油雾杯,杯底中心有一个落油孔及一个挡片,用来开关落油孔。在上电极上方有一个可以左右拨动的压簧,注意,只有将压簧拨向最边位置,方可取出上极板。

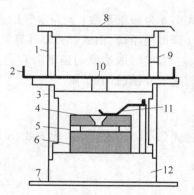

图 5-36　油滴盒的结构

1—油雾杯;2—油雾孔开关;3—防风罩;
4—上电极;5—油滴盒;6—下电极;
7—座架;8—上盖板;9—喷雾口;
10—油雾孔;11—上电极压簧;
12—油滴盒基座

【实验内容】

1. OM99 型密立根油滴仪的连接

将 OM99 面板上最左边带有 Q9 插头的电缆线接至监视器后背下部相应的插座上。

2. 仪器调整

将仪器放平稳,调节仪器底座上的三只调平手轮,将水泡调平。由于底座空间较小,调手轮时如将手心向上,用中指和无名指夹住手轮调节较为方便。

照明光路不需调整。CCD 显微镜对焦也不需用调焦针插在平行电极孔中来调节,只需将显微镜筒前端和底座前端对齐,然后喷油后再稍稍前后微调即可。在使用中,前后调焦范围不要过大,取前后调焦 1 mm 内的油滴较好。

3. 仪器接通

开机 1 min 后自动进入测量状态,显示出标准分化板刻度线及 V 值、s 值。开机后如想直接进入测量状态,按一下"计时/停"按钮即可。

如开机后屏幕上的字很乱或字重叠,可调节显示器下方聚焦等控制旋钮。

面板上 K_1 用来选择平行电极上的极性,实验中置于"+"或"−"侧均可,一般不常变动。使用最频繁的是 K_2 和 W 及"计时/停"按钮(K_3)。

4. 测量练习

练习是顺利做好实验的重要一环,包括练习控制油滴运动、练习测量油滴运动时间和练习选择合适的油滴。

(1) 练习控制油滴:用平衡法实验时,在平行极板上加工作(平衡)电压 250 V 左右,反向开关放在"+"或"−"侧均可,选择一颗油滴,仔细调节平衡电压,使这颗油滴静止不动,然后去掉平衡电压,让它们匀速下降,下降一段距离后再加上平衡电压使油滴上升。如此反复多次地进行练习,以掌握控制油滴的方法。

(2) 练习测量油滴运动的时间:任意选择几颗运动速度快慢不同的油滴,测出它们下降一段距离所需要的时间,或者加上一定的电压,测出它们上升一段距离所需要的时间。如此反复多次地进行练习,以掌握测量油滴运动的时间的方法。

(3) 练习选择油滴:选择一颗合适的油滴十分重要,是做好本实验的保障。选的油滴不能太大,太大的油滴虽然亮,但其带电荷也多,匀速下降时间必然短,时间不容易测准,同时油滴电量过大,不便计算最大公约数。油滴不能选得过小,过小的油滴观察困难,布朗运动明显,会引入较大的测量误差。一般选择平衡电压为 200~300 V,匀速下落 1.5 mm 的时间在 10~20 s 左右的油滴,即油滴电量约在 12e 以内的油滴,以提高测量精度。

5. 正式测量

(1) 选择一颗合适的油滴,一般选择平衡电压为 200~300 V,匀速下落 1.5 mm 的时间在 10~20 s 左右的油滴。

(2) 将油滴调至分化板的上方,仔细调整并记录平衡电压,然后将平衡电压开关置"0",让油滴自由下落,记录油滴通过 1.5 mm 的时间 t_g。

(3) 这时油滴在分化板的下方,加上平衡电压使油滴平衡,然后加升降电压至 450 V 左右,使油滴上升,测量并记录通过 1.5 mm 的时间 t_e。

（4）重复步骤（2）、（3）,对同一油滴测量 5～6 次。注意,每次必须重新调整平衡电压并做记录。整个测量过程中都要对油滴进行跟踪,以免油滴丢失。

（5）用同样的方法选择 4～5 颗油滴进行测量。

（6）列表整理数据（表格自拟）,分别用平衡法和动态法计算电子电荷 e。

（7）对误差结果进行分析和评估。

【注意事项】

（1）判断油滴是否平衡要有足够的耐性。用平衡电压调节旋钮将油滴移至某条刻度线上,仔细调节平衡电压,这样反复操作几次,经一段时间观察油滴确实不再移动,才认为是平衡了。

（2）测准油滴上升或下降某段距离所需的时间,一是要统一油滴到达刻度线什么位置才认为油滴已踏线；二是眼睛要平视刻度线,不要有夹角。反复练习几次,使测出的各次时间的离散性小。

（3）由于空气阻力的存在,油滴是先经一段变速运动然后进入匀速运动的,但这变速运动时间非常短（小于 0.01s）,小于计时器的最小显示值,所以可以看作当油滴自静止开始运动时,是立即作匀速运动的。运动的油滴突然加上原平衡电压时,将立即静止下来。

（4）油滴喷雾器的结构见图 5-37。喷雾器内的油不可装得太满,否则会喷出很多"油"（而不是"油雾"）,堵塞上电极的落油孔。每次喷油时,应在一张白纸上喷几下,确认有油雾喷出,再往喷油孔喷油,一般按两下即可。喷油时喷雾器应竖拿,喷头不要深入喷油孔内,只要轻轻喷入少许的油即可,防止大颗粒油滴堵塞落油孔。

喷雾器不用时,应放入杯中,避免油弄脏桌面。

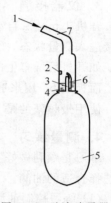

图 5-37 　油滴喷雾器
的结构

1—灌油处；2—气孔；

3—出气管；4—油；

5—气囊；6—虹吸管；

7—喷雾出口

【实验数据】

自拟数据处理表格,用平衡法计算油滴电量。

平衡法依据的公式为

$$q = K \left(\frac{1}{t_g} \right)^{\frac{3}{2}} \times \frac{1}{U_B}$$

其中

$$K = \frac{18\pi}{\sqrt{2\rho g}} \left(\frac{\eta l}{1 + \frac{b}{pa}} \right)^{\frac{3}{2}} \times d$$

$$a = \left(\frac{9\eta v_g}{2\rho g} \right)^{\frac{1}{2}}$$

油的密度

$$\rho = 981 \text{ kg/m}^3 \quad (t = 20℃ \text{ 时的值},\pm 20℃ \text{ 的相对误差约为} \pm 0.5\%)$$

重力加速度

$$g = 9.793 \ \text{m/s}^2 (宁波)$$

空气的粘滞系数

$$\eta = 1.83 \times 10^{-5} \ \text{kg/(m} \cdot \text{s)}$$

油滴匀速下降距离

$$l = 2.00 \times 10^{-3} \ \text{m}(4 \ 格) \quad 或 \quad l = 1.50 \times 10^{-3} \ \text{mm}(3 \ 格)$$

修正常数

$$b = 6.17 \times 10^{-6} \ \text{m} \cdot \text{cmHg}$$

大气压强

$$p = 76.0 \ \text{cmHg}$$

平板极板间的距离

$$d = (5.00 \pm 0.01) \times 10^{-3} \ \text{m}$$

式中 t_g 应为测量数次时间的平均值。实际大气压由气压表读出。

计算出各油滴的电荷后,可用逐项逐差法求它们的最大公约数,即为基本电荷 e 值。若求最大公约数有困难,可用作图法求 e 值,设实验得到 m 个油滴的带电量分别为 $q_1, q_2, \cdots,$ q_m,由于电荷的量子化特性,应有 $q_i = n_i e$,此为一直线方程,其中 n 为自变量,q 为因变量,e 为斜率。因此 m 个油滴对应的数据在 n-q 坐标中将在同一条直线上,若找到满足这一关系的直线,就可用斜率求得 e 值。

将 e 的实验值与公认值比较,求百分差(可看作是相对不确定度——仪器的平均相对误差≤5%)。

【课后思考题】

(1) 实验结果的误差主要是由哪些原因引起的?

(2) 试根据实验结果思考:还有什么方法可以从实验数据中直接得到电子电荷值?

(3) 本实验的设计思想、实验技巧,对你的实验素质和能力的提高有何帮助?

5.11 光电效应测定普朗克常数

当光照射到某些金属表面上时,会有电子即刻逸出金属表面,这种现象称为光电效应。对光电效应这一现象的研究,使人们进一步认识光的波粒二象性的本质,促进了光的量子理论的建立和近代物理学的发展。目前利用光电效应制成的光电器件如光电管、光电池、光电倍增管等已成为生产和科研中不可缺少的重要器件。所以深入观察光电效应现象,对认识光的本性具有极其重要的意义。

普朗克常数 h 是 1900 年普朗克为了解决黑体辐射能量分布时提出的"能量子"假设中的一个普适常数,是量子力学中的基本常量,也是粗略地判断一个物理体系是否需要用量子力学来描述的依据。

1905 年爱因斯坦为了解释光电效应现象,提出了"光量子"假设,即频率为 ν 的光子其能量为 $h\nu$。1916 年密立根首次用油滴实验证实了爱因斯坦光电效应方程,并在当时的条件下,较为精确地测得普朗克常数为:$h = 6.57 \times 10^{-34} \ \text{J} \cdot \text{s}$,其不确定度大约为 0.5%。这一数据与现在的公认值比较,相对误差也只有0.9%。为此,1923年密立根因这项工作而荣获诺贝尔物理学奖。

【预习思考题】

(1) 光电效应有哪些规律? 爱因斯坦光电效应方程的物理意义是什么?

(2) 什么是截止频率、遏制电位差? 实验中如何确定额定电位差值? 什么是光电管伏安特性曲线?

【实验目的】

(1) 加深对光电效应和光的量子性的理解。

(2) 验证爱因斯坦光电效应方程,测定普朗克常数 h。

【实验原理】

1. 光电效应

光电效应的实验示意图如图 5-38 所示,图中 GD 是光电管,K 是光电管阴极,A 为光电管阳极,G 为微电流计,V 为电压表,E 为电源,R 为滑线变阻器,调节 R 可以得到实验所需要的加速电位差 U_{AK}。光电管的 A、K 之间可获得从 $-U$ 到 0 再到 $+U$ 连续变化的电压。

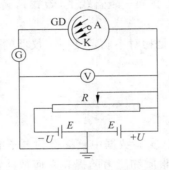

图 5-38　光电效应实验示意图

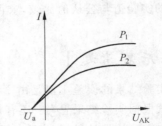

图 5-39　同一频率,不同光强时光
电管的伏安特性曲线

实验时用的单色光是从低压汞灯光谱中用干涉滤色片过滤得到的,其波长分别为 365 nm、405 nm、436 nm、546 nm、577 nm。无光照射阴极时,由于阳极和阴极是断路的,所以微电流计 G 中无电流通过。用光照射阴极时,由于阴极释放出电子而形成阴极光电流(简称阴极电流)。加速电位差 U_{AK} 越大,阴极电流越大,当 U_{AK} 增加到一定数值后,阴极电流不再增大而达到某一饱和值 I_M,I_M 的大小和照射光的强度成正比(如图 5-39 所示)。加速电位差 U_{AK} 变为负值时,阴极电流会迅速减少,当加速电位差 U_{AK} 负到一定数值时,阴极电流变为0,与此对应的电位差称为截止电位差。这一电位差用 U_a 来表示。$|U_a|$ 的大小与光的强度无关,而是随着照射光的频率的增大而增大(如图 5-40 所示)。另外可以发现:

(1) 饱和电流的大小与光的强度成正比。

(2) 光电子从阴极逸出时具有初动能,其最大值等于它反抗电场力所做的功,即

$$\frac{1}{2}mv^2 = e \times U_a \tag{5-60}$$

因为 $U_a \propto \nu$，所示初动能大小与光的强度无关，只是随着频率的增大而增大。$U_a \propto \nu$ 的关系可用爱因斯坦方程表示如下：

$$U_a = \frac{h}{e}\nu - \frac{W}{e} \tag{5-61}$$

此式表明截止电压 U_a 是频率 ν 的线性函数，直线斜率 $K = h/e$（如图 5-41 所示），实验时用不同频率的单色光（ν_1，ν_2，ν_3，ν_4，$\cdots$）照射阴极，测出相对应的截止电位差（U_{a1}，U_{a2}，U_{a3}，U_{a4}，$\cdots$），然后作出 U_a-ν 图，由此图的斜率即可以求出 h。

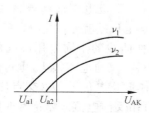

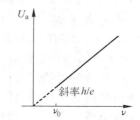

图 5-40　不同频率时光电管的　　　　图 5-41　截止电压 U_a 与入射光
　　　　伏安特性曲线　　　　　　　　　　　频率 ν 的关系图

（3）如果光子的能量 $h\nu \leqslant W$，无论用多强的光照射都不可能逸出光电子。与此相对应的光的频率则称为阴极的红限，且用 ν_0（$\nu_0 \leqslant W/h$）来表示。实验时可以从 U_a-ν 图的截距求得阴极的红限和逸出功。

2. 本实验的测量原理

本实验的关键是正确确定截止电位差，作出 U_a-ν 图。至于在实际测量中如何正确地确定截止电位差，还须根据所使用的光电管来决定。下面专门对如何确定截止电位差的问题作简要的分析与讨论。

截止电位差的确定：如果使用的光电管对可见光都比较灵敏，而暗电流也很小，由于阳极包围着阴极，即使加速电位差为负值时，阴极发射的光电子仍能大部分射到阳极，而阳极材料的逸出功又很高，可见光照射时是不会发射光电子的，其电流特性曲线如图 5-42 所示。图中电流为零时的电位就是截止电位差 U_a。

然而，光电管在制造过程中，工艺上很难保证阳极不被阴极材料所污染（这里污染的含义是：阴极表面的低逸出功材料溅射到阳极上），而且这种污染还会在光电管的使用过程中日趋加重。被污染后的阳极逸出功降低，当从阴极反射过来的散射光照到它时，便会发射出光电子而形成阳极光电流。实验中测得的电流特性曲线，是阳极光电流和阴极光电流叠加的结果，如图 5-43 的实线所示。

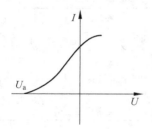

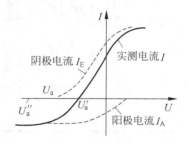

图 5-42　理想的光电管电流特性曲线　　　　图 5-43　实验中测得的电流特性曲线

由图 5-43 可见，由于阳极的污染，实验时出现了反向电流。特性曲线与横轴交点的电流虽然等于 0，但阴极光电流并不等于 0，交点的电位差 U'_a 也不等于截止电位差 U_a。两者之差由阴极电流上升的快慢和阳极电流的大小所决定。如果阴极电流上升越快，阳极电流越小，U'_a 与 U_a 之差也越小。从实际测量的电流曲线上看，正向电流上升越快，反向电流越小，则 U'_a 与 U_a 之差也越小。

由图 5-43 我们可以看到，由于电极结构等原因，实际上阳极电流往往饱和缓慢，在加速电位差负到 U_a 时，阳极电流仍未达到饱和，所以反向电流刚开始饱和的拐点电位差 U''_a 也不等于截止电位差 U_a。两者之差视阳极电流的饱和快慢而异。阳极电流饱和得越快，两者之差越小。若在负电压增至 U_a 之前阳极电流已经饱和，则拐点电位差就是截止电位差 U_a。

总而言之，对于不同的光电管应该根据其电流特性曲线的不同采用不同的方法来确定其截止电位差。假如光电流特性的正向电流上升得很快，反向电流很小，则可以用光电流特性曲线与暗电流特性曲线交点的电位差 U'_a 近似地当作截止电位差 U_a（交点法）。若反向特性曲线的反向电流虽然较大，但其饱和速度很快，则可用反向电流开始饱和时的拐点电位差 U''_a 当作截止电位差 U_a（拐点法）。

【仪器设备】

1. 实验仪器

ZKY-GD-4 智能光电效应实验仪。

2. 仪器介绍

该仪器由汞灯及电源、滤色片、光阑、光电管、智能测试仪构成，仪器结构如图 5-44 所示，测试仪的调节面板如图 5-45 所示。测试仪有手动和自动两种工作模式，具有数据自动采集、存储、实时显示采集数据、动态显示采集曲线（连接示波器，可同时显示 5 个存储区中存储的曲线），及采集完成后查询数据的功能。

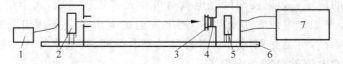

图 5-44 ZKY-GD-4 光电效应实验仪器结构示意图
1—汞灯电源；2—汞灯；3—滤色片；4—光阑；5—光电管；6—基座；7—测试仪

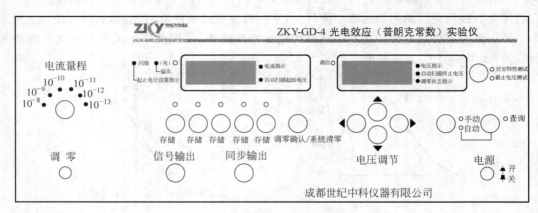

图 5-45 测试仪器调节面板示意图

【实验内容】

1. 准备

(1) 将测试仪及汞灯电源接通(汞灯及光电管暗箱遮光盖盖上),预热 20 min。调整光电管与汞灯距离为约 40 cm 并保持不变。用专用连接线将光电管暗箱电压输入端与测试仪电压输出(后面板上)连接起来(红—红,蓝—蓝)。

(2) 将"电流量程"选择开关置于所选挡位,进行测试前调零。测试仪在开机或改变电流量程后,都会自动进入调零状态。调零时应将光电管暗箱电流输出端与测试仪微电流输入端(后面板上)断开,旋转"调零"旋钮使电流指示为 000.0。调节好后,用高频匹配电缆将电流输入连接起来,按"调零确认/系统清零"键,系统进入测试状态。

2. 测普朗克常数 h

(1) 采用零电流法(即交点法),测量各谱线的截止电压 U_a,即直接将各谱线照射下测得的电流为零时对应的电压 U_{AK} 的绝对值作为截止电压 U_a。

(2) 测量截止电压时,"伏安特性测试/截止电压测试"状态键应为截止电压测试状态。"电流量程"开关应处于 10^{-13} A 挡。

(3) 使"手动/自动"模式键处于手动模式。

将直径 4 mm 的光阑及波长为 365.0 nm 的滤色片装在光电管暗箱光输入口上,打开汞灯遮光盖。此时电压表显示 U_{AK} 的值,单位为 V;电流表显示与 U_{AK} 对应的电流值 I,单位为所选择的"电流量程"。用电压调节键→、←、↑、↓可调节 U_{AK} 的值,→、← 键用于选择调节位,↑、↓ 键用于调节值的大小。

(4) 从低到高按步长为 0.01 V 或 0.001 V 调节电压(从 −2~0 V),观察电流值的变化,寻找电流为零时对应的 U_{AK},以其绝对值作为该波长对应的 U_a 的值,并记录数据。

(5) 依次换上波长为 404.7 nm、435.8 nm、546.1 nm、577.0 nm 的滤色片,重复以上测量步骤。

【注意事项】

(1) 必须认真阅读仪器使用说明,弄清楚仪器上各开关、部件等的作用与性能,认真预习后方可动手实验。

(2) 滤色片更换时应避免污染。使用前用镜头纸擦净以保证良好的透光性,滤色片需加平整套,以免不必要的折射光带来的实验误差。

(3) 更换滤色片时必须先将光源出射光孔遮住。实验后用折射罩盖住光电管暗盒进光口,避免强光直接照射阴极。

(4) 光电光入射窗口不要面对其他强光源,以免缩短光电管寿命。

【实验数据】

(1) 记录波长 λ 在 365.0 nm、404.7 nm、435.8 nm、546.1 nm、577.0 nm 下的截止电压。

(2) 由记录的实验数据,作出 U_a-ν 图,求出直线的斜率 K,可用 $h=eK$ 求出普朗克常数,并与 h 的公认值 h_0 比较,求出相对误差 $E=(h-h_0)/h_0$。式中 $e=1.602\times10^{-19}$ C,$h_0=$

6.626×10^{-34} J $\cdot$ s。

【课后思考题】

(1) 实验过程中应采取哪些措施减小测量遏止电压的误差?

(2) 影响实验结果准确度的主要原因是什么?

5.12　弗兰克-赫兹实验

1913 年,丹麦物理学家玻尔(N. Bohr)提出了一个氢原子模型,并指出原子间存在能级。该模型在预言氢光谱的观察中取得了显著的成功。根据玻尔的原子理论,原子光谱中的每根谱线表示原子从某一个较高能态向另一个较低能态跃迁时的辐射。

1914 年,德国物理学家弗兰克(J. Franck)和赫兹(G. Hertz)对勒纳用来测量电离电位的实验装置作了改进,他们同样采取慢电子(几个到几十个电子伏特)与单元素气体原子碰撞的办法,但着重观察碰撞后电子发生什么变化(勒纳则观察碰撞后离子流的情况)。通过实验测量,电子和原子碰撞时会交换某一定值的能量,且可以使原子从低能级激发到高能级。这直接证明了原子发生跃变时吸收和发射的能量是分立的、不连续的,证明了原子能级的存在,从而证明了玻尔理论是正确的。他们因此获得了 1925 年诺贝尔物理学奖。

弗兰克-赫兹实验至今仍是探索原子结构的重要手段之一,实验中用的"拒斥电压"筛去小能量电子的方法,已成为广泛应用的实验技术。

【预习思考题】

(1) 说明本实验中两物理量 U_{G2A}、U_{G2K} 的物理意义。

(2) 本实验采用什么方法使原子从低能级向高能级跃迁?

【实验目的】

(1) 了解弗兰克-赫兹实验的原理和方法。

(2) 测定氩原子的第一激发电位,验证原子能级的存在。

【实验原理】

1. 关于激发电位

玻尔提出的原子理论指出,原子只能较长时间地停留在一些稳定状态(即稳态)。原子的每一状态具有一定的能量,称"能级"。其数值是彼此分立的。原子的能量不论通过什么方式发生改变时,只能使原子从一个状态跃迁到另一个状态(一个能级跃迁到另一个能级)。原子从一个状态跃迁到另一个状态时发射或吸收的能量是一定的。如果用 E_m 和 E_n 分别代表有关两状态的能量的话,则发射或吸收的辐射光子频率 ν 决定于如下关系:

$$h\nu = E_m - E_n \tag{5-62}$$

式中,普朗克常数 $h = 6.63 \times 10^{-34}$ J $\cdot$ s。

能量最低的状态称"基态",能量较高的状态称"激发态",其中能量最低的激发态称为"第一激发态"。原子靠吸收或释放两状态间的能量差来改变其所处的状态,因此当原子状态发生改变时,所具备的能量不能少于原子从基态跃迁到第一激发态时所需的能量。为了使原子从低能级向高能级跃迁,可以通过具有一定频率的光子来实现,也可以通过具有一定能量的电子与原子相碰撞进行能量交换的办法来实现。本实验采用后者。

设初速度为零的电子在电位差为 V_0 的加速电场作用下,获得能量 eV_0。当具有这种能量的电子与稀薄气体的原子(比如十几个托的氩原子)发生碰撞时,就会发生能量交换。如以 E_1 代表氩原子的基态能量、E_2 代表氩原子的第一激发态能量,那么当氩原子吸收从电子传递来的能量恰好为

$$eV_0 = E_2 - E_1 \tag{5-63}$$

时,它就会从基态跃迁到第一激发态。而且相应的电位差称为氩的第一激发电位(或称氩的中肯电位)。测定出这个电位差 V_0,就可以根据式(5-63)求出氩原子的基态和第一激发态之间的能量差。

2. 弗兰克-赫兹实验

其原理图如图 5-46 所示。在充氩的弗兰克-赫兹管中,电子由阴极 K 发出,阴极 K 和第二栅极 G_2 之间的加速电压 V_{G2K} 使电子加速。在阳极 A 和第二栅极 G_2 之间加有反向拒斥(减速)电压 V_{G2A}。管内空间电位分布如图 5-47 所示。

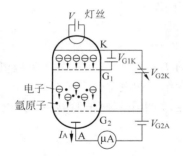

图 5-46　弗兰克-赫兹原理图

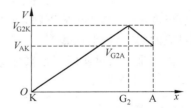

图 5-47　弗兰克-赫兹管内空间电位分布

当电子能量足够大时,就能越过拒斥电场到达阳极 A,形成阳极电流 I_A。如果有电子在 KG_2 空间与氩原子碰撞,并把一部分能量传给氩原子,电子本身所剩余的能量就很小,不能越过拒斥电场,达不到阳极 A,则不能形成阳极电流 I_A。这类电子增多,阳极电流 I_A 将显著减小。实验时,逐渐增加栅极电压 V_{G2K},并仔细观察电流计随 V_{G2K} 的变化,如果原子能级确实存在,而且基态和第一激发态之间有确定的能量差的话,就能观察到 I_A-V_{G2K} 曲线,如图 5-48 所示。

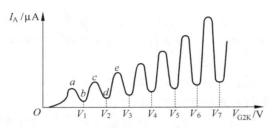

图 5-48　充氩的弗兰克-赫兹管 I_A-V_{G2K} 曲线

3. 弗兰克-赫兹实验的特点

（1）I_A 不随 V_{G2K} 增加而单调增加，曲线中间出现了多个谷点和峰点。

（2）相邻的两个谷点或峰点之间对应的电位差都是 V_0。

4. 对 I_A-V_{G2K} 曲线的解释

（1）当 KG_2 空间电压逐渐增加时，电子在 KG_2 空间被加速而取得越来越大的能量。但起始阶段，由于电压较低，电子的能量较少，即使在运动过程中它与原子相碰撞也只有微小的能量交换（为弹性碰撞）。穿过第二栅极的电子所形成的板极电流 I_A 将随第二栅极电压 V_{G2K} 的增加而增大（如图 5-48 的 Oa 段）。

（2）当 KG_2 间的电压达到氩原子的第一激发电位 V_0 时，电子在第二栅极附近与氩原子相碰撞，将自己从加速电场中获得的全部能量交给后者，并且使后者从基态激发到第一激发态。而电子本身由于把全部能量给了氩原子，即使穿过了第二栅极也不能克服反向拒斥电场而被折回第二栅极（被筛选掉）。所以板极电流将显著减小（图 5-48 所示 ab 段）。

（3）随着第二栅极电压的增加，电子的能量也随之增加，在与氩原子相碰撞后还留下足够的能量，可以克服反向拒斥电场而达到板极 A，这时电流又开始上升（bc 段）。

（4）直到 KG_2 间电压（V_{G2K}）是 2 倍氩原子的第一激发电位时，电子在 G_2、K 间又会因二次碰撞而失去能量，因而又会造成第二次板极电流的下降（cd 段）。

同理，凡在

$$V_{G2K} = nV_0, \quad n = 1,2,3,\cdots \qquad (5-64)$$

的地方板极电流 I_A 都会相应下跌，形成规则起伏变化的 I_A-V_{G2K} 曲线。而各次板极电流 I_A 下降相对应的阴、栅极电压差 $V_{n+1}-V_n$ 应该是氩原子的第一激发电位 V_0。

本实验就是要通过实际测量来证实原子能级的存在，并测出氩原子的第一激发电位（公认值为 $V_0 = 11.5$ V）。

【仪器设备】

1. 实验仪器

ZKY-FH 型智能弗兰克-赫兹实验仪。

2. 仪器介绍

弗兰克-赫兹实验仪前面板如图 5-49 所示，按功能划分为 8 个区：

区①是弗兰克-赫兹管各输入电压连接插孔和板极电流输出插座。

区②是弗兰克-赫兹管所需激励电压的输出连接插孔，其中左侧输出孔为正极，右侧为负极。

区③是测试电流指示区：四位七段数码管指示电流值；4 个电流量程挡位选择按键用于选择不同的最大电流量程挡；每一个量程选择同时备有一个选择指示灯指示当前电流量程挡位。

区④是测试电压指示区：4 个电压源选择按键用于选择不同的电压源；每一个电压源选择都备有一个选择指示灯指示当前选择的电压源。

区⑤是测试信号输入输出区：电流输入插座输入弗兰克-赫兹管板极电流；信号输出和同步输出插座可将信号送示波器显示。

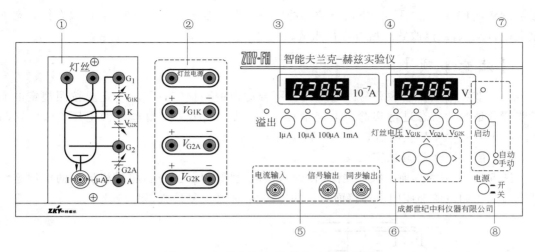

图 5-49　智能弗兰克-赫兹实验仪前面板

区⑥是调整按键区，用于改变当前电压源电压设定值以及设置查询电压点。

区⑦是工作状态指示区。

区⑧是电源开关。

【实验内容】

1. 准备

（1）按照实验要求连接实验线路（见注意事项），检查无误后开机。

（2）开机后的初始状态显示如下：

① 实验仪的"1 mA"电流挡位指示灯亮，表明此时电流的量程为 1 mA 挡；电流显示值 000.0 μA。

② 实验仪的"灯丝电压"挡位指示灯亮，表明此时修改的电压为灯丝电压；电压显示值为 000.0 V；最后一位在闪动，表明现在修改位为最后一位。

③ "手动"指示灯亮，表明仪器工作正常。

2. 氩元素的第一激发电位测量

手动测试用弗兰克-赫兹实验仪实验主机单独完成弗兰克-赫兹实验。

（1）设置仪器为"手动"工作状态，按"手动/自动"键，"手动"指示灯亮。

（2）设定弗兰克-赫兹管的各项工作参数（具体参数见机箱）。

① 设定电流量程，按下电流量程 10 μA 键，对应的量程指示灯点亮。

② 设定电压源的电压值，用 ↓/↑，←/→键完成，需设定的电压源有：灯丝电压 V_F、第一加速电压 V_{G1K}、拒斥电压 V_{G2A}。设定状态参见随机提供的工作条件（见机箱）。

③ 按下"启动"键，实验开始。用 ↓/↑，←/→键完成 V_{G2K} 电压值的调节，从 0.0 V 起，按步长 1 V（或 0.5 V）的电压值调节电压源 V_{G2K}，仔细观察弗兰克-赫兹管的板极电流值 I_A 的变化（可用示波器观察），读出 I_A 的峰、谷值和对应的 V_{G2K} 值。（一般取 I_A 的谷在 4～5 个为佳。）

④ 重新启动

在手动测试的过程中，按下启动按键，V_{G2K} 的电压值将被设置为零，内部存储的测试数据被清除,但 V_F、V_{G1K}、V_{G2A}、电流挡位等的状态不发生改变。这时,操作者可以在该状态下重新进行测试,或修改状态后再进行测试。

【注意事项】

(1) 弗兰克-赫兹管很容易因电压设置不合适而遭到损害,所以,一定要按照规定的实验步骤和适当的状态进行实验。电流量程 1 μA 或 10 μA 挡;灯丝电源电压 3~4.5 V;V_{G1K} 电压 1~3 V;V_{G2A} 电压 5~7 V;V_{G2K} 电压 ≤80.0 V。

(2) 智能弗兰克-赫兹实验仪连线说明

图 5-50 所示为其前面板接线图,在确认供电电网电压无误后,将随机提供的电源连线插入后面板的电源插座中。连接面板上的连接线,务必反复检查,切勿连错!

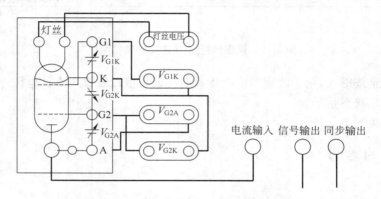

图 5-50　智能弗兰克-赫兹实验仪前面板接线图

【实验数据】

(1) 详细记录实验条件和相应的 I_A-V_{G2K} 的值。

(2) 在直角坐标纸上作出 I_A-V_{G2K} 曲线,对所得曲线进行比较,得出结论,并在图上标出 V_0 值。用逐差法处理数据,求得氩的第一激发电位 V_0 值及计算误差。

【课后思考题】

(1) 弗兰克-赫兹实验的意义及应用。

(2) 灯丝电压改变时对弗兰克-赫兹实验有何影响? 对第一激发电位有何影响?

5.13　液晶电光效应综合实验

液晶是介于液体与晶体之间的一种物质状态。一般的液体内部分子排列是无序的,而液晶既具有液体的流动性,其分子又按一定规律有序排列,使它呈现晶体的各向异性。当光通过液晶时,会发生偏折面旋转,产生双折射等效应。液晶分子是含有极性基团的极性分子,在电场作用下,偶极子会按电场方向取向,导致分子原有的排列方式发生变化,从而使其光学性质也随之发生改变。这种因外电场调制引起液晶的干涉、散射、衍射、旋光、吸收等光学性质的改变称为液晶的电光效应。

液晶材料的应用：主要可以用于制造显示器。因为它们有小容积、微量耗电、低操作电压、易设计多色面板等多项优点,在 20 世纪 70 年代以后发展很快,现在已经是制作显示器件的首选材料。另外,类固醇型液晶因具有螺旋结构而对光有选择性反射,利用白光中的圆偏光,可以根据变色原理制成温度计。

【预习思考题】

(1) 测量阈值电压和关断电压,在液晶什么模式下进行?
(2) 测量液晶的时间响应,在液晶什么模式下进行?

【实验目的】

(1) 在掌握液晶光开关的基本工作原理的基础上,测量液晶光开关的电光特性曲线,并由电光特性曲线得到液晶的阈值电压和关断电压。

(2) 测量驱动电压周期变化时,液晶光开关的时间响应曲线,并由时间响应曲线得到液晶的上升时间和下降时间。

(3) 测量由液晶光开关矩阵所构成的液晶显示器的视角特性以及在不同视角下的对比度,了解液晶光开关的工作条件。

(4) 了解液晶光开关构成图像矩阵的方法,学习和掌握这种矩阵所组成的液晶显示器构成文字和图形的显示模式,从而了解一般液晶显示器件的工作原理。

【实验原理】

1. 液晶光开关的工作原理

液晶的种类很多,这里仅以常用的 TN(扭曲向列)型液晶为例,说明其工作原理。TN型光开关的结构如图 5-51 所示。在两块玻璃板之间夹有正性向列相液晶,液晶分子的形状如同火柴一样,为棍状。棍的长度在十几 Å(1 Å＝10^{-10} m),直径为 4～6 Å,液晶层厚度一般为 5～8 μm。玻璃板的内表面涂有透明电极,电极的表面预先作了定向处理(可用软绒布朝一个方向摩擦,也可在电极表面涂取向剂),这样,液晶分子在透明电极表面就会躺倒在摩擦所形成的微沟槽里;电极表面的液晶分子按一定方向排列,且上下电极上的定向方向相互垂直。上下电极之间的那些液晶分子因受到范德瓦尔斯力的作用,趋向于平行排列。然而由于上下电极上液晶的定向方向相互垂直,所以从俯视方向看,液晶分子的排列从上电极的沿－45°方向排列逐步地、均匀地扭曲到下电极的沿＋45°方向排列,整个扭曲了 90°,如图 5-51 左图所示。

理论和实验都证明,上述均匀扭曲排列起来的结构具有光波导的性质,即偏振光从上电极表面透过扭曲排列起来的液晶传播到下电极表面时,偏振方向会旋转 90°。

取两张偏振片 P_1 和 P_2 贴在玻璃的两面,P_1 的透光轴与上电极的定向方向相同,P_2 的透光轴与下电极的定向方向相同,于是 P_1 和 P_2 的透光轴相互正交。

在未加驱动电压的情况下,来自光源的自然光经过偏振片 P_1 后只剩下平行于透光轴的线偏振光,该线偏振光到达输出面时,其偏振面旋转了 90°。这时光的偏振面与 P_2 的透光轴平行,因而有光通过。

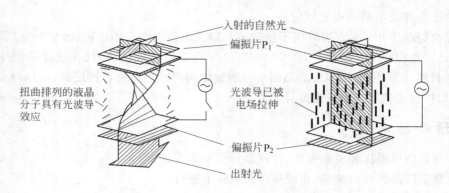

图 5-51 液晶光开关的工作原理

在施加足够电压情况下(一般为 1~2 V),在静电场的作用下,除了基片附近的液晶分子被基片"锚定"以外,其他液晶分子趋于平行于电场方向排列。于是原来的扭曲结构被破坏,成了均匀结构,如图 5-51 右图所示。从 P_1 透射出来的偏振光的偏振方向在液晶中传播时不再旋转,保持原来的偏振方向到达下电极。这时光的偏振方向与 P_2 正交,因而光被关断。

由于上述光开关在没有电场的情况下让光透过,加上电场的时候光被关断,因此叫做常通型光开关,又叫做常白模式。若 P_1 和 P_2 的透光轴相互平行,则构成常黑模式。

液晶可分为热致液晶与溶致液晶两种。热致液晶在一定的温度范围内呈现液晶的光学各向异性,溶致液晶是溶质溶于溶剂中形成的液晶。目前用于显示器件的都是热致液晶,它的特性随温度的改变而有一定变化。

2. 液晶光开关的电光特性

图 5-52 所示为光线垂直液晶面入射时本实验所用液晶相对透射率(以不加电场时的透射率为 100%)与外加电压的关系。由图 5-52 可见,对于常白模式的液晶,其透射率随外加电压的升高而逐渐降低,在一定电压下达到最低点,此后略有变化。可以根据此电光特性曲线图得出液晶的阈值电压和关断电压。阈值电压:透过率为 90% 时的驱动电压;关断电压:透过率为 10% 时的驱动电压。

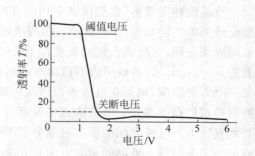

图 5-52 液晶光开关的电光特性曲线

液晶的电光特性曲线越陡,即阈值电压与关断电压的差值越小,由液晶开关单元构成的显示器件允许的驱动路数就越多。TN 型液晶最多允许 16 路驱动,故常用于数码显示。在计算机、电视等需要高分辨率的显示器件中,常采用 STN(超扭曲向列)型液晶,以改善电光特性曲线的陡度,增加驱动路数。

3. 液晶光开关的时间响应特性

加上(或去掉)驱动电压能使液晶的开关状态发生改变,是因为液晶的分子排序发生了改变,这种重新排序需要一定时间,反映在时间响应曲线上,用上升时间 τ_r 和下降时间 τ_d 描述。给液晶开关加上一个如图 5-53 上图所示的周期性变化的电压,就可以得到液晶的时间响应曲线以及上升时间和下降时间,如图 5-53 下图所示。

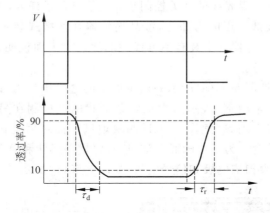

图 5-53　液晶驱动电压和时间响应曲线

上升时间:透过率由 10% 升到 90% 所需时间;

下降时间:透过率由 90% 降到 10% 所需时间。

液晶的响应时间越短,显示动态图像的效果越好,这是液晶显示器的重要指标。早期的液晶显示器在这方面逊色于其他显示器,现在通过结构方面的技术改进,已达到很好的效果。

4. 液晶光开关的视角特性

液晶光开关的视角特性表示对比度与视角的关系。对比度定义为光开关打开和关断时透射光强度之比,对比度大于 5 时,可以获得满意的图像;对比度小于 2,图像就模糊不清了。图 5-54 表示了某种液晶视角特性的理论计算结果。图中用与原点的距离表示垂直视角(入射光线方向与液晶屏法线方向的夹角)的大小。

图中 3 个同心圆分别表示垂直视角为 30°、60° 和 90°。90° 同心圆外面标注的数字表示水平视角(入射光线在液晶屏上的投影与 0° 方向之间的夹角)的大小。图 5-54 中的闭合曲线为不同对比度时的等对比度曲线。

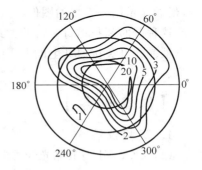

图 5-54　液晶的视角特性

由图 5-54 可以看出,液晶的对比度与垂直与水平视角都有关,而且具有非对称性。若我们把具有图 5-54 所示视角特性的液晶开关逆时针旋转,以 220° 方向向下,并由多个显示开关组成液晶显示屏,则该液晶显示屏的左右视角特性对称,在左、右和俯视 3 个方向,垂直视角接近 60° 时对比度为 5,观看效果较好。在仰视方向对比度随着垂直视角的加大迅速降低,观看效果差。

5. 液晶光开关构成图像显示矩阵的方法

除了液晶显示器以外,其他显示器靠自身发光来实现信息显示功能。这些显示器主要有:阴极射线管显示器(CRT),等离子体显示器(PDP),电致发光显示器(ELD),发光二极管显示器(LED),有机发光二极管显示器(OLED),真空荧光管显示器(VFD),场发射显示器(FED)。这些显示器因为要发光,所以要消耗大量的能量。

液晶显示器通过对外界光线的开关控制来完成信息显示任务,为非主动发光型显示,其最大的优点在于能耗极低。正因为如此,液晶显示器在便携式装置的显示方面,例如电子表、万用表、手机、传呼机等器件中具有不可代替的地位。下面说明如何利用液晶光开关来实现图形和图像显示任务。

矩阵显示方式,是把图 5-55(a)所示的横条形状的透明电极做在一块玻璃片上,叫做行驱动电极,简称行电极(常用 X_i 表示),而把竖条形状的电极制在另一块玻璃片上,叫做列驱动电极,简称列电极(常用 S_i 表示)。把这两块玻璃片面对面组合起来,把液晶灌注在这两片玻璃之间构成液晶盒。为了使画面简洁,通常将横条形状和竖条形状的 ITO 电极抽象为横线和竖线,分别代表扫描电极和信号电极,如图 5-55(b)所示。

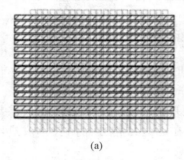
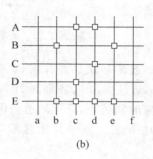

(a) 　　　　　　　　　　　　　　(b)

图 5-55　　液晶光开关组成的矩阵式图形显示器

矩阵型显示器的工作方式为扫描方式。其显示原理可依以下的简化说明作一介绍。欲显示图 5-55(b)中的那些有方块的像素,首先在第 A 行加上高电平,其余行加上低电平,同时在列电极的对应电极 c、d 上加上低电平,于是 A 行的那些带有方块的像素就被显示出来了。然后第 B 行加上高电平,其余行加上低电平,同时在列电极的对应电极 b、e 上加上低电平,因而 B 行的那些带有方块的像素被显示出来了。然后是第 C 行、第 D 行……,以此类推,最后显示出一整场的图像。这种工作方式称为扫描方式。

这种分时间扫描每一行的方式是平板显示器的共同的寻址方式,依这种方式,可以让每一个液晶光开关按照其上的电压的幅值让外界光关断或通过,从而显示出任意文字、图形和图像。

【仪器设备】

1. 实验仪器

(1) ZKY-YJ 型液晶光开关电光特性综合实验仪。

(2) DS-1200 型数字存储示波器。

2. 仪器介绍

图 5-56 所示为液晶光电效应综合实验仪功能按钮示意。下面简单介绍仪器各个按钮的功能。

(1) 静态闪烁/动态清屏切换开关:此开关可以切换到闪烁和静止两种方式。

（2）供电电压显示：显示加在液晶板上的电压，范围在 0.00～7.60 V 之间。

（3）供电电压调节按钮：改变加在液晶板上的电压，调节范围在 0～7.6 V 之间。

（4）调 100％旋钮：在激光接收端处于最大接收的时候（即供电电压为 0 V 时），校准透过率的最大输出为 100。

（5）透过率显示：显示光透过液晶板后光强的相对百分比。

（6）调零旋钮：在激光接收端没有光输入的时候（即捂住接收口时），校准透过率的最小输出为 0。

（7）液晶驱动输出：接存储示波器，显示液晶的驱动电压。

（8）光透过率输出：接到数字存储示波器，显示液晶的光开响应曲线。

（9）激光发射器：为仪器提供较强的光源。

（10）液晶板：本实验仪器的测量样品。

（11）激光接收器：将透过液晶板的激光转换为电压输入到透过率显示表。

（12）开关矩阵：此为 16×16 的按键矩阵，用于液晶的显示功能实验。

（13）液晶转盘：承载液晶板一起转动，用于液晶的视角特性实验。

（14）模式转换开关：在静态和动态两种工作模式之间切换。

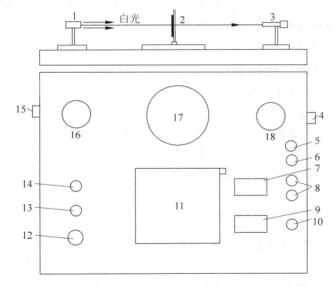

图 5-56　液晶光电效应综合实验仪功能按钮示意

1—发射器；2—液晶板；3—接收器；4—接收接口；5—静态闪烁/动态清屏；
6—模式转换开关；7—供电电压显示；8—供电电压调节；9—透过率显示；
10—透过率校准；11—开关矩阵；12—扩展接口；13—光功率输出；
14—液晶驱动输出；15—发射接口；16—发射装置；17—液晶转盘；18—接收装置

【实验内容】

1．准备工作

（1）将液晶板金手指 1（见图 5-57）插入转盘上的插槽，液晶凸起面必须正对光源发射方向（此步骤已经完成，请直接往下操作）。打开电源，点亮光源，让光源预热 10 min 左右。(若光源未亮,应检查模式转换开关。只有当模式转换开关处于静态时,光源才会被点亮。)

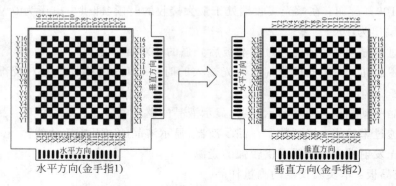

图 5-57　液晶板方向(视角为正视液晶屏凸起面)

　　(2) 检查仪器初始状态:发射器光线必须垂直入射到接收器;在静态模式、液晶转盘角度为 0°、供电电压为 0 V 条件下,透过率显示大于 250 时,按住透过率校准按键 3 s 以上,透过率可校准为 100%。(若供电电压不为 0,或显示小于 250,则该按键无效,不能校准透过率)若不为此状态,需增加光源预热时间,同时检查前面的操作是否有误,重新调整仪器光路,直到达到上述条件为止(如果还有问题,请咨询老师)。

2. 液晶光开关电光特性测量

　　(1) 阈值电压和关断电压的测量:液晶在静态模式下,将透过率显示校准为 100%,按下面的数据改变电压,使得电压值从 0～6 V 变化(0、0.5、1、1.2、1.3、1.4、1.5、1.6、1.7、2、3、4、5、6)15 个值左右,记录相应电压下的透射率数值。重复 3 次并计算相应电压下透射率的平均值,依据实验数据绘制电光特性曲线。

　　(2) 液晶的时间响应的测量:用数字存储示波器在液晶静态闪烁状态下,透过率显示调到 100,然后将液晶供电电压调到 2.00 V,观察此光开关的时间响应特性曲线,并根据此曲线得到液晶的上升时间 τ_r 和下降时间 τ_d。

3. 液晶光开关视角特性(水平方向)的测量

　　液晶在静态模式下首先将透过率显示调到 100%,然后再进行实验。确定当前液晶板为金手指 1 插入的插槽(如图 5-57 所示)。在供电电压为 0 V 时,按照从 $-80°$～$80°$ 每 5° 调节液晶屏与入射激光的角度,在每一角度下测量光强透过率最大值 T_{max}。然后将供电电压置于 2 V,再次调节液晶屏角度,测量光强透过率最小值 T_{min},并计算其对比度。以角度为横坐标,对比度为纵坐标,绘制水平方向对比度随入射光入射角而变化的曲线。

4. 液晶显示器的显示原理

　　(1) 将模式转换开关置于动态(图像显示)模式。液晶转盘转角逆时针转到 80°,液晶供电电压调到 5 V 左右。

　　(2) 按动矩阵开关面板上的按键,改变相应液晶像素的通断状态,观察由暗像素(或亮像素)组合成的字符或图像,体会液晶显示器件的成像原理。

（3）组成一个字符或文字后，可由"静态闪烁/动态清屏"按键清除显示屏上的图像。

（4）实验完成后，关闭电源开关。

【注意事项】

（1）绝对禁止用光束照射他人眼睛或直视光束本身，以防伤害眼睛！

（2）在进行液晶视角特性实验中，更换液晶板方向时，务必断开总电源后再进行插取，否则将会损坏液晶板。

（3）液晶板凸起面必须朝向激光发射方向，否则实验记录的数据为错误数据。

（4）在调节透过率100%时，如果透过率显示不稳定，则很有可能是光路没有对准，或者为激光发射器偏振没有调节好，需要仔细检查，调节好光路。

（5）在校准透过率100%前，必须将液晶供电电压显示调到 0.00 V 或显示大于 250，否则无法校准透过率为100%。在实验中，电压为 0.00 V 时，不要长时间按住"透过率校准"按钮，否则透过率显示将进入非工作状态，本组测试的数据为错误数据，需要重新进行本组实验数据记录。

【实验数据】

用坐标纸或 Origin 软件绘图。

（1）画出液晶光开关的电光特性曲线。由曲线求出液晶的阈值电压和关断电压。

（2）计算对比度。从数据表中找出比较好的水平视角显示范围。

（3）以角度为横坐标，对比度为纵坐标，绘制水平方向对比度随入射光入射角而变化的曲线。

【课后思考题】

在计算机、电视等需要高分辨率的显示器件中，常采用 STN（超扭曲向列）型液晶，为什么？

5.14 巨磁电阻效应及其应用

2007 年诺贝尔物理学奖授予了巨磁电阻（giant magneto resistance，GMR）效应的发现者——法国物理学家阿尔贝·费尔（Albert Fert）和德国物理学家彼得·格伦贝格尔（Peter Grunberg）。诺贝尔奖委员会说明："这是一次好奇心导致的发现，但其随后的应用却是革命性的，因为它使计算机硬盘的容量从几百兆、几千兆，一跃而提高几百倍，达到几百 GB 乃至上千 GB。"

诺贝尔奖委员会还指出："巨磁电阻效应的发现打开了一扇通向新技术世界的大门——自旋电子学，这里，将同时利用电子的电荷以及自旋这两个特性。"

GMR 作为自旋电子学的开端具有深远的科学意义。本实验介绍多层膜 GMR 效应的原理，并通过实验让学生了解几种 GMR 传感器的结构、特性及应用领域。

【预习思考题】

无限长直螺线管内部轴线上任一点的磁感应强度计算公式及公式中各量的物理意义。

【实验目的】

(1) 了解巨磁电阻效应的原理。
(2) 测量巨磁阻的模拟传感器磁电转换特性。
(3) 测量巨磁阻的磁阻特性。
(4) 用巨磁阻传感器测量电流。
(5) 用巨磁阻传感器测量齿轮的角位移。
(6) 通过实验了解磁记录与磁读写的原理。

【实验原理】

根据导电的微观机理,电子在导电时并不是沿电场直线前进,而是不断和晶格中的原子发生碰撞(又称散射),每次散射后电子都会改变运动方向,总的运动是电场对电子的定向加速与这种无规散射运动的叠加。称电子在两次散射之间走过的平均路程为平均自由程,电子散射几率小,则平均自由程长,电阻率低。电阻定律 $R=\rho l/S$ 中,把电阻率 ρ 视为常数,与材料的几何尺度无关,这是因为通常材料的几何尺度远大于电子的平均自由程(例如铜中电子的平均自由程约 34 nm),可以忽略边界效应。当材料的几何尺度小到纳米量级,只有几个原子的厚度时(例如,铜原子的直径约为 0.3 nm),电子在边界上的散射几率大大增加,可以明显观察到厚度减小、电阻率增加的现象。

电子除携带电荷外,还具有自旋特性,自旋磁矩有平行或反平行于外磁场两种可能取向。早在 1936 年,英国物理学家、诺贝尔奖获得者 N. F. Mott 就曾指出,在过渡金属中,自旋磁矩与材料的磁场方向平行的电子,所受散射几率远小于自旋磁矩与材料的磁场方向反平行的电子。总电流是两类自旋电流之和,总电阻是两类自旋电流的并联电阻,这就是所谓的两电流模型。

在图 5-58 所示的多层膜结构中,无外磁场时,上下两层磁性材料是反平行(反铁磁)耦合的。施加足够强的外磁场后,两层铁磁膜的方向都与外磁场方向一致,外磁场使两层铁磁膜从反平行耦合变成了平行耦合。电流的方向在多数应用中是平行于膜面的。

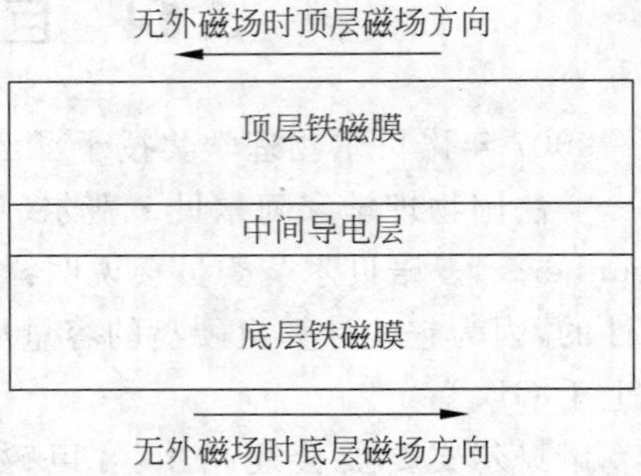

图 5-59 所示为图 5-58 所示结构的某种 GMR材料的磁阻特性。由图可见,随着外磁场增大,电阻逐渐减小,其间有一段线性区域。当外磁场已使两铁磁膜完全平行耦合后,继续加大磁场,则电阻不再减小,进入磁饱和区域。磁阻变化率 $\Delta R/R$ 达百分之十几,加反向磁场时磁阻特性是对称的。注意到图中的曲线有两条,分别对应增大磁场和减小磁场时的磁阻特性,这是因为铁磁材料都具有磁滞特性。

无外磁场时顶层磁场方向 →

| 顶层铁磁膜 |
| 中间导电层 |
| 底层铁磁膜 |

← 无外磁场时底层磁场方向

图 5-58　多层膜 GMR 结构图

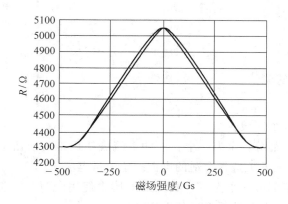

图 5-59　某种 GMR 材料的磁阻特性

有两类与自旋相关的散射对巨磁电阻效应有贡献。

其一,界面上的散射。无外磁场时,上下两层铁磁膜的磁场方向相反,无论电子的初始自旋状态如何,从一层铁磁膜进入另一层铁磁膜时都面临状态改变(平行—反平行,或反平行—平行),电子在界面上的散射几率很大,对应于高电阻状态。有外磁场时,上下两层铁磁膜的磁场方向一致,电子在界面上的散射几率很小,对应于低电阻状态。

其二,铁磁膜内的散射。即使电流方向平行于膜面,由于无规散射,电子也有一定的几率在上下两层铁磁膜之间穿行。无外磁场时,上下两层铁磁膜的磁场方向相反,无论电子的初始自旋状态如何,在穿行过程中都会经历散射几率小(平行)和散射几率大(反平行)两种过程,两类自旋电流的并联电阻相当于两个中等阻值的电阻的并联,对应于高电阻状态。有外磁场时,上下两层铁磁膜的磁场方向一致,自旋平行的电子散射几率小,自旋反平行的电子散射几率大,两类自旋电流的并联电阻相当于一个小电阻与一个大电阻的并联,对应于低电阻状态。

多层膜 GMR 结构简单,工作可靠,磁阻随外磁场线性变化的范围大,在制作模拟传感器方面得到广泛应用。在数字记录与读出领域,为进一步提高灵敏度,发展了自旋阀结构的 GMR,如图 5-60 所示。

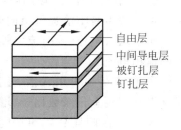

图 5-60　SV-GMR 的结构

自旋阀结构的 GMR(spin valve GMR,SV-GMR)由钉扎层、被钉扎层、中间导电层和自由层构成。其中,钉扎层使用反铁磁材料,被钉扎层使用硬铁磁材料,铁磁和反铁磁材料在交换耦合作用下形成一个偏转场,此偏转场将被钉扎层的磁化方向固定,不随外磁场改变。自由层使用软铁磁材料,它的磁化方向易于随外磁场转动。这样,很弱的外磁场就会改变自由层与被钉扎层磁场的相对取向,对应于很高的灵敏度。制造时,使自由层的初始磁化方向与被钉扎层垂直,磁记录材料的磁化方向与被钉扎层的方向相同或相反(对应于 0 或 1),当感应到磁记录材料的磁场时,自由层的磁化方向就向与被钉扎层磁化方向相同(低电阻)或相反(高电阻)的方向偏转,检测出电阻的变化,就可确定记录材料所记录的信息。硬盘所用的 GMR 磁头就采用这种结构。

【仪器设备】

1. 实验仪器

ZKY-JCZ 巨磁阻实验仪。

2. 仪器介绍

（1）仪器主机分四个区域：

区域 1——电流表部分：作为一个独立的电流表使用。两个挡位：2 mA 挡和 20 mA 挡，可通过电流量程切换开关选择合适的电流挡位测量电流。

区域 2——电压表部分：作为一个独立的电压表使用。两个挡位：2 V 挡和 200 mV 挡，可通过电压量程切换开关选择合适的电压挡位。

区域 3——恒流源部分：可变恒流源。

实验仪还提供 GMR 传感器工作所需的 4 V 电源和电路工作所需的电源。

（2）测量组件 4 组：基本特性组件、电流测量组件、角位移测量组件、磁读写组件。

【实验内容】

1. GMR 磁阻特性测量

（1）实验装置

巨磁阻实验仪，基本特性组件。提供了两种巨磁阻样品供测试、比较。

（2）测量

① 将 GMR 模拟传感器置于螺线管磁场中，功能切换按钮切换为"巨磁阻测量"。实验仪的 4 V 电压源串联电流表后接至基本特性组件"巨磁电阻供电"，恒流源接至"螺线管电流输入"。

② 调节励磁电流，逐渐减小磁场强度，记录相应的磁阻电流于表格"减小磁场"列中。由于恒流源本身不能提供负向电流，当电流减至 0 后，交换恒流输出接线的极性，使电流反向。再次增大电流，此时流经螺线管的电流与磁感应强度的方向相反为负，从上到下记录相应的输出电流。

③ 电流至 -300 mA 后，逐渐减小负向电流，电流到 0 时同样需要交换恒流输出接线的极性。从下到上记录数据于"增大磁场"列中。

④ 对巨磁阻样品 2，可按同样的方法与类似的表格进行测量与记录，由于样品 2 对外磁场的灵敏度更高，电流变化范围只需 100 mA。

⑤ 根据螺线管上标明的线圈密度，由下式计算出螺线管内的磁感应强度 B：

$$B = \mu_0 nI \tag{5-65}$$

式中，n 为线圈密度；I 为流经线圈的电流强度；$\mu_0 = 4\pi \times 10^{-7}$ H/m，为真空中的磁导率。

⑥ 由欧姆定律 $R = U/I$ 计算磁阻。

⑦ 以磁感应强度 B 为横坐标、磁阻为纵坐标作出磁阻特性曲线。

2. GMR 模拟传感器的磁电转换特性测量

（1）实验装置

巨磁阻实验仪，基本特性组件。提供了两种模拟传感器供测试、比较。

（2）测量

① 将 GMR 模拟传感器置于螺线管磁场中,功能切换按钮切换为"传感器测量"。实验仪的 4 V 电压源接至基本特性组件"巨磁电阻供电",恒流源接至"螺线管电流输入",基本特性组件"模拟信号输出"接至实验仪电压表。

② 调节励磁电流,逐渐减小磁场强度,记录相应的输出电压于表格"减小磁场"列中。由于恒流源本身不能提供负向电流,当电流减至 0 后,交换恒流输出接线的极性,使电流反向。再次增大电流,此时流经螺线管的电流与磁感应强度的方向为负,从上到下记录相应的输出电压。

③ 电流至 −100 mA 后,逐渐减小负向电流,电流到 0 时同样需要交换恒流输出接线的极性。从下到上记录数据于"增大磁场"列中。

④ 用同样的方法和同样的表格对模拟传感器 2 进行测量。

⑤ 根据螺线管上标明的线圈密度,由式(5-65)计算出螺线管内的磁感应强度 B。

⑥ 以磁感应强度 B 为横坐标、电压表的读数为纵坐标作出磁电转换特性曲线。

3. GMR 开关（数字）传感器的磁电转换特性曲线测量

（1）实验装置

巨磁阻实验仪,基本特性组件。

（2）测量

① 将 GMR 模拟传感器置于螺线管磁场中,功能切换按钮切换为"传感器测量"。实验仪的 4 V 电压源接至基本特性组件"巨磁电阻供电","电路供电"接口接至基本特性组件对应的"电路供电"输入插孔,恒流源接至"螺线管电流输入",基本特性组件"开关信号输出"接至实验仪电压表。

② 从 50 mA 逐渐减小励磁电流,输出电压从高电平(开)转变为低电平(关)时记录相应的励磁电流于"减小磁场"列中。当电流减至 0 后,交换恒流输出接线的极性,使电流反向。再次增大电流,此时流经螺线管的电流与磁感应强度的方向为负,输出电压从低电平(关)转变为高电平(开)时记录相应的负值励磁电流于"减小磁场"列中。将电流调至 −50 mA。

③ 逐渐减小负向电流,输出电压从高电平(开)转变为低电平(关)时记录相应的负值励磁电流于"增大磁场"列中,电流到 0 时同样需要交换恒流输出接线的极性。输出电压从低电平(关)转变为高电平(开)时记录相应的正值励磁电流于"增大磁场"列中。

④ 根据螺线管上标明的线圈密度,由式(5-65)计算出螺线管内的磁感应强度 B。

⑤ 以磁感应强度 B 为横坐标、电压读数为纵坐标作出开关传感器的磁电转换特性曲线。

4. 用 GMR 模拟传感器测量电流

（1）实验装置

巨磁阻实验仪,电流测量组件。

（2）测量

① 实验仪的 4 V 电压源接至电流测量组件"巨磁电阻供电"，恒流源接至"待测电流输入"，电流测量组件"信号输出"接至实验仪电压表。

② 将待测电流调节至 0。

③ 将偏置磁铁转到远离 GMR 传感器，调节磁铁与传感器的距离，使输出约 25 mV。

④ 将电流增大到 300 mA，按数据逐渐减小待测电流，从左到右记录相应的输出电压于"减小电流"行中。由于恒流源本身不能提供负向电流，当电流减至 0 后，交换恒流输出接线的极性，使电流反向。再次增大电流，此时电流方向为负，记录相应的输出电压。

⑤ 逐渐减小负向待测电流，从右到左记录相应的输出电压于"增加电流"行中。当电流减至 0 后，交换恒流输出接线的极性，使电流反向。再次增大电流，此时电流方向为正，记录相应的输出电压。

⑥ 将待测电流调节至 0。

⑦ 将偏置磁铁转到接近 GMR 传感器，调节磁铁与传感器的距离，使输出约 150 mV。

⑧ 用低磁偏置时同样的实验方法，测量适当磁偏置时待测电流与输出电压的关系。

⑨ 以电流表读数为横坐标、电压表读数为纵坐标作图，分别作出 4 条曲线。

5. GMR 梯度传感器的特性及应用

（1）实验装置

巨磁阻实验仪、角位移测量组件。

（2）测量

① 将实验仪 4 V 电压源接角位移测量组件"巨磁电阻供电"，角位移测量组件"信号输出"接实验仪电压表。

② 逆时针慢慢转动齿轮，当输出电压为零时记录起始角度，以后每转 3°记录一次角度与电压表的读数。转动 48°齿轮转过 2 齿，输出电压变化两个周期。

③ 以齿轮实际转过的度数为横坐标、电压表的读数为纵坐标作图。

6. 磁记录与读出

同学们可自行设计一个二进制码，按二进制码写入数据，然后将读出的结果记录下来。

（1）实验装置

巨磁阻实验仪，磁读写组件，磁卡。

（2）测量

① 实验仪的 4 V 电压源接磁读写组件"巨磁电阻供电"，"电路供电"接口接至基本特性组件对应的"电路供电"输入插孔，磁读写组件"读出数据"接至实验仪电压表。

② 将自己设置的二进制数据写入磁卡并记录；同时读出相应的二进制数据并记录。

③ 将磁卡插入，"功能选择"按钮切换为"写"状态。缓慢移动磁卡，根据磁卡上的刻度区域切换"写 0"、"写 1"。

④ 将"功能选择"按钮切换为"读"状态，移动磁卡至读磁头处，根据刻度区域在电压表上读出电压，记录。

（由于测试卡区域的两端数据记录可能不准确，因此实验中只记录中间的 1～8 号区域的数据。）

【注意事项】

(1) 由于巨磁阻传感器具有磁滞现象,因此,在实验中恒流源只能单方向调节,不可回调;否则测得的实验数据将不准确。实验表格中的电流只是作为一种参考,实验时以实际显示的数据为准。

(2) 测试卡组件不能长期处于"写"状态。

(3) 实验环境不得处于强磁场中。

【实验数据】

用坐标纸或 Origin 软件绘图。

【课后思考题】

(1) 同一外磁场强度下增加电流与减小电流时磁阻的差值反映了材料的什么特性?

(2) 说明用 GMR 开关传感器的开关特性已制成的各种开关所应用的领域。

(3) 根据实验原理,GMR 梯度传感器能用于车辆流量监控吗?

5.15　太阳能电池伏安特性测量

太阳能电池是指用半导体硅、硒、镓等材料将太阳的光能变成电能的器件。它具有可靠性高、寿命长、转换效率高等优点。目前,太阳能电池的应用已从军事领域、航天领域进入工业、商业、农业、通信、家用电器以及公用设施等部门,尤其可以分散地在边远地区、高山、沙漠、海岛和农村使用,以节省造价很贵的输电线路。现在太阳能电池可用作太阳能电源,用于边远无电地区如高原、海岛、牧区、边防哨所等军民生活用电,如照明、电视、收录机、热水器等,用于 $3\sim5$ kW 家庭屋顶并网发电系统等;在交通通信领域,用于卫星太阳电池板、太阳能无人值守微波中继站航标灯、交通/铁路信号灯等。其用途很广,唯一的缺陷是成本相对较高。

但是,从长远来看,随着太阳能电池制造技术的改进以及新的光-电转换装置的发明,加之各国对环境的保护和对再生清洁能源的巨大需求,太阳能电池仍将是利用太阳辐射能比较切实可行的方法,可为人类未来大规模地利用太阳能开辟广阔的前景。

【预习思考题】

(1) 太阳能电池是如何产生电的? 太阳能电池板中的 PN 结与二极管中的 PN 结有区别吗?

(2) (在图 5-64 中)R_0 两端的电压与流经负载的电流有怎样的关系?

【实验目的】

(1) 了解太阳电池的工作原理及其应用。

(2) 测量太阳电池的伏安特性曲线。

【实验原理】

1. 太阳能电池的结构

以晶体硅太阳电池为例,其结构示意图如图 5-61 所示。晶体硅太阳电池以硅半导体材料制成大面积 PN 结进行工作,一般采用 N+/P 同质结的结构,如在面积约 10 cm×10 cm 的 P 型硅片(厚度 0.3 μm)的经过重掺杂的 N 型层上面制作金属栅线,作为正面接触电极;在整个背面也制作金属膜,作为背面欧姆接触电极,这样就形成了晶体硅太阳电池。为了减少光的反射损失,一般在整个表面上再覆盖一层减反射膜。

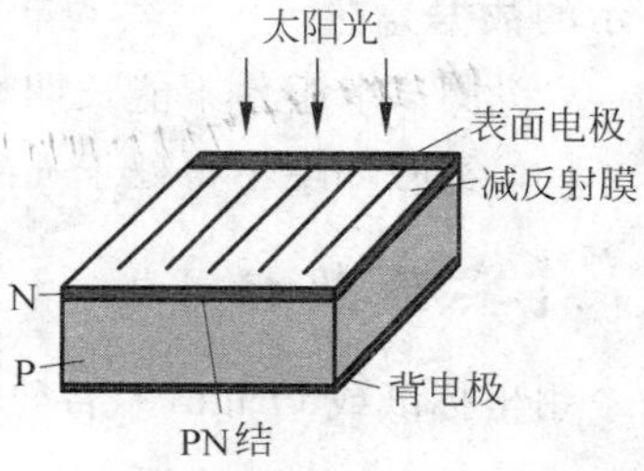

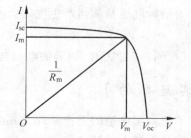

图 5-61   晶体硅太阳电池的
结构示意图

2. 光伏效应

当光照射在距太阳电池表面很近的 PN 结时,只要入射光子的能量大于半导体材料的禁带宽度 E_g,则 P 区、N 区吸收光子会产生电子-空穴对。

如果外电场处于开路状态,那么这些光生电子和空穴就会积累在 PN 结附近,使 P 区获得附加正电荷,N 区获得附加负电荷,这样在 PN 结上产生一个光生电动势。这一现象称为光伏效应(photovoltaic effect)。

3. 太阳电池的表征参数

(1) 短路电流:$I_{sc}=I_{ph}$,I_{ph} 为与入射光的强度成正比的光生电流。

(2) 开路电压:$V_{oc}=\dfrac{nk_BT}{q}\ln\left(\dfrac{I_{sc}}{I_o}+1\right)$

(3) 最大功率:$P_m=I_mV_m$,式中 I_m 和 V_m 分别为最佳工作电压。

(4) 填充因子 FF:最大功率 P_m 与 I_{sc} 与 V_{oc} 乘积之比,即

$$FF=\frac{P_m}{V_{oc}I_{sc}}=\frac{V_mI_m}{V_{oc}I_{sc}}$$

FF 为太阳电池的重要表征参数,其值愈大则输出的功率愈高。FF 取决于入射光强、材料的禁带宽度、串联电阻和并联电阻等。

4. 太阳电池的等效电路

太阳电池可用 PN 结二极管 D、恒流源 I_{ph}、太阳电池的电极等引起的串联电阻 R_s 和相当于 PN 结泄漏电流的并联电阻 R_{sh} 组成的电路来表示,如图 5-62 所示。

5. 太阳能电池的伏安特性

太阳能电池的伏安特性如图 5-63 所示。

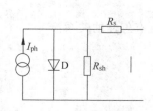

图 5-62   太阳能电池的等效电路

图 5-63   太阳电池的伏安特性曲线

【仪器设备】

1. 实验仪器

（1）太阳能光伏组件。

（2）辐射光源，300 W 卤钨灯。

（3）数据采集器，接线板，负载电阻。

2. 主要仪器介绍

（1）太阳能光伏组件，由 20 块 5 cm×5 cm 的太阳电池串联组成，功率为 5 W。

（2）数据采集器（其使用见本书 3.4 节），两通道（CH1、CH2）－5～5 V 电压量采集；其中红色插孔为正极，黑色插孔为负极；通过 CH1、CH2 采集物理量的数据，并能以 Excel 形式输出相应的采集数据。

【实验内容】

1. 实验电路

该实验的电路如图 5-64 所示。

2. 实验过程

（1）将太阳光伏组件及负载电阻 R_0、R_1、R_2 通过接线板连成回路，同时，把路端电压连接到数据采集器 CH1 输入端，把 R_0 两端的电压接入数据采集器 CH2 输入端，并设置数据采集器 X 轴为 CH1，Y 轴为 CH2。改变负载电阻 R_1 和 R_2，采集流经负载的电流 I 和负载上的电压 V，即可得到该光伏组件的伏安特性曲线。测量过程中辐射光源与光伏组件的距离要保持不变，以保证整个过程是在相同光照度下进行的。

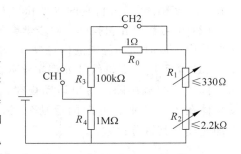

图 5-64　太阳电池伏安特性测量
实验电路

（2）分别测量以下几种条件下光伏组件的伏安特性曲线：

① 辐射光源与光伏组件的距离为 60 cm；

② 辐射光源与光伏组件的距离为 80 cm；

③ 辐射光源与光伏组件的距离为 80 cm，并且电池板转过一角度（如 30°）（演示实验）；

④ 辐射光源与光伏组件的距离为 80 cm，将两组光伏组件串联；

⑤ 辐射光源与光伏组件的距离为 80 cm，将两组光伏组件并联。

（3）用计算机绘图软件画出不同条件下的关系图：

① 光伏组件的伏安特性曲线；

② 光伏组件的输出功率 P 随负载电压 V 的变化；

③ 光伏组件的输出功率 P 随负载电阻 R 的变化。

确定不同条件下光伏组件的短路电流 I_{sc}，开路电压 V_{oc}，最大功率 P_m，最佳工作电流 I_m、工作电压 V_m 及负载电阻 R_m，填充因子 FF，并将这些实验数据列在一表格内进行比较。

【注意事项】

（1）辐射光源的温度较高，应避免与灯罩接触。

（2）辐射光源的供电电压为 220 V，应小心触电。

【实验数据】

（1）运用数据采集器的数据输出功能，自己保存相关数据，并将数据存于指导教师处。

（2）用计算机处理相关数据，按实验内容，得出相应的实验结果和结论，见实验内容 2(2)。

【课后思考题】

把太阳能电池用于民用发电，你认为应解决哪些问题？

5.16　抛射体运动的照相法研究
——数码相机及计算机在实验中的应用

【任务与要求】

（1）对运动独立性原理进行研究：用数码相机动画功能，分时均匀采样记录抛射体运动物体的多帧照片，分析它的水平和垂直运动。

（2）学习数码相机操作；初步学会使用 Premiere、Photoshop 等软件来处理照片，从分帧照片中提取时间和位置的信息（t、x、y）。

（3）学习用计算机软件处理实验数据，制作抛射体运动的轨迹图。得出运动规律：写出运动物体在水平和垂直方向的运动公式，算出重力加速度及其百分误差。

【可供选择的仪器设备】

数码相机，计算机，抛射小球，抛射屏，抛射轨道等。

【实验提示】

本实验利用数码相机拍摄小球的抛射体运动的动画，将动画片装入计算机，用 Photoshop 软件从单幅静止图片中提取实验信息，并制作轨迹图（如图 5-65 所示），进行相应数据分析。找出物体运动规律，同时加深对运动独立性原理的认识。

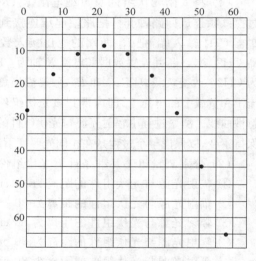

图 5-65　抛射体运动的实验轨迹

5.17　数字温度计的设计制作

【任务与要求】

（1）用 AD590 制作测温范围为 0～50℃的用数字电压表显示温度的数字温度计。

（2）对 AD590 进行定标。

（3）设计用 AD590 作为测温的电路原理图。

（4）写出测温原理、测量步骤。

（5）进行安装调试和测量，记录相关数据，用自制温度计和标准温度计进行数据对比，求出百分误差。

（6）写出实验总结报告并分析测量中产生误差的主要原因。

【可供选择的仪器设备】

FD-WTC-D 型恒温控制温度传感器，万用表 1 块，电阻箱 3 个，保温杯，AD590 集成电路温度传感器。

【实验提示】

（1）AD590 电流型集成温度传感器特性见本书 5.2 节内容。

（2）利用 AD590 集成电路温度传感器的特性，制成的数字式摄氏温度计是：AD590 器件在 0℃时，数字电压表显示值为 0 mV；而当 AD590 器件处于 t℃时，数字电压表显示值为 t mV。

5.18　用力敏传感器测量不规则固体的密度

【任务与要求】

（1）测量一元硬币的密度，并用不确定度表示。

（2）用 Origin 数据处理软件求出硅压阻式力敏传感器的灵敏度 K 值。

（3）用排液法测量。

（4）设计实验方案，写出实验步骤。

（5）分析本实验的主要误差来源，写出实验总结报告。

【可供选择的仪器设备】

（1）FD-NST 型液体表面张力系数测定仪（见图 4-13）。

（2）一元硬币。

【实验提示】

力敏传感器测力原理见本书 4.7 节内容。

5.19　自组望远镜

【任务与要求】

（1）组装望远镜。要求放大倍数为 5 左右，设计实验方案，写出实验步骤。

（2）测定望远镜的放大率，并用不确定度表示。

（3）分析本实验的主要误差来源，写出实验总结报告。

【可供选择的仪器设备】

实验光学平台、光源、物镜 L_o（焦距 $f' = 225$ mm）、测微目镜 L_e、物体（毫米尺 F）、多个磁力表座、调整架、接收白屏等。

【实验提示】

最简单的望远镜是由一片长焦距的凸透镜作为物镜，用一短焦距的凸透镜作为目镜组合而成。远处的物经过物镜在其后焦面附近成一缩小的倒立实像，物镜的像方焦平面与目镜的物方焦平面重合。而目镜起一放大镜的作用，把这个倒立的实像再放大成一个正立的像。望远镜的光路如图 5-66 所示。人眼通过望远镜观察物体，相当于将远处的物体拉到了近处观察，实质上起到了视角放大的作用。

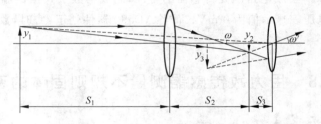

图 5-66　观察有限远物体时的望远镜光路

5.20　自组显微镜

【任务与要求】

（1）组装显微镜。设计实验方案，写出实验步骤。

（2）测定显微镜的视角放大率，并用不确定度表示。

（3）分析本实验的主要误差来源，写出实验总结报告。

【可供选择的仪器设备】

实验光学平台及底座、带有毛玻璃的白炽灯光源、1/10 mm 分划板、二维调整架 2 个、物镜 L_o（$f = 15$ mm）、测微目镜、读数显微镜架。

【实验提示】

显微镜由物镜和目镜构成，物镜的焦距很短，通过物镜成一放大实像，然后再通过目镜在明视距离处成一放大的虚像。光路图如图 5-67 所示。

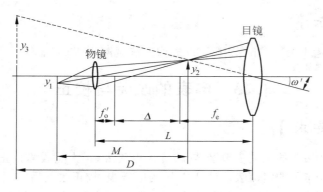

图 5-67　显微镜的工作原理

5.21　用分光计研究汞灯光谱

【任务与要求】

(1) 测出 1、2 级光谱,求百分误差。
(2) 设计实验方案,写出实验步骤。
(3) 分析测量中产生误差的主要原因,写出实验总结报告。

【可供选择的仪器设备】

JJY 型分光计(附件:变压器 6.3 V/220 V),平面反射镜,手持照明放大镜,平面全透射光栅,汞灯。

【实验提示】

光栅衍射原理见本书"5.4 用分光计研究衍射光栅特性"内容。

5.22　用读数显微镜观测牛顿环

【任务与要求】

(1) 用牛顿环法测量透镜的曲率半径;
(2) 用图解法求出透镜的曲率半径 R;
(3) 与参考值比较求出百分误差;
(4) 设计实验方案,写出实验步骤;
(5) 分析测量中产生误差的主要原因,写出实验总结报告。

【可供选择的仪器设备】

读数显微镜,牛顿环,钠光灯(波长 589.3 nm)。

【实验提示】

实验原理：参考本书"4.15 节用 CCD 成像系统观测牛顿环"部分。

5.23　电表的改装与校正

【任务与要求】

(1) 将表头 100 μA 的电流表改装成 10 mA 电流表(扩大量程)，校正改装后的表。

(2) 将表头 100 μA 的电流表改装成 1 V 的电压表，校正改装后的表。

(3) 根据实验室提供的仪器，自行设计实验实施方案(画出实验电路，写出实验步骤，写出要测量的量，自拟数据记录和数据处理表格)。

(4) 画出电表校正曲线。

(5) 写出实验总结报告并进行误差分析。

【可供选择的仪器设备】

名称	数量	型号
(1) 直流稳压电源	1 台	0～30 V 可调
(2) 表头	1 只	100 μA
(3) 电阻箱	1 只	
(4) 标准电压表	1 只	
(5) 标准电流表	1 只	
(6) 开关	1 只	
(7) 滑线变阻器	1 只	
(8) 电阻	1 只	10 kΩ
(9) 可变电阻器	1 只	10 kΩ
(10) 短接桥和连接导线	若干	P8-1 和 50148
(11) 实验用 9 孔插件方板	1 块	297 mm ×300 mm

【实验提示】

(1) 用替代法测量表头内阻。

(2) 将表头改装成量程为 10 mA 的电流表，要先计算分流电阻阻值，再改装表，改装好再校正。

(3) 将表头改装成量程为 1 V 的电压表，要先计算分压电阻阻值，再改装表，改装好再校正。

5.24　用双踪示波器测 RLC 电路的相位关系

【任务与要求】

(1) 当 RLC 串联时，用示波器分析出各元件的电压相位关系。

（2）当 RLC 并联时,用示波器分析出流过各元件电流的相位关系。

（3）根据实验室提供的仪器,自行设计实验实施方案(画出实验电路,写出实验步骤,写出要测量的量,自拟数据记录和数据处理表格)。

（4）写出实验总结报告并进行误差分析。

【可供选择的仪器设备】

示波器,信号发生器,各种规格的电阻、电容、电感。

【实验提示】

在本实验设计中应解决示波器的共地问题及如何用示波器来显示电流相位。

1. 共地解决方法

（1）RLC 串联时,以各元件上电压与端电压的相位关系,来得到二元件之间的相位关系。

（2）RLC 串联时,利用倒相装置直接得到各元件上电压的相位关系。

2. 电流显示方法

可以通过(加)一小电阻上电压和电流大小和相位都相等,来实现显示电流的大小和相位关系。

3. 设计思路

（1）当 RLC 串联时,主要测量加在各元件上的电压与端电压之间的相位关系。

（2）当 RLC 并联时,主要测量流过各支路的电流与端电压之间的相位关系。

5.25　电路元件伏安特性的测绘

【任务与要求】

（1）测量非线性电阻元件的伏安特性。

（2）根据实验室提供的仪器,自行设计实验实施方案(画出实验电路,写出实验步骤,写出要测量的量,自拟数据记录和数据处理表格)。

（3）绘制其特性曲线。

（4）写出实验总结报告并进行误差分析。

【可供选择的仪器设备】

名称	数量	型号
（1）DC 电源	1 台	±15 V、0～30 V 可调
（2）万用表	2 只	
（3）电阻	2 只	100 Ω,　300 Ω
（4）白炽灯泡	1 只	
（5）灯座	1 只	

(6) 二极管　　　　　　　　1 只　　　　2AP14

(7) 电位器　　　　　　　　1 只　　　　1 kΩ

(8) 短接桥和连接导线　　　若干　　　　P8-1 和 50148

(9) 实验用 9 孔插件方板　　1 块　　　　297 mm ×300 mm

【实验提示】

1. 测量小灯泡的伏安特性

设计电路,改变电源电压大小,测量出通过灯泡的电流与灯泡两端的电压的对应数据。

2. 测量半导体二极管的伏安特性

(1) 设计测量二极管伏安特性电路过程中应注意设计保护电路,以防二极管击穿。

(2) 应测量二极管正向特性和反向特性,测量反向特性时应选用直流微安表。因为二极管的反向电阻很大,流过它的电流很小。

5.26　电路混沌效应

【任务与要求】

(1) 学习并观察电路混沌效应。

(2) 根据实验室提供的仪器,自行设计实验实施方案(画出实验电路,写出实验步骤,写出要测量的量,自拟数据记录和数据处理表格)。

(3) 分析和讨论电路混沌效应产生的原因。

(4) 写出实验总结报告。

【可供选择的仪器设备】

名称	数量	型号
(1) 直流稳压电源	1 台	
(2) 集成运放	1 块	TL082
(3) 集成块座	1 只	双运放座
(4) 电容	2 只	22 nF,0.1 μF
(5) 电位器	2 只	220 Ω,1 kΩ
(6) 电阻	6 只	100 Ω 2 只,1 kΩ、2 kΩ 各 1 只,10 kΩ 2 只
(7) 线圈	1 只	1000 圈
(8) 短接桥和连接导线	若干	P8-1 和 50148
(9) 实验用 9 孔插件方板	1 块	297 mm ×300 mm

【实验提示】

按图 5-68 连接电路,调节 R_7、R_8,用双踪示波器从 CH1、CH2 处接入,观察电路混沌效应。

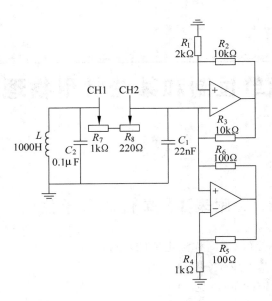

图 5-68 电路示意图

国际单位制和某些常用物理数据

附表 1　单位制和单位

我国的法定计量单位(以下简称法定单位)包括:

(1) 国际单位制的基本单位(见 1);

(2) 国际单位制的辅助单位(见 2);

(3) 国家单位制中具有专门名称的导出单位(见附表 2);

(4) 国家选定的非国际单位制单位(见 3);

(5) 由以上单位构成的组合形式的单位;

(6) 由词头和以上单位所构成的十进倍数和分数单位(见 4)。

1. 国际单位制的基本单位

量 的 名 称	单 位 名 称	单 位 符 号
长度	米	m
质量	千克(公斤)	kg
时间	秒	s
热力学温标	开[尔文]	K
电流	安[培]	A
物质的量	摩[尔]	mol
发光强度	坎[德拉]	cd

2. 国际单位制的辅助单位

量 的 名 称	单 位 名 称	单 位 符 号
平面角	弧度	rad
立体角	球面度	sr

3. 国家选定的非国际单位制单位

量的名称	单位名称	单位符号	换算关系和说明
时间	分	min	1 min＝60 s
	[小]时	h	1 h＝60 min＝3600 s
	天(日)	d	1 d＝24 h＝86 400 s

续表

量的名称	单位名称	单位符号	换算关系和说明
平面角	［角］秒	(″)	$1''=(\pi/648\,000)\mathrm{rad}$（$\pi$ 为圆周率）
	［角］分	(′)	$1'=60''=(\pi/10\,800)\mathrm{rad}$
	度	(°)	$1°=60'=(\pi/180)\mathrm{rad}$
旋转速度	转每分	r/min	$1\ \mathrm{r/min}=(1/60)\mathrm{s}^{-1}$
长度	海里	n mile	$1\ \mathrm{n\ mile}=1852\mathrm{m}$（只用于航程）
速度	节	kn	$1\ \mathrm{kn}=1\ \mathrm{n\ mile/h}$ $=(1852/3600)\ \mathrm{m/s}$（只用于航行）
质量	吨	t	$1\ \mathrm{t}=10^3\ \mathrm{kg}$
	原子质量单位	u	$1\ \mathrm{u}\approx1.660\,565\,5\times10^{-27}\ \mathrm{kg}$
体积	升	L	$1\ \mathrm{L}=1\ \mathrm{dm}^3=10^{-3}\ \mathrm{m}^3$
能	电子伏	eV	$1\ \mathrm{eV}\approx1.602\,178\,92\times10^{-19}\ \mathrm{J}$
级差	分贝	dB	
线密度	特［克斯］	tex	$1\ \mathrm{tex}=1\ \mathrm{g/km}$

4. 单位词冠

因　数		词　　冠		代　号	
				中文	国际
倍数	10^{18}	艾可萨	（exa）	艾	E
	10^{15}	拍它	（peta）	拍	P
	10^{12}	太拉	（tera）	太	T
	10^{9}	吉加	（giga）	吉	G
	10^{6}	兆	（mega）	兆	M
	10^{3}	千	（kilo）	千	k
	10^{2}	百	（hecto）	百	h
	10^{1}	十	（deca）	十	da
分数	10^{-1}	分	（deci）	分	d
	10^{-2}	厘	（centi）	厘	c
	10^{-3}	毫	（milli）	毫	m
	10^{-6}	微	（micro）	微	μ
	10^{-9}	纳诺	（nano）	纳	n
	10^{-12}	皮可	（pico）	皮	p
	10^{-15}	飞母托	（femto）	飞	f
	10^{-18}	阿托	（atto）	阿	a

附表 2　国际单位制中具有专门名称的导出单位

量 的 名 称	单 位 名 称	单 位 符 号	其他表示示例
频率	赫[兹]	Hz	s^{-1}
力；重力	牛[顿]	N	$kg \cdot m/s^2$
压力；压强；应力	帕[斯卡]	Pa	N/m^2
能量；功；热	焦[耳]	J	$N \cdot m$
功率；辐射通量	瓦[特]	W	J/s
电荷量	库[仑]	C	$A \cdot s$
电位；电压；电动势	伏[特]	V	W/A
电容	法[拉]	F	C/V
电阻	欧[姆]	Ω	V/A
电导	西[门子]	S	A/V
磁通量	韦[伯]	Wb	$V \cdot s$
磁通量密度；磁感应强度	特[斯拉]	T	Wb/m^2
电感	亨[利]	H	Wb/A
摄氏温度	摄氏度	℃	
光通量	流[明]	lm	$cd \cdot sr$
光照度	勒[克斯]	lx	lm/m^2
放射性活度	贝可[勒尔]	Bq	s^{-1}
吸收剂量	戈[瑞]	Gy	J/kg
剂量当量	希[沃特]	Sv	J/kg

附表 3　常用物理量常数表

	物 理 量	数 值
1	真空中的光速	$C = 2.997\,924\,58 \times 10^8$ m/s
2	电子的静止质量	$m_e = 9.109\,389\,7(54) \times 10^{-31}$ kg
3	电子的电荷	$e = 1.602\,177\,33(49) \times 10^{-19}$ C
4	普朗克常数	$h = 6.626\,075\,5(40) \times 10^{-34}$ J $\cdot$ s
5	阿伏伽德罗常数	$N_0 = 6.022\,136\,7(36) \times 10^{23}$ mol^{-1}
6	原子质量单位	$u = 1.660\,540\,2(10) \times 10^{-27}$ kg
7	氢原子的里德伯常数	$R_H = 1.097\,373\,153\,4(13) \times 10^7$ m^{-1}
8	摩尔气体常数	$R = 8.314\,510(70)$ J/(mol $\cdot$ K)
9	玻耳兹曼常数	$K = 1.380\,658(12) \times 10^{-23}$ J/K
10	万有引力常数	$G = 6.672\,59(85) \times 10^{-11}$ N $\cdot$ m^2/kg^2
11	标准大气压	$P_0 = 101\,325$ Pa
12	冰点的绝对温度	$T_0 = 273.15$ K
13	标准状态下干燥空气的密度	$\rho_{空气} = 1.293$ kg/m^3
14	标准状态下水银的密度	$\rho_{水银} = 13\,595.04$ kg/m^3
15	标准状态下理想气体的摩尔体积	$V_m = 22.414\,10(19) \times 10^{-3}$ m^3/mol

附表 4　常用光谱灯和激光器的可见谱线波长

元素	波长 λ/nm	元素	波长 λ/nm
氢(H)	656.28 H$_\alpha$　红 486.13 H$_\beta$　蓝绿 434.05 H$_\gamma$　蓝 410.17 H$_\delta$　蓝紫 397.01 H$_\varepsilon$　蓝紫 388.90 H$_\varepsilon$　紫	汞(Hg)	690.72　深红　弱 671.62　深红　弱 623.44　红　中 612.33　红　弱 589.02　黄　弱 585.94　黄　弱
钠(Na)	589.59　黄　很强 589.00　黄　很强 568.83　黄绿　中 568.28　黄绿　中 567.58　黄绿　强		579.07　黄　强 578.97　黄　强 576.96　黄　强 567.59　黄绿　很弱 546.07　绿　很强
He-Ne (氦-氖)	632.8　橙红		535.40　绿　弱 496.03　蓝绿　中 491.60　蓝绿　中 435.84　蓝紫　很强 434.75　蓝紫　中 433.92　蓝紫　弱 410.81　紫　弱 407.78　紫　中 404.66　紫　强

附表 5　在不同温度下与空气接触的水的表面张力系数

温度/℃	σ/(10^{-3} N/m)	温度/℃	σ/(10^{-3} N/m)	温度/℃	σ/(10^{-3} N/m)
0	75.62	16	73.34	30	71.15
5	74.90	17	73.20	40	69.55
6	74.76	18	73.05	50	67.90
8	74.48	19	72.89	60	66.17
10	74.20	20	72.75	70	64.41
11	74.07	21	72.60	80	62.60
12	73.92	22	72.44	90	60.74
13	73.78	23	72.28	100	58.84
14	73.64	24	72.12		
15	73.48	25	71.96		

附表6 蓖麻油在不同温度时的粘滞系数 η

温度/℃	5	10	15	20	25	30	35	40	100
η/(Pa·s)	3.760	2.418	1.514	0.950	0.621	0.451	0.312	0.231	0.169

附表7 铜-康铜温差电偶的温差电动势

T_0/℃ V/mV T_1/℃	0	1	2	3	4	5	6	7	8	9
90	3.652	3.694	3.736	3.778	3.820	3.862	3.904	3.946	3.988	4.030
100	4.072	4.115	4.157	4.199	4.242	4.285	4.328	4.371	4.413	4.456

附表8 固体的比热容

物质	温度/℃	比 热 容	
		kcal/(kg·K)	kJ/(kg·K)
铝	20	0.214	0.895
铜	20	0.092	0.385
铁	20	0.115	0.481

附表9 某些药物的旋光率

(°)·cm³/(g·dm)

药 名	$[\alpha]_\lambda^{20}$	药名	$[\alpha]_\lambda^{20}$
果糖	−91.9	桂皮油	−1～+1
葡萄糖	+52.5～+53.0	蓖麻油	+50 以上
樟脑(醇溶液)	+41～+43	维生素	+21～+22
蔗糖	+65.9	氯霉素	−20～−17
山道年(醇溶液)	−175～−170	薄荷脑	−50～−49

参 考 文 献

[1] 成正维.大学物理实验[M].北京:高等教育出版社,2002.

[2] 沈元华,陆申龙.大学物理实验[M].北京:高等教育出版社,2003.

[3] 大学物理实验[M].上海交通大学物理实验中心网站,2008.

[4] 刘子臣.大学基础物理实验[M].天津:南开大学出版社,2005.

[5] 霍剑青,等.大学物理实验[M].2版.北京:高等教育出版社,2006.

[6] 吕斯骅,等.基础物理实验[M].北京:北京大学出版社,2002.

[7] 石得华.物理实验指导[M].北京:兵器工业出版社,1996.

[8] 林抒,龚镇雄.普通物理实验[M].北京:人民教育出版社,1981.

[9] 梁华翰,朱良铱,张立.大学物理实验[M].上海:上海交通大学出版社,1996.

[10] 胡盘新,等.大学物理手册[M].上海:上海交通大学出版社,1999.

[11] 隋成华,施建青.大学基础物理实验教程[M].杭州:浙江电子音像出版社,2001.

[12] 丁慎训,张孔时.物理实验教程(普通物理实验部分)[M].北京:清华大学出版社,1992.

[13] 华中工学院,天津大学,上海交通大学.普通物理实验[M].北京:高等教育出版社,1981.